全国高等教育自学考试指定教材

高等数学
（经管类）

[含：高等数学（经管类）自学考试大纲]

（2023年版）

全国高等教育自学考试指导委员会　组编

主　编　扈志明

副主编　杨爱珍

中国教育出版传媒集团

高等教育出版社·北京

图书在版编目(CIP)数据

高等数学：经管类 / 全国高等教育自学考试指导委员会组编；扈志明主编. --北京：高等教育出版社，2024.1

ISBN 978-7-04-061637-8

Ⅰ.①高… Ⅱ.①全… ②扈… Ⅲ.①高等数学-高等教育-自学考试-教材 Ⅳ.①O13

中国国家版本馆 CIP 数据核字(2024)第 000682 号

高等数学（经管类）

Gaodeng Shuxue(Jingguanlei)

策划编辑 雷旭波　责任编辑 雷旭波　封面设计 李小璐　版式设计 杜微言

责任绘图 尹文军　责任校对 刘娟娟　责任印制 刘思涵

出版发行 高等教育出版社
社　　址 北京市西城区德外大街 4 号
邮政编码 100120
印　　刷 三河市骏杰印刷有限公司
开　　本 787mm×1092mm 1/16
印　　张 14.25
字　　数 310 千字
购书热线 010-58581118
咨询电话 400-810-0598

网　　址 http://www.hep.edu.cn
http://www.hep.com.cn
网上订购 http://www.hepmall.com.cn
http://www.hepmall.com
http://www.hepmall.cn

版　　次 2024 年 1 月第 1 版
印　　次 2024 年 1 月第 1 次印刷
定　　价 43.00 元

物 料 号 61637-00

组编前言

21 世纪是一个变幻难测的世纪，是一个催人奋进的时代。科学技术飞速发展，知识更替日新月异。希望、困惑、机遇、挑战，随时都有可能出现在每一个社会成员的生活之中。抓住机遇，寻求发展，迎接挑战，适应变化的制胜法宝就是学习——依靠自己学习、终身学习。

作为我国高等教育组成部分的自学考试，其职责就是在高等教育这个水平上倡导自学、鼓励自学、帮助自学、推动自学，为每一个自学者铺就成才之路。我们组织编写供读者学习的教材就是履行这个职责的重要环节。毫无疑问，这种教材应当适合自学，应当有利于学习者掌握和了解新知识、新信息，有利于学习者增强创新意识，培养实践能力，形成自学能力，也有利于学习者学以致用，解决实际工作中所遇到的问题。具有如此特点的书，我们虽然沿用了“教材”这个概念，但它与那种仅供教师讲、学生听，教师不讲、学生不懂，以“教”为中心的教科书相比，已经在内容安排、编写体例、行文风格等方面都大不相同了。希望读者对此有所了解，以便从一开始就树立起依靠自己学习的坚定信念，不断探索适合自己的学习方法，充分利用自己已有的知识基础和实际工作经验，最大限度地发挥自己的潜能，达到学习的目标。

欢迎读者提出意见和建议。

祝每一位读者自学成功。

全国高等教育自学考试指导委员会

2022 年 8 月

目录

高等数学（经管类）自学考试大纲 / 1

出版前言 / 2

Ⅰ. 课程性质及其设置的目的和要求 / 3

Ⅱ. 课程内容和考核要求 / 4

第一章　函数 / 4

第二章　极限与连续 / 5

第三章　导数与微分 / 6

第四章　微分中值定理和导数的应用 / 8

第五章　一元函数积分学 / 9

第六章　多元函数微积分 / 11

Ⅲ. 有关说明与实施要求 / 13

Ⅳ. 参考样卷 / 16

后记 / 18

高等数学（经管类） / 19

前言 / 21

第一章　函数 / 23

1.1　预备知识 / 23

1.1.1　初等代数中的几个问题 / 23

1.1.2　集合与逻辑符号 / 26

习题 1.1 / 28

1.2　函数的概念与图形 / 29

1.2.1　函数的概念 / 29

1.2.2　函数的图形 / 31

1.2.3　分段函数 / 33

习题 1.2 / 34

1.3　三角函数、指数函数、对数函数 / 35

1.3.1　三角函数 / 35

1.3.2　指数函数 / 38

1.3.3　反函数 / 39

1.3.4　对数函数 / 40

习题 1.3 / 41

1.4　函数运算 / 42

1.4.1　函数的四则运算 / 42

1.4.2　复合函数 / 43

1.4.3　初等函数 / 44

习题 1.4 / 44

1.5　经济学中的常用函数 / 45

1.5.1　需求函数与供给函数 / 45

1.5.2　成本函数 / 46

1.5.3　收益函数与利润函数 / 46

习题 1.5 / 47

本章小结 / 47

第二章　极限与连续 / 49

2.1　函数极限的概念 / 49

2.1.1　函数在 $x \to x_0$ 时的极限 / 49

2.1.2　函数在无穷远的极限 / 51

2.1.3　数列的极限 / 52

习题 2.1 / 53

2.2　函数极限的性质与运算 / 53

2.2.1　函数极限的性质 / 53

2.2.2　函数极限的运算 / 54

2.2.3　两个重要极限 / 57

习题 2.2 / 60

2.3　无穷小量与无穷大量 / 61

2.3.1　无穷小量与无穷大量的概念 / 61

2.3.2　无穷小量的比较 / 62

习题 2.3 / 64

2.4　连续函数的概念与性质 / 64

2.4.1　函数的连续与间断 / 65

2.4.2 连续函数的运算性质 / 66
2.4.3 连续函数的其他常用性质 / 67
习题 2.4 / 69
本章小结 / 70
第三章 导数与微分 / 72
3.1 导数与微分的概念 / 72
3.1.1 导数的概念 / 73
3.1.2 微分的概念 / 77
习题 3.1 / 78
3.2 导数的运算 / 80
3.2.1 导数的四则运算 / 80
3.2.2 复合函数的链式求导法则 / 81
3.2.3 反函数求导法 / 83
3.2.4 基本导数公式 / 83
习题 3.2 / 84
3.3 几种特殊函数的求导法、高阶导数 / 85
3.3.1 几种特殊函数的求导法 / 85
3.3.2 高阶导数 / 88
习题 3.3 / 90
本章小结 / 91
第四章 微分中值定理和导数的应用 / 93
4.1 微分中值定理 / 93
4.1.1 罗尔定理 / 93
4.1.2 拉格朗日中值定理 / 94
习题 4.1 / 96
4.2 洛必达法则 / 97
4.2.1 基本不定式“$\frac{0}{0}$”型或“$\frac{\infty}{\infty}$”型的极限 / 97
4.2.2 其他不定式 / 100
习题 4.2 / 101
4.3 函数单调性的判定 / 102
习题 4.3 / 103
4.4 函数的极值及其求法 / 104
习题 4.4 / 106
4.5 函数的最值及其应用 / 106
习题 4.5 / 108
4.6 曲线的凹凸性和拐点 / 109
习题 4.6 / 111
4.7 曲线的渐近线 / 112
4.7.1 水平渐近线 / 112
4.7.2 铅直渐近线 / 112
习题 4.7 / 113
4.8 导数在经济分析中的应用 / 113
4.8.1 导数的经济意义 / 113
4.8.2 弹性 / 115
习题 4.8 / 118
本章小结 / 119
第五章 一元函数积分学 / 121
5.1 原函数与不定积分的概念 / 121
5.1.1 原函数与不定积分 / 121
5.1.2 不定积分的基本性质 / 123
习题 5.1 / 124
5.2 基本积分公式 / 124
习题 5.2 / 127
5.3 换元积分法 / 127
5.3.1 第一换元积分法 / 127
5.3.2 第二换元积分法 / 133
习题 5.3 / 135
5.4 分部积分法 / 136
习题 5.4 / 140
5.5 微分方程初步 / 141
5.5.1 微分方程的基本概念 / 141
5.5.2 可分离变量的微分方程 / 142
5.5.3 一阶线性微分方程 / 144
习题 5.5 / 146
5.6 定积分的概念及其基本性质 / 147
5.6.1 引例 / 147
5.6.2 定积分的概念 / 149
5.6.3 定积分的几何意义 / 150
5.6.4 定积分的基本性质 / 151
习题 5.6 / 152
5.7 微积分基本定理 / 153
5.7.1 变上限积分及其导数公式 / 153
5.7.2 微积分基本公式（牛顿-莱布尼茨公式） / 156

习题 5.7 / 158
5.8 定积分的换元积分法和分部积分法 / 159
5.8.1 定积分的换元积分法 / 159
5.8.2 定积分的分部积分法 / 163
习题 5.8 / 164
5.9 反常积分 / 165
习题 5.9 / 168
5.10 定积分的应用 / 168
5.10.1 平面图形的面积 / 169
5.10.2 旋转体的体积 / 171
5.10.3 由边际函数求总函数 / 173
习题 5.10 / 174
本章小结 / 175
第六章 多元函数微积分 / 177
6.1 多元函数的基本概念 / 177
6.1.1 预备知识 / 177
6.1.2 多元函数的概念 / 177
6.1.3 二元函数的极限 / 179
6.1.4 二元函数的连续 / 180
习题 6.1 / 181
6.2 偏导数 / 182
6.2.1 偏导数的概念 / 182
6.2.2 偏导数的计算 / 183
6.2.3 二阶偏导数 / 185
6.2.4 偏导数在经济分析中的应用 / 187
习题 6.2 / 189
6.3 全微分 / 190
6.3.1 全微分的定义 / 190
6.3.2 全微分与偏导数的关系 / 191
习题 6.3 / 193
6.4 多元复合函数的求导法则 / 193
习题 6.4 / 196
6.5 隐函数的求导法则 / 196
6.5.1 一元隐函数的求导法则 / 196
6.5.2 二元隐函数的求导法则 / 198
习题 6.5 / 200
6.6 二元函数的极值 / 200
6.6.1 二元函数的极值 / 200
6.6.2 二元函数的最值 / 202
习题 6.6 / 204
6.7 二重积分 / 204
6.7.1 二重积分的概念及性质 / 205
6.7.2 二重积分的计算 / 208
习题 6.7 / 213
本章小结 / 214
后记 / 216

全国高等教育自学考试

高等数学（经管类）自学考试大纲

全国高等教育自学考试指导委员会　制定

出版前言

为了适应社会主义现代化建设事业的需要，鼓励自学成才，我国在 20 世纪 80 年代初建立了高等教育自学考试制度。高等教育自学考试是个人自学、社会助学和国家考试相结合的一种高等教育形式。应考者通过规定的专业考试课程并经思想品德鉴定达到毕业要求的，可获得毕业证书；国家承认学历并按照规定享有与普通高等学校毕业生同等的有关待遇。经过 30 多年的发展，高等教育自学考试为国家培养造就了大批专门人才。

课程自学考试大纲是国家规范自学者学习范围、要求和考试标准的文件。它是按照专业考试计划的要求，具体指导个人自学、社会助学、国家考试、编写教材、编写自学辅导书的依据。

随着经济社会的快速发展，新的法律法规不断出台，科技成果不断涌现，原大纲中有些内容过时、知识陈旧。为更新教育观念，深化教学内容方式、考试制度、质量评价制度改革，使自学考试更好地提高人才培养的质量，各专业委员会按照专业考试计划的要求，对原课程自学考试大纲组织了修订或重编。

修订后的大纲，在层次上，专科参照一般普通高校专科或高职院校的水平，本科参照一般普通高校本科水平；在内容上，力图反映学科的发展变化，增补了自然科学和社会科学近年来研究的成果，对明显陈旧的内容进行了删减。

全国考委公共课课程指导委员会组织制定了《高等数学（经管类）自学考试大纲》，经教育部批准，现颁发施行。各地教育部门、考试机构应认真贯彻执行。

全国高等教育自学考试指导委员会

2013 年 3 月

Ⅰ. 课程性质及其设置的目的和要求

1. 课程的性质、地位和任务

“高等数学(经管类)”是全国高等教育自学考试经济管理类专科中的一门重要的基础理论课程,是为培养各种与经济管理有关的人才而设置的. 在当今时代,数学科学已渗透到各个学科领域(包括经济科学和管理科学),微积分是近代数学最主要的成就,是学习任何一门科学或经济管理专业的数学基础. 本课程一方面为学习自学考试计划中的多门课程提供了必要的数学基础,另一方面也是训练考生逻辑思维能力、提高考生数学素养的一个重要平台.

2. 本课程的基本要求和重点

(1) 获得一元函数微积分学的系统的基本知识、基本理论和基本方法.

(2) 获得多元函数微积分学的初步知识.

本课程的重点是一元函数的导数和积分的概念、计算及其应用.

在学习每一部分内容时,要掌握相应的基本概念、基本理论和基本方法,了解有关概念和理论的背景及意义. 通过练习,培养熟练的运算能力,逐步形成运用数学知识处理简单问题的能力,加强对抽象思维能力和逻辑推理能力的培养. 在此基础上,考生要不断提高自学能力,为以后的学习打下基础.

3. 本课程与有关课程的联系

微积分主要研究函数的微分学与积分学,其内容包括导数、微分和积分的概念、性质,微分运算法则与积分运算公式,微分学和积分学的应用等. 极限是研究函数微分学与积分学的基本工具.

考生在学习本课程时应具备高中数学的基本知识,具有一定的运算能力和逻辑推理能力. 本课程是经济管理各专业的基础课,为后续课程(例如概率统计、经济学等)的学习奠定必要的数学基础.

Ⅱ. 课程内容和考核要求

第一章 函数

1. 考核的知识点

（1）一元函数的概念及其图形.

（2）函数的表示法（包括分段函数）.

（3）函数的几个基本特性.

（4）反函数及其图形.

（5）复合函数.

（6）初等函数.

2. 自学要求

函数是数学中最基本的概念之一，它反映变量之间的某种对应关系，是微积分的主要研究对象.

本章总的要求是：掌握一元函数的概念及函数与图形之间的关系；了解函数的几种常用表示法；理解函数的几个基本特性；了解反函数的概念及函数与其反函数图形之间的关系；掌握函数的复合与分解；掌握基本初等函数及其图形的性态；了解初等函数的概念；了解几种常见的经济函数.

本章重点：函数的概念和基本初等函数.

本章难点：函数的复合.

3. 考核要求

（1）一元函数的定义及其图形，要求达到“领会”层次.

① 清楚一元函数的定义，理解确定函数的两个基本要素——定义域和对应法则，知道什么是函数的值域.

② 清楚函数与其图形之间的关系.

③ 会求简单函数的自然定义域.

（2）函数的表示法，要求达到“识记”层次.

① 知道函数的三种表示法——解析法、表格法和图像法.

② 清楚分段函数的概念.

（3）函数的几个基本特性，要求达到“简单应用”层次.

清楚函数的有界性、单调性、奇偶性、周期性的含义，并会判定简单函数是否具有这些特性.

（4）反函数及其图形，要求达到“领会”层次.

① 知道函数的反函数的概念，清楚单调函数必有反函数.

② 会求简单函数的反函数.

③ 知道函数与其反函数的定义域、值域和图形之间的关系.

（5）复合函数，要求达到“简单应用”层次.

① 清楚复合函数运算的含义,会求简单复合函数的定义域.

② 会将几个函数按一定顺序复合,并会把一个函数分解成简单函数的复合.

(6) 初等函数, 要求达到“简单应用”层次.

① 知道什么是基本初等函数,熟悉其定义域、基本特性和图形(不含余切、正割、余割及其反函数的图形).

② 知道反正弦、反余弦和反正切函数的主值范围.

③ 知道初等函数的概念.

(7) 经济学中几种常见的函数,要求达到“简单应用”层次.

了解经济学中几种常见的函数:成本函数,收益函数,利润函数,需求函数和供给函数.

第二章　极限与连续

1. 考核的知识点

(1) 函数极限.

(2) 函数极限的性质.

(3) 极限的运算法则.

(4) 两个重要极限.

(5) 无穷小量及其性质、无穷大量.

(6) 无穷小量的比较.

(7) 函数的连续性和连续函数的运算.

(8) 函数的间断点.

(9) 闭区间上连续函数的性质.

2. 自学要求

极限理论是微积分学的基础,微积分中的基本概念都是运用极限的思想与方法阐述的. 连续函数是应用最为广泛的函数. 学好本章内容将为以后的学习打下坚实的基础.

本章总的要求是:理解函数极限的概念;理解极限的简单性质;掌握极限的运算法则;熟练掌握两个重要极限;理解无穷小量的概念;掌握无穷小量的基本性质;清楚无穷大量的概念及其与无穷小量的关系;理解无穷小量的阶的比较;理解函数的连续性和间断点;知道初等函数的连续性;清楚闭区间上连续函数的性质.

本章重点:极限的概念和性质,极限的运算法则,两个重要极限,无穷小量的概念及其阶的比较,函数的连续性和闭区间上连续函数的性质.

本章难点:极限概念.

3. 考核要求

(1) 函数极限, 要求达到“领会”层次.

① 理解函数极限的定义(不要求 $\varepsilon-M,\varepsilon-\delta$ 描述).

② 理解函数的单侧极限,知道函数极限与单侧极限之间的关系.

(2) 极限的性质, 要求达到“识记”层次.

① 清楚极限的唯一性.

② 清楚极限存在的函数的局部有界性.

③ 清楚极限的保号性.

(3) 极限的运算法则，要求达到"简单应用"层次.

① 熟知极限的四则运算法则,并能熟练运用.

② 清楚复合函数的极限.

(4) 两个重要极限，要求达到"综合应用"层次.

熟知两个重要极限,并能熟练运用.

(5) 无穷小量及其性质、无穷大量，要求达到"简单应用"层次.

① 理解无穷小量的定义并熟知其性质.

② 清楚无穷大量的定义及其与无穷小量之间的关系.

③ 会判别一个简单变量是否是无穷小量或无穷大量.

(6) 无穷小量的比较，要求达到"简单应用"层次.

① 清楚一个无穷小量相对于另一个无穷小量是高阶、同阶、等价的含义.

② 会判别两个无穷小量的阶的高低或是否等价.

③ 极限运算中乘除因子会用等价无穷小量代替.

(7) 函数的连续性和连续函数的运算，要求达到"简单应用"层次.

① 清楚函数在一点处连续和单侧连续的定义,并知道它们之间的关系.

② 会判别分段函数在分段点处的连续性.

③ 知道函数在区间上连续的定义.

④ 知道连续函数经四则运算和复合运算仍是连续函数.

⑤ 知道单调的连续函数必有单调并连续的反函数.

⑥ 知道初等函数的连续性.

(8) 函数的间断点，要求达到"简单应用"层次.

① 清楚函数在一点间断的含义和产生间断的几种情况.

② 会找简单函数的间断点.

(9) 闭区间上连续函数的性质，要求达到"识记"层次.

① 知道闭区间上的连续函数必有界并有最大值和最小值.

② 知道连续函数的介值定理和零点存在定理.

③ 会用零点存在定理判断简单的函数方程在给定区间上实根的存在性.

第三章　导数与微分

1. 考核的知识点

(1) 导数的定义及其几何意义.

(2) 函数可导与连续的关系.

(3) 微分定义、微分与导数的关系.

(4) 函数的求导法则.

(5) 基本初等函数的导数.

(6) 高阶导数.

2. 自学要求

函数在一点处的导数和微分是微分学中两个最重要的概念. 它们的产生是由于广泛而迫切的实际需要（如求曲线的切线、运动物体的瞬时速度等），在科学和工程技术中有着极为广泛的应用. 导数也是研究函数性质的有效工具.

本章总的要求是：理解导数和微分的定义，清楚它们之间的关系；知道导数的几何意义；知道平面曲线的切线方程与法线方程的求法；理解函数可导与连续之间的关系；熟练掌握函数和、差、积、商的求导法则与复合函数的链式求导法则；会求反函数的导数；熟记基本初等函数的求导公式；会求简单隐函数的导数；会用对数求导法；会求函数的高阶导数.

本章重点：导数的概念及其几何意义和作为变化率的实际意义，各种求导法则和基本初等函数的导数及微分公式.

本章难点：复合函数的求导法则，隐函数求导法.

3. 考核要求

（1）导数的定义及其几何意义，要求达到“领会”层次.

① 熟知函数在一点处的导数和左、右导数的定义及它们的关系.

② 知道函数在一点处的导数的几何意义，并会求曲线在一点处的切线方程和法线方程.

③ 知道导数作为变化率在物理中可以表示运动物体的瞬时速度.

④ 知道函数在区间上可导的含义.

（2）函数可导与连续的关系，要求达到“领会”层次.

清楚函数在一点处连续是函数在一点处可导的必要条件.

（3）微分的定义和微分的运算，要求达到“领会”层次.

① 理解微分作为函数增量的线性主部的含义.

② 清楚函数可微与可导的关系.

③ 熟知函数的微分与导数的关系.

（4）函数的各种求导法则，要求达到“综合应用”层次.

① 熟练掌握可导函数和、差、积、商的求导法则.

② 准确理解复合函数的求导法则（链式法则），并能在计算中熟练运用.

③ 清楚反函数的求导法则.

④ 会求简单隐函数的导数.

⑤ 对于由多个函数的积、商、方幂所构成的函数，会用取对数求导的方法计算其导数.

（5）基本初等函数的导数，要求达到“综合应用”层次.

熟记基本初等函数的求导公式，并能熟练运用.

（6）高阶导数，要求达到“简单应用”层次.

清楚高阶导数的定义，会求函数的二阶导数.

第四章　微分中值定理和导数的应用

1. 考核的知识点

（1）微分中值定理.

（2）洛必达法则.

（3）函数单调性的判定.

（4）函数的极值及其求法.

（5）函数的最值及其应用.

（6）曲线的凹凸性和拐点.

（7）曲线的渐近线.

（8）导数在经济分析中的应用.

2. 自学要求

本章主要介绍导数在研究函数性态和有关实际问题中的应用，这些应用的理论基础是微分中值定理.

本章总的要求是：能准确陈述微分中值定理；熟练掌握洛必达法则；会用导数的符号判定函数的单调性；理解函数极值的概念，掌握函数极值的求法；清楚函数的最值及其求法，并能解决简单的应用问题；了解曲线的凹凸性和拐点的概念，会用二阶导数判定曲线的凹凸性并计算拐点的坐标；会求曲线的水平渐近线和铅直渐近线；理解函数的边际函数与弹性函数及其意义.

本章重点：拉格朗日中值定理，洛必达法则，函数单调性的判定，函数极值、最值的求法和实际应用.

本章难点：函数最值的应用，弹性函数.

3. 考核要求

（1）微分中值定理，要求达到“领会”层次.

① 能准确陈述罗尔定理，并清楚其几何意义.

② 能准确陈述拉格朗日微分中值定理，并清楚其几何意义.

③ 知道导数恒等于零的函数必为常数，导数处处相等的两个函数只能相差一个常数.

（2）洛必达法则，要求达到“综合应用”层次.

① 准确理解洛必达法则.

② 能识别各种类型的未定式，并会运用洛必达法则求极限.

（3）函数单调性的判定，要求达到“简单应用”层次.

① 清楚导数的符号与函数单调性之间的关系.

② 会判别函数在给定区间上的单调性，并会求函数的单调区间.

③ 会用函数的单调性证明简单的不等式.

（4）函数的极值及其求法，要求达到“综合应用”层次.

① 清楚函数极值的定义，知道这是函数的一种局部性态.

② 知道什么叫函数的驻点，清楚函数的极值点与驻点之间的关系.

③ 掌握函数在一点取极值的两种判别法，并会求函数的极值.

(5) 函数的最值及其应用，要求达到“综合应用”层次.

① 知道函数最值的定义及其与极值的区别.

② 清楚最值的求法.

③ 能用最值解决简单的应用问题.

(6) 曲线的凹凸性和拐点，要求达到“简单应用”层次.

① 清楚曲线在给定区间上“凹”“凸”的定义.

② 会判别曲线在给定区间上的凹凸性并求出曲线的凹凸区间.

③ 知道曲线拐点的定义,会求曲线的拐点或判定一个点是否是拐点.

(7) 曲线的渐近线，要求达到“领会”层次.

知道曲线的水平渐近线和铅直渐近线的定义,会求曲线的水平渐近线和铅直渐近线.

(8) 经济学中的边际函数和弹性函数，要求达到“简单应用”层次.

① 清楚边际函数的概念及其实际意义.

② 清楚弹性函数的概念,会求经济函数的弹性,并说明其实际意义.

第五章　一元函数积分学

1. 考核的知识点

(1) 原函数与不定积分的概念,不定积分的基本性质.

(2) 基本积分公式.

(3) 不定积分的换元积分法.

(4) 不定积分的分部积分法.

(5) 微分方程初步.

(6) 定积分的概念及其基本性质.

(7) 变上限积分和牛顿-莱布尼茨公式.

(8) 定积分的换元积分法和分部积分法.

(9) 无穷限反常积分.

(10) 定积分的简单应用.

2. 自学要求

一元函数积分学是微积分的重要内容之一. 求原函数的运算可看成是微分的逆运算,属于微分学的范畴. 定积分的出现则源于求曲边图形的面积和求运动物体的行走路程等实际问题,积分学的思想与方法有着十分广泛的应用. 微分方程是刻画许多实际问题中变量之间相互关系的主要方式,其理论和方法是与微积分同时发展起来的,具有广泛的实际应用.

本章总的要求是:理解原函数和不定积分的概念;清楚定积分的概念及其几何意义;熟悉不定积分和定积分的基本性质;理解变上限积分函数的求导公式;掌握牛顿-莱布尼茨公式;熟记基本积分公式;掌握不定积分和定积分的换元积分法、分部积分法;掌握微分方程的基本概念,并能求解可分离变量微分方程和一阶线性微分方程;清楚无穷限反常积分的概念,并会依据定义判别简单反常积分是否收敛;会用定积分解决简单的几何问题.

本章重点:不定积分的概念,不定积分的运算,定积分的概念和性质,变上限积分求导公式和牛顿-莱布尼茨公式,定积分的应用.

本章难点:求不定积分,定积分的应用.

3. 考核要求

(1) 原函数与不定积分的概念,不定积分的基本性质, 要求达到“领会”层次.

① 了解原函数和不定积分的定义.

② 理解微分运算和不定积分运算互为逆运算.

③ 知道不定积分的基本性质.

(2) 基本积分公式, 要求达到“简单应用”层次.

熟记基本积分公式,并能熟练运用.

(3) 不定积分的换元积分法, 要求达到“简单应用”层次.

① 能熟练地运用第一类换元积分法(即凑微分法)求不定积分.

② 掌握几种常见的第二类换元类型.

(4) 不定积分的分部积分法, 要求达到“简单应用”层次.

掌握分部积分法,会求常见类型的不定积分.

(5) 微分方程初步, 要求达到“简单应用”层次.

① 知道微分方程的阶、解、初始条件、特解的含义.

② 能识别可分离变量微分方程和一阶线性微分方程,并会求这两类微分方程的解.

(6) 定积分的概念及其基本性质, 要求达到“领会”层次.

① 理解定积分的概念,并了解其几何意义.

② 清楚定积分与不定积分的区别,知道定积分的值仅依赖于被积函数和积分区间,与积分变量的记号无关.

③ 知道定积分的基本性质.

④ 能正确叙述定积分的中值定理,了解其几何意义.

(7) 变上限积分和牛顿-莱布尼茨公式, 要求达到“综合应用”层次.

① 理解变上限积分是积分上限的函数,并会求其导数.

② 掌握牛顿-莱布尼茨公式.

(8) 定积分的换元积分法和分部积分法, 要求达到“简单应用”层次.

① 掌握定积分的第一类换元积分法和第二类换元积分法.

② 清楚对称区间上奇函数或偶函数的定积分的有关结果.

③ 掌握定积分的分部积分法.

(9) 无穷限反常积分, 要求达到“领会”层次.

① 清楚无穷限反常积分的定义及其敛散性概念.

② 会依据定义判断简单无穷限反常积分的敛散性,并在收敛时求出其值.

(10) 定积分的几何应用, 要求达到“简单应用”层次.

① 会在直角坐标系中,利用定积分计算平面图形的面积.

② 会利用定积分计算简单平面图形绕坐标轴旋转所得旋转体的体积.

第六章　多元函数微积分

1. 考核的知识点

（1）多元函数的概念.

（2）偏导数和全微分.

（3）复合函数的求导法则.

（4）隐函数及其求导法则.

（5）二阶偏导数.

（6）二元函数的极值及其求法.

（7）二重积分的概念和计算.

2. 自学要求

多元函数微积分是一元函数微积分的自然发展，它的许多重要概念和处理问题的思想、方法与一元函数微积分的情形十分相似. 但随着自变量的增多，多元函数与一元函数也有一些本质的差别，这是学习多元微积分时需要特别注意的. 由于实际问题中常常会涉及多个变量，所以多元函数微积分有着更加广泛的应用.

本章总的要求是：理解二元函数的概念和二元函数的几何意义；清楚偏导数和全微分的定义；了解二阶偏导数的定义；了解二阶混合偏导数的值与求导次序无关的条件；掌握复合函数和隐函数的求导法则；理解二元函数极值的概念，掌握二元函数极值的求法；理解二重积分的定义及其几何意义；掌握二重积分的计算方法.

本章重点：偏导数和全微分的概念及其计算，复合函数求导法则，二重积分的计算.

本章难点：复合函数求导，二重积分的计算.

3. 考核要求

（1）多元函数的概念，要求达到“领会”层次.

① 知道二元函数的定义及二元函数的几何意义.

② 会求简单二元函数的定义区域.

（2）偏导数和全微分，要求达到“简单应用”层次.

① 清楚偏导数的定义及其与一元函数导数的关系.

② 清楚全微分及多元函数可微的定义.

③ 清楚全微分与偏导数的关系及函数可微的充分条件.

（3）复合函数的求导法则，要求达到“简单应用”层次.

掌握以下三种类型的复合函数的求导法则：

① $w=f(u,v)$；　$u=u(x)$，　$v=v(x)$.

② $w=f(u)$；　$u=u(x,y)$.

③ $w=f(u,v)$；　$u=u(x,y)$，　$v=v(x,y)$.

（4）隐函数及其求导法则，要求达到“简单应用”层次.

了解隐函数的概念，掌握由一个函数方程所确定的一元隐函数或二元隐函数的求导法则.

（5）二阶偏导数，要求达到“简单应用”层次.

① 知道二阶偏导数的定义,会计算初等函数的二阶偏导数.
② 知道二阶混合偏导数的值与求导次序无关的条件.
(6) 二元函数的极值及其求法，要求达到“简单应用”层次.
① 清楚二元函数极值的定义.
② 清楚极值点和驻点的关系,知道二元函数取极值的充分条件.
③ 会求函数的极值,并会解决简单的应用问题.
(7) 二重积分的概念和计算，要求达到“简单应用”层次.
① 清楚二重积分的定义及其几何意义.
② 了解二重积分的基本性质.
③ 会在直角坐标系下计算二重积分(不要求会交换二次积分的积分次序).

Ⅲ. 有关说明与实施要求

1. 自学考试大纲的目的和作用

课程自学考试大纲是根据专业考试计划的要求，结合自学考试的特点制定. 其目的是对个人自学、社会助学和课程考试命题进行指导和约定.

课程自学考试大纲明确了课程自学的内容及其要求程度，规定了课程自学考试的范围和标准，是编写自学考试教材的依据，更是进行自学考试命题的依据.

2. 关于自考教材

《高等数学(经管类)》，全国高等教育自学考试指导委员会组编，扈志明主编，高等教育出版社，2023 年版.

3. 关于自学要求

自学要求中指明了课程的基本内容以及对基本内容要求掌握的程度.

自学要求中的知识点构成了课程的主体部分，对相应知识点掌握程度的划分是依据考试计划和专业培养目标确定的. 因此，在自学考试中将按自学要求中提出的掌握程度对基本内容进行考核.

在自学要求中，对具体内容掌握程度的要求由低到高分为 4 个层次，对应的表达用词依次是：了解、知道；理解、清楚、会；会用、掌握；熟练掌握.

为更好地指导个人自学和社会助学，在各章的自学要求中都指明了本章的重点和难点.

本课程共 6 学分.

4. 关于考核知识点与考核要求

课程中的每章内容均由若干知识点组成. 在自学考试命题中，知识点就是考核点. 因此，课程考试大纲中规定的考试内容是以考核知识点的形式呈现的.

自学考试中对具体知识点按 4 个认知层次确定其考核要求. 这 4 个认知层次由低到高依次是：识记、领会、简单应用、综合应用. 它们之间是逐层上升的关系，后者必须建立在前者的基础上，其含义分别是：

"识记"——能对课程自学考试大纲中的定义、定理、公式、性质、法则等有清晰准确的认识，并能做出正确的选择和判断.

"领会"——要求对课程自学考试大纲中的概念、定理、公式、法则等有一定的理解，清楚它与有关知识点的联系与区别，并能给出正确的表述和解释.

"简单应用"——会用课程自学考试大纲中各部分的少数几个知识点解决简单的计算、证明或应用问题.

"综合应用"——在对课程自学考试大纲中的概念、定理、公式、法则理解的基础上，会运用多个知识点经过分析、计算或推导解决稍复杂一些的问题.

需要说明的是，试题的难易与认知层次的高低虽有一定的关系，但二者并不完全一致，在每个认知层次中都可以出现不同难度的试题.

5. 学习方法指导

自牛顿、莱布尼茨开始，微积分经过 300 多年的发展，其理论基础和基本内容在

20世纪初就已完全建立起来. 因此,微积分是一门相对成熟的数学学科,只要肯下功夫、方法得当,学好这门课程还是很有希望的. 为此,有以下几点建议供考生参考.

（1）在学习每章内容之前,应先了解课程自学考试大纲对该章各知识点的考核要求,了解本章的重点及难点,带着问题学习,做到心中有数.

（2）在学习每章内容时,应了解每个概念提出的背景或它要反映的函数的性质,通过典型例题加深对概念的理解,了解各个概念之间的相互关系. 对于基本的性质和主要结论(定理),不仅要做到知其然,也要做到知其所以然.

（3）在学习每章内容时,除了掌握好基本的概念和主要结论之外,还应熟悉本章常见的问题及它们的求解方法,通过做有代表性的题目,熟练掌握常用方法. 在平时做题时,要注意书写规范、计算准确,通过练习,逐步提高求解问题的能力.

（4）在学习每章内容时,要注意典型的应用问题,通过分析具体的例子,掌握利用微分思想和积分思想处理实际问题的方法,提高求解简单实际问题的能力.

（5）在学完每章内容后,要及时总结,列出本章的主要概念、定理、公式、法则等,用自己的语言建立起本章的知识结构图. 通过不断总结,促进消化、吸收的过程,达到将书读薄的目的.

（6）关于自学时间的安排.

每章内容的自学时间建议如下：

章　　次	内　　容	建议学时
一	函　数	20
二	极限与连续	45
三	导数与微分	60
四	微分中值定理和导数的应用	60
五	一元函数积分学	110
六	多元函数微积分	65
总　计		360

6. 对社会助学的要求

（1）要熟悉课程自学考试大纲对本课程总的要求和各章的具体内容,准确把握课程自学考试大纲对各知识点要求达到的认知层次和考核要求,并在辅导过程中严格执行,不要随意地删减内容和降低要求.

（2）要帮助考生掌握课程自学考试大纲对各知识点的考核要求,在日常教学中,要注意培养考生良好的学习习惯,提高考生的学习能力. 考前要督促考生认真复习,切勿猜题、押题.

（3）助学单位安排本课程辅导时,授课时间建议不少于100学时.

7. 考试形式和试卷结构

（1）本课程的考试适用于全国高等教育自学考试经济管理类各专科专业的考生.

（2）试卷满分为100分,考试时间为150分钟.

（3）本课程的考试方式为闭卷、笔试,考试时不允许携带计算器、参考书等工具.

(4) 试卷题型结构:

单项选择题	10 小题,每小题 3 分,共 30 分
简单计算题	5 小题,每小题 4 分,共 20 分
计算题	5 小题,每小题 5 分,共 25 分
综合题	4 小题,共 25 分

(5) 试卷内容结构:

第一章、第二章	函数、极限与连续	25 分左右(含 5 分左右的初等数学内容)
第三章、第四章	一元函数微分学	35 分左右
第五章	一元函数积分学	25 分左右
第六章	多元函数微积分	15 分左右

(6) 试题难度分布

试题难度分为:易,中等偏易,中等偏难,难.

所占分值依次约为:30 分,40 分,20 分,10 分.

Ⅳ. 参考样卷

高等数学(经管类)样卷

一、单项选择题(本大题共 10 小题,每小题 3 分,共 30 分)

1. 函数 $f(x)=\sqrt{x-1}+\frac{1}{x-1}$ 的定义域是 【 】

A. $(0,+\infty)$ B. $[0,+\infty)$ C. $(1,+\infty)$ D. $[1,+\infty)$

2. 当 $x\to 0$ 时,下列变量与 x 相比为等价无穷小量的是 【 】

A. $\sin x-x^2$ B. $\sin x-x$ C. $x^2-\sin x$ D. $1-\cos x$

3. 已知函数 $f(x)=\begin{cases}x^k(1-x^2), & x>0,\\ 0, & x\leqslant 0\end{cases}$ 在 $x=0$ 处连续,则常数 k 的取值范围为 【 】

A. $k\leqslant 0$ B. $k>0$ C. $k>1$ D. $k>2$

4. 设函数 $f(x)$ 在点 x_0 处可导,则 $\lim\limits_{\Delta x\to 0}\frac{f(x_0+2\Delta x)-f(x_0)}{\Delta x}=$ 【 】

A. $-2f'(x_0)$ B. $-\frac{1}{2}f'(x_0)$ C. $\frac{1}{2}f'(x_0)$ D. $2f'(x_0)$

5. 函数 $f(x)=2x^3+3x^2-12x+1$ 的极小值点为 【 】

A. $x=-2$ B. $x=-1$ C. $x=1$ D. $x=2$

6. 曲线 $y=\ln\frac{x+1}{x+2}-3$ 的水平渐近线为 【 】

A. $y=-3$ B. $y=-2$ C. $y=-1$ D. $y=0$

7. 已知 $f(x)$ 的一个原函数是 2^x,则 $f(x)=$ 【 】

A. 2^x B. $2^x\ln 2$ C. $\frac{2^x}{\ln 2}$ D. $\frac{\ln 2}{2^x}$

8. 设函数 $y=y(x)$ 是由方程 $xy+e^y=x+1$ 确定的隐函数,则 $\left.\frac{dy}{dx}\right|_{x=0}=$ 【 】

A. -2 B. -1 C. 0 D. 1

9. 若函数 $z=z(x,y)$ 的全微分 $dz=\sin y dx+x\cos y dy$,则二阶偏导数 $\frac{\partial^2 z}{\partial x\partial y}=$ 【 】

A. $-\sin x$ B. $\sin y$ C. $\cos x$ D. $\cos y$

10. 设 D 是 xOy 平面上由直线 $x=0,y=1$ 与 $y=x$ 围成的三角形区域,函数 $f(x,y)$ 连续,则 $\iint\limits_D f(x,y)dxdy=$ 【 】

A. $\int_0^1 dx\int_x^1 f(x,y)dy$ B. $\int_0^1 dx\int_0^x f(x,y)dy$

C. $\int_0^1 \mathrm{d}y \int_y^1 f(x,y)\,\mathrm{d}x$　　　　D. $\int_0^1 \mathrm{d}y \int_0^1 f(x,y)\,\mathrm{d}x$

二、简单计算题（本大题共 5 小题，每小题 4 分，共 20 分）

11. 求不等式 $x^2+x-6>0$ 的解集.

12. 设 $f(x)$ 是定义在 $\mathbf{R}$ 上的周期为 2 的函数，且 $f(x)=\begin{cases} 2x+1, & -1\leqslant x<0, \\ \dfrac{ax+2}{x+1}, & 0\leqslant x\leqslant 1, \end{cases}$ 求 a 的值.

13. 设某产品产量为 Q 件时的总成本为 $C(Q)=500+Q^2$（元），求 $Q=20$ 件时的边际成本.

14. 求极限 $\lim\limits_{x\to 0}(1+2x)^{\frac{1}{x}}$.

15. 计算定积分 $\int_{-2}^{2} \dfrac{x+|x|}{2+x^2}\mathrm{d}x$.

三、计算题（本大题共 5 小题，每小题 5 分，共 25 分）

16. 设 $y=\cos(x^2)$，求 $\dfrac{\mathrm{d}^2 y}{\mathrm{d}x^2}$.

17. 求函数 $f(x)=x^3-12x+10$ 在闭区间 $[0,4]$ 上的最大值和最小值.

18. 求微分方程 $y'+y=0$ 在初始条件 $y(0)=1$ 下的特解.

19. 求曲线 $y=\int_0^x \mathrm{e}^{\sin t}\mathrm{d}t$ 在点 $(0,0)$ 处的切线方程.

20. 求无穷限反常积分 $I=\int_0^{+\infty} \dfrac{\mathrm{d}x}{\mathrm{e}^x+\mathrm{e}^{-x}}$.

四、综合题（本大题共 4 小题，共 25 分）

21. 求曲线 $y=\dfrac{1}{1+x^2}$ 在区间 $(0,+\infty)$ 内的拐点.

22. 计算二重积分 $I=\iint\limits_D y\,\mathrm{d}x\mathrm{d}y$，其中积分区域 D 是由曲线 $x^2+y^2=1$ 与 x 轴所围的下半圆.

23. 设 D 是由曲线 $y=\ln x$，直线 $x=\mathrm{e}$ 及 x 轴围成的平面区域，如右图所示.

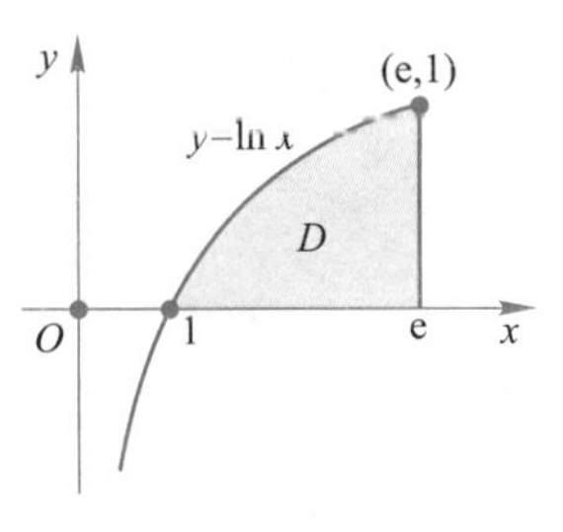

（1）求 D 的面积 A；

（2）求 D 绕 x 轴旋转一周的旋转体体积 V.

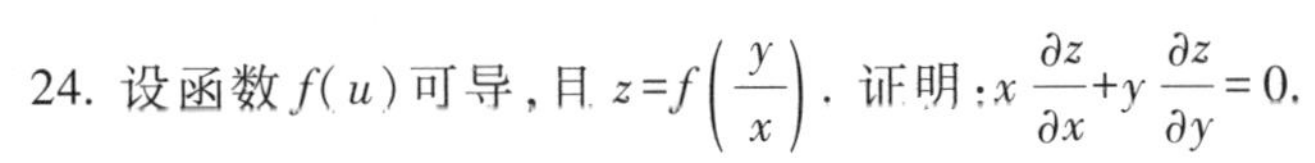

24. 设函数 $f(u)$ 可导，且 $z=f\left(\dfrac{y}{x}\right)$. 证明：$x\dfrac{\partial z}{\partial x}+y\dfrac{\partial z}{\partial y}=0$.

后记

《高等数学(经管类)自学考试大纲》是根据全国高等教育自学考试经济管理类公共课的相关考试计划要求编写的。2013年1月公共课课程指导委员会召开审稿会议,对本大纲初稿进行讨论评审,修改后,再经主审复审定稿。

本大纲由清华大学扈志明教授主持编写。

本大纲经由中国地质大学(北京)陈兆斗教授主审,北京工商大学杨益民教授和北京航空航天大学吴纪桃教授参加审稿并提出改进意见。

本大纲最后由全国高等教育自学考试指导委员会审定。

参与大纲编审的人员付出了辛勤劳动,特此表示感谢。

全国高等教育自学考试指导委员会
公共课课程指导委员会
2013年1月

全国高等教育自学考试指定教材

高等数学（经管类）

全国高等教育自学考试指导委员会　组编

前言

《高等数学(经管类)》的教材部分是根据2013年版全国高等教育自学考试经济管理类《高等数学(经管类)自学考试大纲》编写而成。该大纲由全国高等教育自学考试指导委员会审定。本教材包括一元函数微积分与多元函数微积分的基本内容,全书共分为6章与1个附录。

为了便于读者对每章内容有一个整体的了解,编者在每章开篇时都简单介绍了本章主要内容在整个课程中的基本地位,并提出了对本章内容的总体学习要求,同时在每章内容结束后从基本概念及性质,重要的法则、定理和公式,考核要求三个方面对整章做了简短总结。

本书在内容处理上尽可能便于读者自学,编者在引进基本概念之前都通过具体的实例加以阐述,在不失科学、严谨的前提下,叙述力求通俗、易懂。对求解问题的基本方法,都通过例题进行讲解与练习;对重要的结论和定理,凡是能用基本概念和基本方法证明的,都进行了严谨的证明,没有证明的,则通过具体问题加以解释阐明。

本教材除了应大纲要求所做变化之外,相比于以前的教材,在使用的材料与叙述的风格上都有明显的特点。具体到内容的处理上,特别需要说明的有以下几点:

1. 第一章中增加了部分初等数学内容;函数的几个基本特性不是集中给出定义,而是放到了不同函数之后分别给出,如周期性的定义放到了三角函数部分;简单函数关系的建立不单独成节,而是将具体例子融入不同段落,如人口模型问题和衰减问题的例子就放到了指数函数部分。

2. 第二章中将数列极限的内容降低了要求,仅仅是作为函数极限的特例做了介绍;强调了利用等价无穷小量求极限的方法。

3. 第三章中淡化了导数的物理应用,取消了单独列出的微分公式与微分法则,将导数在经济学中的应用内容移到了第四章;增加了隐函数求导法。

4. 第五章中,淡化了积分运算的技巧,取消了三角换元的内容。

5. 根据大纲的要求,书中每节内容后面所配的习题中都增加了适量的单项选择题,解答题的类型与难度也都做了适当的调整。

6. 大纲中的样卷结构做了调整,取消了填空题题型,增加了选择题题量,题目总数变为24道。

在本书的编写过程中,编者得到了全国高等教育自学考试指导委员会有关专家及高等教育出版社相关编辑的大力支持与帮助,在此向他们表示衷心的感谢。北京科技大学的陈兆斗教授、北京航空航天大学的吴纪桃教授和北京工商大学的杨益民教授认真审阅了本书的第一稿与第二稿,并提出了很多富有建设性的意见和建议,编者对他们的辛勤付出表示崇高的敬意和诚挚的感谢。

我们尽管都有比较丰富的教学经验，也有多年的助学经历，但教材中难免有不妥甚至谬误之处，恳请各位教师与读者不吝赐教，以便再版时改进。

编者

2023 年 5 月

第一章　函数

函数是数学中最基本的概念之一.它从数学上反映了各种实际现象中量与量之间的依赖关系,是微积分的主要研究对象.

本章总的要求是:理解一元函数的定义及函数与图形之间的关系;了解函数的几种常用表示法;理解函数的几个基本特性;理解函数的反函数及它们的图形之间的关系;掌握函数的复合与分解;熟练掌握基本初等函数及其图形的性态;知道什么是初等函数;知道经济活动中常见的几种函数;能从比较简单的实际问题建立其中蕴含的函数关系.

1.1　预备知识

这一部分的绝大多数内容都曾在中学数学课程中出现过,放在此处的目的,一方面是让读者随时复习,另一方面也可以在以后的学习中备查.

视频:典型题目讲解(1.1)

1.1.1　初等代数中的几个问题

1. 一元二次方程

未知量 x 满足的形如 $ax^2+bx+c=0\ (a\neq 0)$ 的方程称为**一元二次方程**,$\Delta=b^2-4ac$ 称为此方程的**判别式**. 根据

$$ax^2+bx+c=a\left(x+\frac{b}{2a}\right)^2-\frac{b^2-4ac}{4a},$$

可知

$$ax^2+bx+c=0 \text{ 与} \left(x+\frac{b}{2a}\right)^2=\frac{b^2-4ac}{4a^2}$$

等价,所以:

当 $\Delta>0$ 时,方程有两个不同的实根

$$x_{1,2}=\frac{-b\pm\sqrt{b^2-4ac}}{2a};$$

当 $\Delta=0$ 时,方程有一个二重实根

$$x=-\frac{b}{2a};$$

当 $\Delta<0$ 时,方程有一对共轭复根

$$x=\frac{-b+\mathrm{i}\sqrt{4ac-b^2}}{2a},\ \bar{x}=\frac{-b-\mathrm{i}\sqrt{4ac-b^2}}{2a}.$$

若记一元二次方程的两个根分别为 x_1,x_2,则有

$$\begin{aligned}ax^2+bx+c&=a(x-x_1)(x-x_2)\\&=ax^2-a(x_1+x_2)x+ax_1x_2,\end{aligned}$$

所以

$$x_1+x_2=-\frac{b}{a},\ x_1x_2=\frac{c}{a}.$$

这就是**韦达定理**,它给出了根与系数之间的关系.

$y=ax^2+bx+c$ 称为一元二次函数,其图形是 xOy 平面上的一条抛物线. 当 $a>0$ 时,抛物线的开口朝上;当 $a<0$ 时,抛物线的开口朝下. 根据

$$y=ax^2+bx+c=a\left(x+\frac{b}{2a}\right)^2-\frac{b^2-4ac}{4a},$$

可知抛物线的对称轴为垂直于 x 轴的直线 $x=-\frac{b}{2a}$,顶点坐标为$\left(-\frac{b}{2a},\frac{4ac-b^2}{4a}\right)$.

2. 二元一次方程组

两个未知量 x,y 满足的形如

$$\begin{cases}a_1x+b_1y=c_1,\\a_2x+b_2y=c_2\end{cases}$$

的方程组称为**二元一次方程组**.

当$\frac{a_1}{a_2}\neq\frac{b_1}{b_2}$时,方程组有唯一解;

当$\frac{a_1}{a_2}=\frac{b_1}{b_2}\neq\frac{c_1}{c_2}$时,方程组无解;

当$\frac{a_1}{a_2}=\frac{b_1}{b_2}=\frac{c_1}{c_2}$时,方程组有无穷多解.

例 1 已知方程组$\begin{cases}x+2y=4,\\2x+ay=2a.\end{cases}$

(1) 若方程组有无穷多解,求 a 的值;

(2) 当 $a=6$ 时,求方程组的解.

解 (1) 因为方程组有无穷多解,所以

$$\frac{1}{2}=\frac{2}{a}=\frac{4}{2a},解得\ a=4.$$

(2) 当 $a=6$ 时,原方程组变为

$$\begin{cases}x+2y=4,\\2x+6y=12.\end{cases}$$

第一个方程乘以 2 再与第二个方程相减,消元得

$$-2y=-4,解得\ y=2,$$

代入第一个方程得 $x=0$,故方程组的解为$\begin{cases}x=0,\\y=2.\end{cases}$

3. 代数不等式

(1) 不等式 $a>b$ 与 $a-b>0$ 等价. 常用的不等式性质有:

① 若 $a>b,b>c$,则 $a>c$.

② 若 $a>b,k>0$,则 $ka>kb$.

③ 若 $a>b,k<0$,则 $ka<kb$.

④ 若 $a>b,c>d$,则 $a+c>b+d,a-d>b-c$.

(2) 常见的不等式.

① 算术平均值与几何平均值的关系.

设 a,b 是非负实数,则有 $\frac{a+b}{2} \geqslant \sqrt{ab}$,"="当且仅当 $a=b$ 时成立.

② 绝对值不等式.

设 a,b 是两个任意实数,则有 $|a+b| \leqslant |a|+|b|$,"="当且仅当 a,b 同号或其中任意一个为 0 时成立.

(3) 解不等式的例子.

① 一元二次不等式.

考虑不等式 $ax^2+bx+c>0$,如果记一元二次方程 $ax^2+bx+c=0$ 的两个不同实根分别为 x_1,x_2,且 $x_1<x_2$,根据一元二次函数的图形可知:

当 $a>0$ 时,这个不等式的解集是 $\{x \mid x<x_1 \text{ 或 } x>x_2\}$;

当 $a<0$ 时,它的解集是 $\{x \mid x_1<x<x_2\}$.

用类似的方法可以求解不等式 $ax^2+bx+c \geqslant 0$,$ax^2+bx+c<0$ 和 $ax^2+bx+c \leqslant 0$.

例 2 解不等式 $x^2+(1-a)x-a<0$.

解 因为一元二次方程 $x^2+(1-a)x-a=0$ 的根为

$$x_{1,2}=\frac{a-1 \pm \sqrt{(1-a)^2+4a}}{2}=\frac{a-1 \pm |1+a|}{2},$$

所以当 $a<-1$ 时,两个根分别为 a 和 -1,原不等式的解集为开区间 $(a,-1)$;

当 $a>-1$ 时,两个根仍然是 a 和 -1,原不等式的解集为开区间 $(-1,a)$;

当 $a=-1$ 时,原不等式的解集为 $\varnothing$.

② 绝对值不等式.

不等式 $|f(x)|>a>0$ 等价于 $f(x)>a$ 或 $f(x)<-a$;

不等式 $|f(x)|<a$ 等价于 $-a<f(x)<a$.

例 3 求解不等式 $|x^2-2x-5|<3$.

解 不等式 $|x^2-2x-5|<3$ 等价于不等式组 $\begin{cases} x^2-2x-5<3, \\ x^2-2x-5>-3. \end{cases}$

由于 $x^2-2x-8<0$ 的解集为 $(-2,4)$,$x^2-2x-2>0$ 的解集为 $(-\infty,1-\sqrt{3}) \cup (1+\sqrt{3},+\infty)$,所以原不等式的解集为 $(-2,1-\sqrt{3}) \cup (1+\sqrt{3},4)$.

4. 数列

将一些编上号的数按其编号(不是按数本身)从小到大的顺序排列起来就构成了一个**数列**.数列一般记作 $a_1,a_2,a_3,\cdots,a_n,\cdots$ 或 $\{a_n\}$,其中 a_n 称为数列的**通项**,$S_n=\sum\limits_{k=1}^{n} a_k$ 称为数列的**前 n 项和**.

例如数列 $\left\{\frac{1}{n}\right\}$ 的通项为 $a_n=\frac{1}{n}$,前 n 项和为 $S_n=\sum\limits_{k=1}^{n} \frac{1}{k}$.

(1) 等差数列

设 $\{a_n\}$ 是一个数列,若 $a_{n+1}-a_n=d$ 对所有的 n 都成立,则称 $\{a_n\}$ 为**等差数列**,d 称为**公差**.

根据等差数列的定义,等差数列的通项为

$$a_n=a_1+(n-1)d,$$

前 n 项和为

$$S_n=na_1+\frac{1}{2}(n-1)nd,$$

且其通项满足

$$a_n=\frac{1}{2}(a_{n-k}+a_{n+k}) \quad (k=1,2,\cdots,n-1).$$

最后一个等式说明:在等差数列中,任何一项都是其前后“对称”位置上的两项的算术平均值,这时 a_n 又称为 a_{n-k}与 a_{n+k}的等差中项.

例 4　设$\{a_n\}$是一个等差数列,且 $a_2+a_3+a_{10}+a_{11}=64$,求 a_6+a_7 和 S_{12}.

解　根据等差数列的性质可知 $a_6+a_7=a_3+a_{10}=a_2+a_{11}$,所以

$$a_6+a_7=\frac{a_2+a_3+a_{10}+a_{11}}{2}=32,$$

$$S_{12}=a_1+a_2+\cdots+a_{11}+a_{12}=6(a_6+a_7)=192.$$

(2) 等比数列

设$\{a_n\}$是一个数列,且 $a_n\neq 0$,若$\frac{a_{n+1}}{a_n}=q$ 对所有的 n 都成立,则称$\{a_n\}$是**等比数列**,q 称为**公比**.

根据等比数列的定义,等比数列的通项为 $a_n=a_1q^{n-1}$,当 $q\neq 1$ 时,前 n 项和为 $S_n=a_1\frac{1-q^n}{1-q}$,且其通项满足

$$|a_n|=\sqrt{a_{n-k}a_{n+k}} \quad (k=1,2,\cdots,n-1).$$

最后一个等式说明:在等比数列中,任何一项的绝对值都是其前后“对称”位置上的两项的几何平均值,这时 a_n 又称为 a_{n-k}与 a_{n+k}的等比中项.

例 5　设$\{a_n\}$是一个等比数列,且 $a_3=12,a_5=48$,求 a_1,a_{10}和 a_2a_6 的值.

解　设数列$\{a_n\}$的公比为 q,则$\frac{a_5}{a_3}=q^2=4$,所以 $q=\pm 2$,从而

$$a_1=\frac{a_3}{q^2}=\frac{12}{4}=3,$$

$$a_{10}=a_1q^9=3\times 2^9=1\ 536 \text{ 或 } a_{10}=a_1q^9=3\times(-2)^9=-1\ 536.$$

再根据等比数列的性质可知

$$a_2a_6=a_3a_5=12\times 48=576.$$

1.1.2　集合与逻辑符号

1. 集合

集合是指由一些确定的对象汇集的全体,其中每个对象叫作集合的**元素**,集合的元素是无序且不可重复的.说一个集合,必须对它有明确的定义,即对任何一个事物都能根据定义指出它是否属于这个集合.一般地,集合用大写字母表示,元素用小写字母表示.

如果元素 a 在集合 A 中,就说 a **属于** A,记为 $a\in A$;否则就说 a 不属于 A,记为 $a\notin A$.

如果集合 A 中的每一个元素同时也是集合 B 的元素,则说 A 包含于 B 或 B 包含 A,这时也说 A 是 B 的**子集**,记为 $A\subset B$ 或者 $B\supset A$.如果 $A\subset B$ 及 $B\subset A$ 同时成立,则说两个**集合相等**,记为 $A=B$.

表述一个集合的方式通常有两种:一种是**列举法**,即将集合中所有的元素列举出来,例如由 0,1,2 三个数字构成的集合 A 可以表示为 $A=\{0,1,2\}$,由大于 0、小于 10 的偶数构成的集合 B 可以表示成 $B=\{2,4,6,8\}$.

另一种是**描述法**,即通过刻画集合中元素的性质来说明,例如平面直线 $2x+y=1$ 上所有点构成的集合 A 可以表示成

$$A=\{(x,y)\mid 2x+y=1\}.$$

又如圆心在原点、半径为 1 的圆周上的所有点构成的集合 B 可以表示成

$$B=\{(x,y)\mid x^2+y^2=1\}.$$

包含有限个元素的集合叫作**有限集**.不包含任何元素的集合叫作**空集**,记为$\varnothing$.如 $\{x\mid x^2<0,x$ 为实数$\}$ 就是一个空集.

数学中最常见的几个集合有:自然数集合($\mathbf{N}$),整数集合($\mathbf{Z}$),有理数集合($\mathbf{Q}$),实数集合($\mathbf{R}$),复数集合($\mathbf{C}$). 在这个次序中,前一个集合是后一个集合的子集.

设 A,B 是已知集合,$\{x\mid x\in A$ 且 $x\in B\}$ 叫作 A 与 B 的**交集**,记作 $A\cap B$;$\{x\mid x\in A$ 或 $x\in B\}$ 叫作 A 与 B 的**并集**,记作 $A\cup B$;$\{x\mid x\in A$ 但 $x\notin B\}$ 叫作 B 在 A 中的**余集**,记作 $A\setminus B$.

图 1-1 中的阴影部分表示的分别是 $A\cap B$,$A\cup B$ 和 $A\setminus B$.

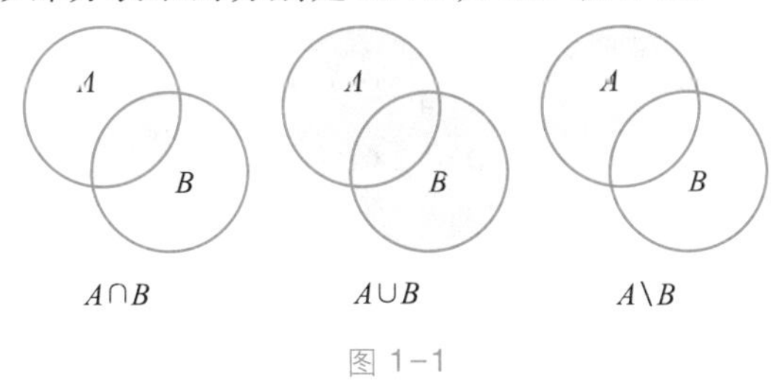

图 1-1

一些实数集 $\mathbf{R}$ 的子集在本书中是常用的:设 $a,b\in\mathbf{R}$,且 $a<b$,则:

闭区间:$[a,b]=\{x\mid a\leqslant x\leqslant b,x\in\mathbf{R}\}$;

开区间:$(a,b)=\{x\mid a<x<b,x\in\mathbf{R}\}$;

半开半闭区间:$(a,b]=\{x\mid a<x\leqslant b,x\in\mathbf{R}\}$,$[a,b)=\{x\mid a\leqslant x<b,x\in\mathbf{R}\}$,

$(-\infty,b]=\{x\mid x\leqslant b,x\in\mathbf{R}\}$,$[a,+\infty)=\{x\mid x\geqslant a,x\in\mathbf{R}\}$;

点 a 的邻域:$U(a,\varepsilon)=(a-\varepsilon,a+\varepsilon)$,$\varepsilon>0$,即 $U(a,\varepsilon)$ 是一个以 a 为中心的开区间,在不强调邻域的大小时,点 a 的邻域也用 U_a 表示;

点 a 的去心邻域:$N(a,\varepsilon)=(a-\varepsilon,a)\cup(a,a+\varepsilon)$,$\varepsilon>0$,点 a 的去心邻域也可表示为 N_a.

2. 一些逻辑符号

设 p,q 是两个判断,如果 p 成立就可断定 q 也成立,则说 p **能推出** q,或说 p **蕴含**

q,记为 $p\Rightarrow q$.例如 p 为“实数 a 与 b 同号”,q 为“$ab>0$”,就有这种关系.

如果 $p\Rightarrow q$ 成立,则称 p 是 q 成立的**充分条件**,而 q 就是 p 成立的**必要条件**. 如果 $p\Rightarrow q$和 $q\Rightarrow p$ 同时成立,则说 p 与 q **等价**或互为**充分必要条件**,记作 $p\Leftrightarrow q$.

说两个判断 p,q 彼此等价,也就是说它们可以互相代替.除了“互为充分必要条件”之外,两个判断的等价性还有一些其他的说法,例如“当且仅当”等.必要条件和充分条件在日常生活中也会经常遇到. 通俗地说,一个条件被称为是“必要的”,即指“缺它不行,但有它也未必行”;一个条件是“充分的”,即指“有它一定行,但没它也未必不行”;因此充分必要条件就成为“缺它不行,有它必行”了.

习题 1.1

习题 1.1 答案与提示

1. 单项选择题:

(1) 若实数 a,b,c 在数轴上的位置如图 1-2 所示,则代数式 $|a+b|-|b-a|+|a-c|+c=$(   ).

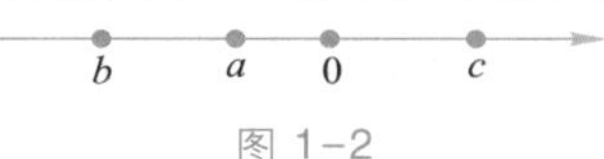

图 1-2

(A) $-3a+2c$　　(B) $-a-ab-2c$

(C) $a-2b$　　(D) $3a$

(2) 若 x^3+x^2+ax+b 能被 x^2-3x+2 整除,则(   ).

(A) $a=4,b=4$　　(B) $a=-4,b=-4$

(C) $a=10,b=-8$　　(D) $a=-10,b=8$

(3) 已知集合 $A=\{x\,|\,|x-1|\geqslant 1\}$,$B=\{x\,|\,x>2\}$,则“$x\in A$”是“$x\in B$”的(   ).

(A) 充分非必要条件　　(B) 必要非充分条件

(C) 充分必要条件　　(D) 既非充分又非必要条件

(4) 方程 $x^2-2\,013|x|=2\,014$ 的所有实数根的和等于(   ).

(A) 2 013　　(B) 4

(C) 0　　(D) −2 013

(5) 二次曲线 $y=-x^2+4x-3$ 的图形不经过(   ).

(A) 第一象限　　(B) 第二象限

(C) 第三象限　　(D) 第四象限

(6) 已知 $ab\neq 1$,且满足 $2a^2+2\,008a+3=0$ 和 $3b^2+2\,008b+2=0$,则(   ).

(A) $3a-2b=0$　　(B) $2a-3b=0$

(C) $3a+2b=0$　　(D) $2a+3b=0$

(7) 两个正数 a,b $(a>b)$ 的算术平均值是其几何平均值的 2 倍,则与 $\dfrac{a}{b}$ 最接近的整数是(   ).

(A) 12　　(B) 13

(C) 14　　(D) 15

(8) 若两个正数的等差中项为 15,等比中项为 12,则这两个数之差的绝对值等于(   ).

(A) 7　　(B) 9

(C) 10　　(D) 18

(9) 三个不相同的非零实数 a,b,c 成等差数列,又 a,c,b 恰成等比数列,则$\dfrac{a}{b}$等于(   ).

(A) 4　　(B) 2

(C) -4　　　　　　　　　　　　(D) -2

2. 解下列不等式,并用区间表示不等式的解集:

(1) $|2x+1|<1$;　　　　　　　　(2) $|x-2|\geqslant 3$;

(3) $x^2-2x-3\leqslant 0$;　　　　　　(4) $x^2-x>0$;

(5) $\dfrac{x-1}{3x+2}<0$;　　　　　　　(6) $\dfrac{x+1}{2x-1}>1$.

3. 求解方程 $\sqrt{x+y-2}+|x+2y|=0$.

4. 设 n 为正整数,在 1 与 $n+1$ 之间插入 n 个正数,使这 $n+2$ 个数成等比数列,求所插入的 n 个正数的乘积.

1.2　函数的概念与图形

视频:典型题目讲解(1.2)

1.2.1　函数的概念

1. 函数问题的例子

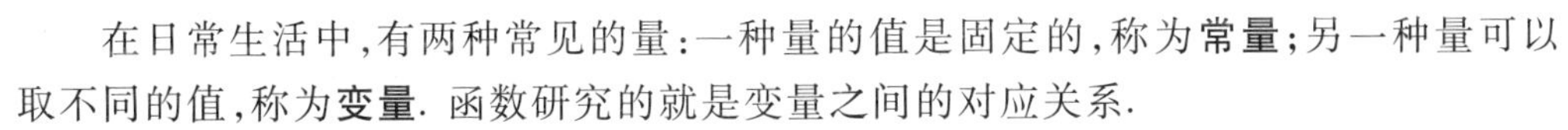

在日常生活中,有两种常见的量:一种量的值是固定的,称为**常量**;另一种量可以取不同的值,称为**变量**. 函数研究的就是变量之间的对应关系.

例如,圆的面积公式 $S=\pi r^2$ 就给出了面积 S 与半径 r 之间的关系,而周长公式 $l=2\pi r$ 给出的则是周长 l 与半径 r 之间的关系.

再如,伽利略给出的自由落体运动的下落距离 s 与下落时间 t 之间的关系 $s=\dfrac{1}{2}gt^2$ (g 是重力加速度),牛顿给出的万有引力定律公式 $F=G\dfrac{mM}{d^2}$ (G 是引力常数,m,M 分别是两个质点的质量,d 是两个质点间的距离),这都是一些常见的变量之间的对应关系.

图 1-3 是平面直角坐标系 xOy 中的一条曲线,因为对于给定的 x_0,总能找到唯一的 y_0,使得点 (x_0,y_0) 落在该曲线上,所以此曲线也给出了一个从 x 到 y 的对应关系.

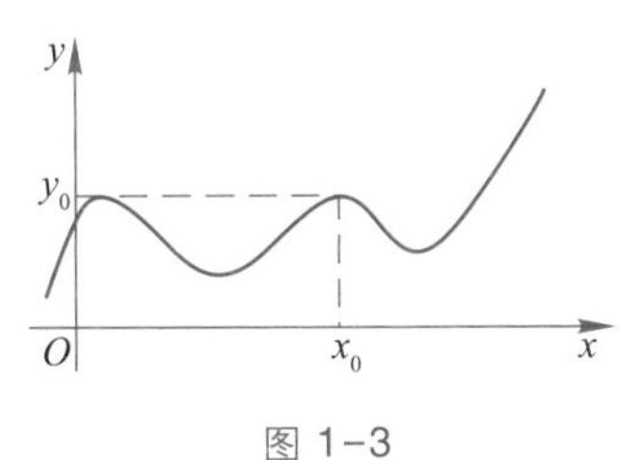

图 1-3

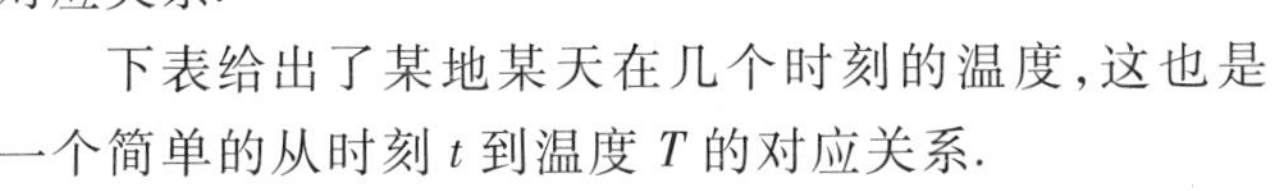

下表给出了某地某天在几个时刻的温度,这也是一个简单的从时刻 t 到温度 T 的对应关系.

时刻 t	8:00	10:00	12:00	14:00
温度 T	24 ℃	28 ℃	30 ℃	32 ℃

2. 函数的定义

定义 1.1　设 D 是一个非空实数集,f 是定义在 D 上的一个对应关系,若对于任意的实数 $x\in D$,都有唯一的实数 $y\in\mathbf{R}$ 通过 f 与之对应,则称 f 是定义在 D 上的一个**函数**,记作

$$y=f(x),x\in D.$$

其中 x 称为**自变量**,y 称为**因变量**. 自变量的变化范围称为函数的**定义域**,所有函数值

构成的集合

$$\{y \mid y=f(x), x \in D\}$$

称为函数的**值域**. 一般地,分别用 D_f, Z_f 表示函数 f 的定义域和值域. 在不引起混淆时, f 的定义域和值域也可以分别记为 D, Z.

正如前面例子中出现的情形,函数常见的三种表示法分别是解析法、表格法和图像法.

例 1 函数 $f_1(x)=\dfrac{x^2-1}{x-1}$ 与 $f_2(x)=x+1$ 是否是相同的函数? 函数 $g_1(x)=\ln x^2$ 与 $g_2(x)=2\ln x$ 是否是相同的函数?

解 因为函数 $f_1(x)=\dfrac{x^2-1}{x-1}$ 的定义域为 $\mathbf{R}\setminus\{1\}$,而函数 $f_2(x)=x+1$ 的定义域为 $\mathbf{R}$,所以两个函数的定义域不同,从而 $f_1(x)$ 与 $f_2(x)$ 不是相同的函数.

因为函数 $g_1(x)=\ln x^2$ 的定义域为 $\mathbf{R}\setminus\{0\}$,而函数 $g_2(x)=2\ln x$ 的定义域为 $(0,+\infty)$,所以两个函数的定义域不同,从而 $g_1(x)$ 与 $g_2(x)$ 也是不同的函数.

事实上,定义域和对应关系是确定函数的两个要素,因此两个函数只有当定义域相同且对应法则也相同时,它们才是相同的函数.

例 2 求圆的面积函数 $S=\pi r^2$ 及周长函数 $l=2\pi r$ 的定义域和值域.

解 由于圆最小可以收缩成一个点,所以半径最小可以为 0,故函数 $S=\pi r^2$ 及 $l=2\pi r$ 的定义域都是 $[0,+\infty)$,值域也都是 $[0,+\infty)$.

例 3 求函数 $y=\dfrac{1}{x}$, $y=\sqrt{1-x}$, $y=\sqrt{1-x^2}$, $y=\sqrt{x}+\sqrt{x(x-1)}$ 的定义域和值域.

解 函数 $y=\dfrac{1}{x}$ 的定义域和值域分别是 $(-\infty,0)\cup(0,+\infty)$ 和 $(-\infty,0)\cup(0,+\infty)$;

函数 $y=\sqrt{1-x}$ 的定义域和值域分别是 $(-\infty,1]$ 和 $[0,+\infty)$;

函数 $y=\sqrt{1-x^2}$ 的定义域和值域分别是 $[-1,1]$ 和 $[0,1]$;

函数 $y=\sqrt{x}+\sqrt{x(x-1)}$ 的定义域和值域分别是 $\{0\}\cup[1,+\infty)$ 和 $\{0\}\cup[1,+\infty)$.

例 4 已知函数 $f(x)$ 的定义域是 $[0,1]$,求函数 $g(x)=f\left(x+\dfrac{1}{4}\right)+f\left(x-\dfrac{1}{4}\right)$ 的定义域.

解 令 $u=x+\dfrac{1}{4}$, $v=x-\dfrac{1}{4}$. 因为 $f(x)$ 的定义域是 $[0,1]$,所以

$$\begin{cases}0\leqslant u\leqslant 1,\\0\leqslant v\leqslant 1,\end{cases} \text{即} \begin{cases}0\leqslant x+\dfrac{1}{4}\leqslant 1,\\0\leqslant x-\dfrac{1}{4}\leqslant 1,\end{cases} \text{解得 } x\in\left[\frac{1}{4},\frac{3}{4}\right],$$

所以 $g(x)$ 的定义域为 $\left[\dfrac{1}{4},\dfrac{3}{4}\right]$.

例 5 狄利克雷函数 $D(x)=\begin{cases}1, & x\text{ 是有理数},\\ 0, & x\text{ 是无理数}\end{cases}$ 的定义域是$(-\infty,+\infty)$，值域是两个数的集合$\{0,1\}$.

一般来说，求函数定义域的原则是：当自变量具有实际背景时，其实际变化范围就是函数的定义域，如当自变量表示的是长度、时间时，其值都是非负的，圆的面积函数和周长函数的定义域就是这种情况；当自变量没有什么具体的实际意义时，函数的定义域就是使函数表达式中的运算都有意义的那些数的集合（称为自然定义域）.

3. 隐函数的定义

定义 1.2 由变量 x,y 满足的方程确定的函数 $y=f(x)$ 称为**隐函数**.

例如，方程 $x^2+y^2=1$ 在 $y\geqslant 0$ 或 $y\leqslant 0$ 时都确定了函数 $y=f(x)$，由此可以解出 $y=\sqrt{1-x^2}$ 和 $y=-\sqrt{1-x^2}$ 两个显函数.

再如，方程 $x=y+\dfrac{1}{2}\sin y$ 确定了隐函数 $y=f(x)$，但无法解出显函数关系.

1.2.2 函数的图形

1. 函数图形的概念

定义 1.3 函数 $y=f(x),x\in D$ 的**图形**指的是 xOy 平面上的点集

$$\{(x,y)\mid y=f(x),x\in D\}.$$

图 1-4 至图 1-10 分别是一些常见的幂函数的图形.

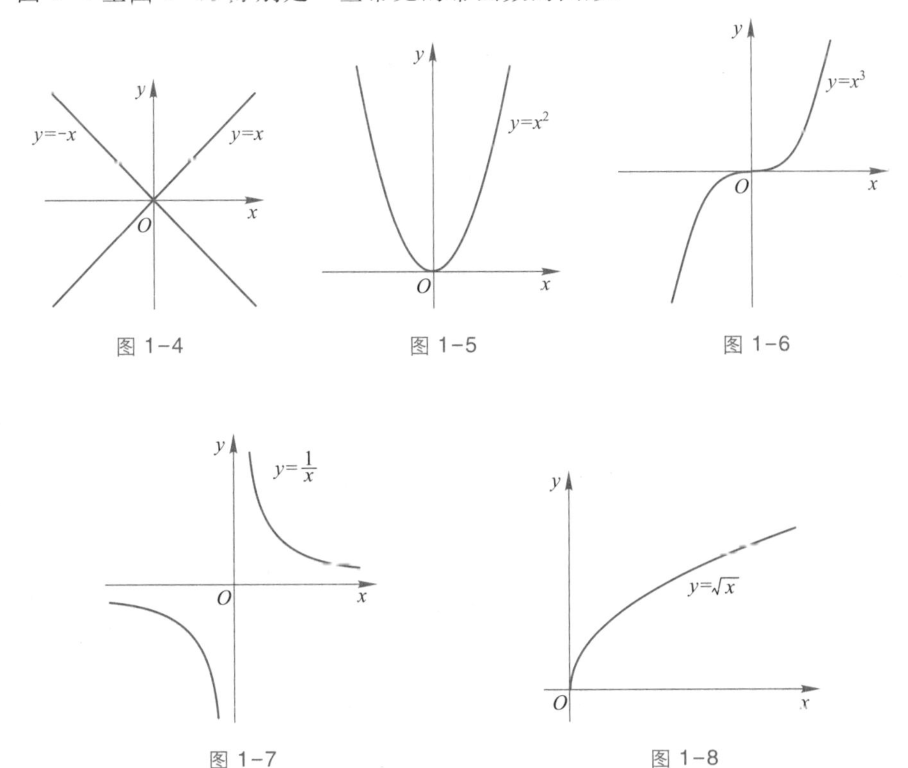

图 1-4　图 1-5　图 1-6　图 1-7　图 1-8

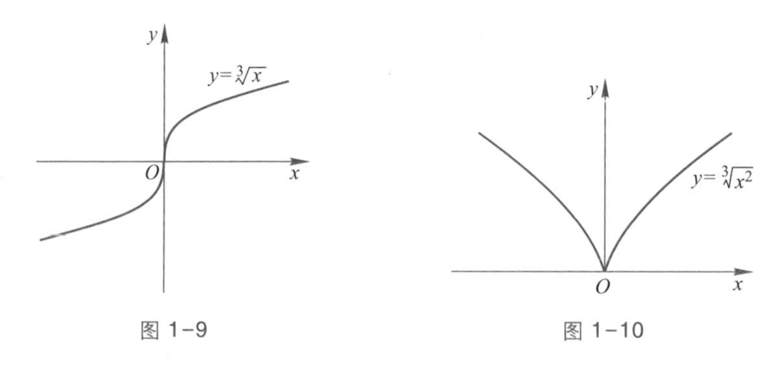

图 1-9　　　　图 1-10

2. 函数的性质

函数在某个范围内的简单性态可以从有界性、单调性、奇偶性及周期性四个方面来刻画. 这四个性质也称为函数的简单特性,刻画的是函数在给定范围内的整体性质. 在此,结合前面的例子,首先介绍函数的有界性、单调性和奇偶性,等学习了三角函数之后再介绍函数的周期性.

(1) 有界性

定义 1.4　设函数 $f(x)$ 在 D 上有定义,如果存在两个实数 m 和 M,对 D 中所有的 x 都满足不等式 $m \leqslant f(x) \leqslant M$,则称 $f(x)$ 在 D 上是**有界函数**,m 叫作 $f(x)$ 的**下界**,M 叫作 $f(x)$ 的**上界**.

如果对于任意 $M>0$,在 D 中均存在 x,使得 $|f(x)|>M$,则称 $f(x)$ 在 D 上是**无界函数**.

例如,$y=x^3$,$y=\sqrt[3]{x}$ 在其定义域内都是无界函数;狄利克雷函数 $D(x)$ 是有界函数.

(2) 单调性

定义 1.5　设函数 $f(x)$ 在区间 D 上有定义,若对于任意的 $x_1, x_2 \in D$ 且 $x_1<x_2$,都有 $f(x_1)<f(x_2)$ 成立,则称函数 $f(x)$ 在 D 上**单调增加**,这时也称 $f(x)$ 是 D 上的**单调增加函数**,D 又称为函数 $f(x)$ 的**单调增加区间**.

类似地,可以定义单调减少函数和单调减少区间.

根据定义,因为

$$x_1^3-x_2^3=(x_1-x_2)(x_1^2+x_1x_2+x_2^2),$$

且

$$x_1^2+x_1x_2+x_2^2 \geqslant 2|x_1x_2|+x_1x_2 \geqslant 0,$$

所以当 $x_1>x_2$ 时,$x_1^3-x_2^3>0$,故函数 $y=x^3$ 在 $(-\infty,+\infty)$ 内是单调增加函数.

根据定义,易知函数 $y=x^2$ 在 $(-\infty,0)$ 内单调减少,在 $(0,+\infty)$ 内单调增加.

(3) 奇偶性

从幂函数的图形可以发现函数的另外一个性质,这就是函数 $y=x^2$,$y=\sqrt[3]{x^2}$ 的图形关于 y 轴对称,而函数 $y=x$,$y=-x$,$y=x^3$,$y=\dfrac{1}{x}$,$y=\sqrt[3]{x}$ 的图形则关于坐标原点对称. 我们用“奇偶性”这个词来描绘函数图形的对称性质.

定义 1.6　设函数 $f(x)$ 在区间 D 上有定义,而且 D 关于坐标原点对称. 如果对任意的 $x \in D$,都有 $f(-x)=-f(x)$ 成立,则称 $f(x)$ 是区间 D 上的**奇函数**;如果对任意的 $x \in D$,都有 $f(-x)=f(x)$ 成立,则称 $f(x)$ 是区间 D 上的**偶函数**.

根据定义，对于奇函数，由于点$(x,f(x))$与$(-x,-f(x))$都在函数图形上，而且点$(x,f(x))$与$(-x,-f(x))$关于原点对称，所以奇函数的图形关于坐标原点对称. 对于偶函数，由于点$(x,f(x))$与$(-x,f(x))$都在函数图形上，而且点$(x,f(x))$与$(-x,f(x))$关于y轴对称，所以偶函数的图形关于y轴对称. 例如，函数$f(x)=x^2$就是偶函数，其图形关于y轴对称；函数$f(x)=x^3$是奇函数，其图形关于坐标原点对称.

例 6 讨论函数$f(x)=x^2+1$与$g(x)=x^3+1$的奇偶性.

解 由于函数$f(x)$，$g(x)$的定义域都是$(-\infty,+\infty)$，且

$$f(-x)=(-x)^2+1=x^2+1=f(x),$$

所以$f(x)$是偶函数.

另一方面，由于

$$g(-x)=(-x)^3+1=-x^3+1,$$

它既不等于$g(x)$，也不等于$-g(x)$，所以函数$g(x)$既非奇函数又非偶函数.

例 7 讨论函数$f(x)=\ln(x+\sqrt{1+x^2})$的奇偶性.

解 由于函数$f(x)=\ln(x+\sqrt{1+x^2})$的定义域是$(-\infty,+\infty)$，且

$$\begin{aligned}f(-x)&=\ln(-x+\sqrt{1+x^2})\\&=\ln\frac{1}{x+\sqrt{1+x^2}}\\&=-\ln(x+\sqrt{1+x^2})=-f(x),\end{aligned}$$

所以$f(x)$是奇函数.

1.2.3 分段函数

在研究某些问题时，函数在它的定义域内，其对应关系并不总是能用一个数学表达式给出. 比如邮寄时，所付的邮资与所寄信件质量的函数关系；又如个人收入所得税的纳税额与个人收入之间的函数关系等，都不能用单一的数学表达式给出，这种函数就是所谓的分段函数.

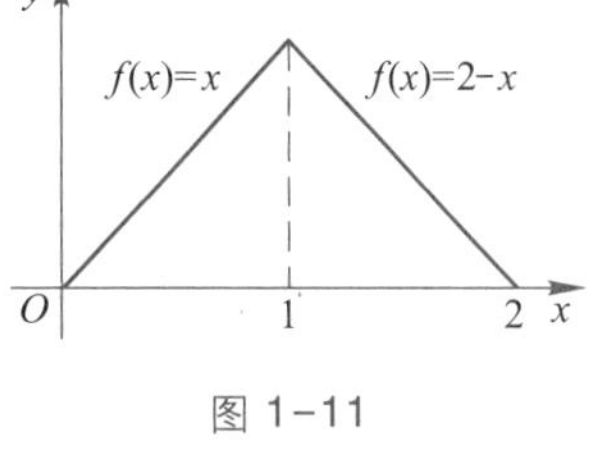

图 1-11

以下是几个简单分段函数的例子.

例 8 定义在$[0,2]$上的函数$f(x)=\begin{cases}x, & 0\leqslant x<1,\\ 2-x, & 1\leqslant x\leqslant 2\end{cases}$就是一个分段函数，$x=1$是分段点. 图 1-11 是$y=f(x)$的图形.

例 9 函数$\operatorname{sgn}(x)=\begin{cases}1, & x>0,\\ 0, & x=0,\\ -1, & x<0\end{cases}$称为符号函数；函数$[x]$称为取整函数，$[x]$的值是不大于$x$的最大整数. $y=\operatorname{sgn}(x)$与$y=[x]$的图形分别如图 1-12 和图 1-13 所示.

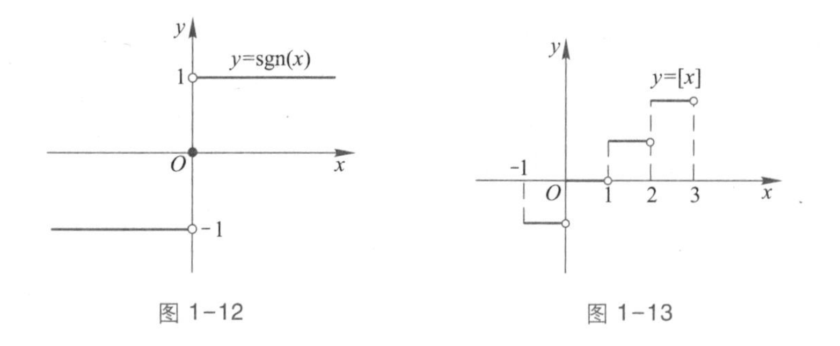

图 1-12　　　　图 1-13

例 10　税费函数

$$f(x)=\begin{cases}0, & x\leqslant 60\ 000,\\ 0.03\times(x-60\ 000), & 60\ 000<x\leqslant 96\ 000,\\ 1\ 080+0.1\times(x-96\ 000), & 96\ 000<x\leqslant 204\ 000,\\ 11\ 880+0.2\times(x-204\ 000), & 204\ 000<x\leqslant 360\ 000\end{cases}$$

刻画了个人年薪资收入不超过 360 000 元时应缴的个人所得税税额.

在日常生活中,分段函数的例子比比皆是,如某些城市的公交车票是分段递进计价的,乘车费与乘车站数之间也是一个分段函数关系.

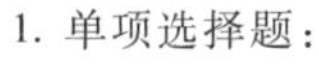

习题 1.2

习题 1.2 答案与提示

1. 单项选择题:

(1) 函数 $f(x)=\ln x-\ln(x-1)$ 的定义域是(　　).

(A) $(-1,+\infty)$　　(B) $(0,+\infty)$

(C) $(1,+\infty)$　　(D) $(0,1)$

(2) 函数 $f(x)=\sqrt{1-\left(\dfrac{x-1}{2}\right)^2}$ 的定义域为(　　).

(A) $[-1,1]$　　(B) $(-1,3)$

(C) $(-1,1)$　　(D) $[-1,3]$

(3) 若 $f(x)$ 为奇函数,且对任意实数 x 恒有 $f(x+3)-f(x-1)=0$,则 $f(2)=$(　　).

(A) 0　　(B) -1

(C) 1　　(D) 2

(4) 设 $f(x)$ 在 $(0,+\infty)$ 内有定义,若 $\dfrac{f(x)}{x}$ 单调减少,则对 $a>0,b>0$,有(　　).

(A) $f(a+b)<f(a)$　　(B) $f(a+b)\leqslant f(a)+f(b)$

(C) $f(a+b)\leqslant a+b$　　(D) $f(a+b)>f(a)+f(b)$

2. 下列各对函数是否是同一个函数?

(1) $f(x)=x-1,g(x)=\dfrac{x^2-1}{x+1}$;　　(2) $f(x)=|x|,g(x)=\sqrt{x^2}$;

(3) $f(x)=x,g(x)=(\sqrt{x})^2$;　　(4) $f(x)=\sqrt{2^{2x}},g(x)=2^x$;

(5) $f(x)=2\ln x,g(x)=\ln x^2$;　　(6) $f(x)=x,g(x)=\ln \mathrm{e}^x$.

3. 求下列函数的定义域:

(1) $f(x)=\sqrt{3x+1}$;　　(2) $f(x)=\sqrt{x+1}+\dfrac{1}{x^2+x-2}$;

(3) $f(x)=\dfrac{\sqrt{x}}{\mathrm{e}^x-1}$;　　(4) $f(x)=\sqrt{x^2+x-6}$.

4. 设函数 $f(x)$ 的定义域为 $(0,4]$，$g(x)=f(x^2)$，求 $g(x)$ 的定义域.

5. 下列函数中，哪些函数在其定义域内是单调的？

(1) $f(x)=3x+1$；　　(2) $f(x)=\dfrac{1}{x}$；

(3) $f(x)=|x|+x$；　　(4) $f(x)=e^{kx}\ (k\neq 0)$.

6. 下列函数中，哪些是奇函数？哪些是偶函数？

(1) $f(x)=\dfrac{|x|}{x}$；　　(2) $f(x)=x|x|$；

(3) $f(x)=\dfrac{2^x-1}{2^x+1}$；　　(4) $f(x)=\ln\dfrac{1-x}{1+x}$；

(5) $f(x)=\sqrt{x^2+1}$；　　(6) $f(x)=2^x+2^{-x}$.

7. 已知函数 $f(x)=\begin{cases}\sqrt{1-x^2}, & |x|\leqslant 1,\\ |x|-1, & |x|>1.\end{cases}$

(1) 画出 $y=f(x)$ 的图形；

(2) 判断 $f(x)$ 的奇偶性；

(3) 求 $f\left(\dfrac{1}{2}\right)$，$f(3)$ 的值.

8. 将下列函数表示成分段函数：

(1) $f(x)=2+|x-1|$；　　(2) $f(x)=2x+\sqrt{x^2+2x+1}$.

1.3　三角函数、指数函数、对数函数

1.3.1　三角函数

三角函数是一种具有周期性的重要函数. 自然界中的许多现象都具有周期性，像行星的运动、季节的变化等. 事实上，几乎所有的具有周期性的函数都可以用正弦函数和余弦函数的代数和表出.

视频：典型题目讲解（1.3）

1. 三角函数的定义

三角函数的定义可以在一个圆心在原点、半径为 r 的圆上给出，如图 1-14 所示.

图 1-14

定义 1.7　正弦函数 $\sin\theta=\dfrac{y}{r}$；余弦函数 $\cos\theta=\dfrac{x}{r}$；正切函数 $\tan\theta=\dfrac{y}{x}$；余切函数 $\cot\theta=\dfrac{x}{y}$；正割函数 $\sec\theta=\dfrac{r}{x}$；余割函数 $\csc\theta=\dfrac{r}{y}$.

可以看出，

$$\tan\theta=\frac{\sin\theta}{\cos\theta},\ \cot\theta=\frac{1}{\tan\theta}=\frac{\cos\theta}{\sin\theta},\ \sec\theta=\frac{1}{\cos\theta},\ \csc\theta=\frac{1}{\sin\theta},$$

因此正弦函数 $\sin\theta$ 和余弦函数 $\cos\theta$ 又称为基本三角函数.

2. 常见三角函数关系式

（1）同角公式：

$$\cos^2 x+\sin^2 x=1,$$

$$\sec^2 x=1+\tan^2 x.$$

（2）和角公式与差角公式：

$$\sin(x+y)=\sin x\cos y+\cos x\sin y,$$

$$\sin(x-y)=\sin x\cos y-\cos x\sin y,$$

$$\cos(x+y)=\cos x\cos y-\sin x\sin y,$$

$$\cos(x-y)=\cos x\cos y+\sin x\sin y,$$

$$\tan(x+y)=\frac{\tan x+\tan y}{1-\tan x\tan y},$$

$$\tan(x-y)=\frac{\tan x-\tan y}{1+\tan x\tan y}.$$

（3）倍角公式：

$$\sin 2x=2\sin x\cos x,\cos 2x=\cos^2 x-\sin^2 x,\tan 2x=\frac{2\tan x}{1-\tan^2 x}.$$

（4）半角公式：

$$\sin\frac{x}{2}=\pm\sqrt{\frac{1-\cos x}{2}},\cos\frac{x}{2}=\pm\sqrt{\frac{1+\cos x}{2}},\tan\frac{x}{2}=\frac{\sin x}{1+\cos x}.$$

（5）正弦定理：

$$\frac{a}{\sin A}=\frac{b}{\sin B}=\frac{c}{\sin C},$$

其中 a,b,c 分别是三角形三个内角 A,B,C 的对边.

（6）余弦定理：

$$a^2=b^2+c^2-2bc\cos A,\ b^2=a^2+c^2-2ac\cos B,\ c^2=a^2+b^2-2ab\cos C.$$

3. 三角函数的图像及简单性质

图 1-15 至图 1-20 分别给出了三角函数 $y=\sin x,y=\cos x,y=\tan x,y=\cot x,y=\sec x,y=\csc x$在某个范围的图像.

正弦函数 $\sin x$ 是定义域为$(-\infty,+\infty)$,值域为$[-1,1]$的奇函数；

余弦函数 $\cos x$ 是定义域为$(-\infty,+\infty)$,值域为$[-1,1]$的偶函数；

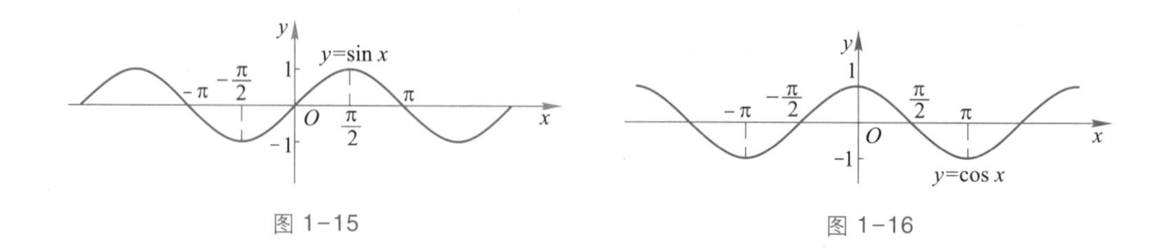

图 1-15　　图 1-16

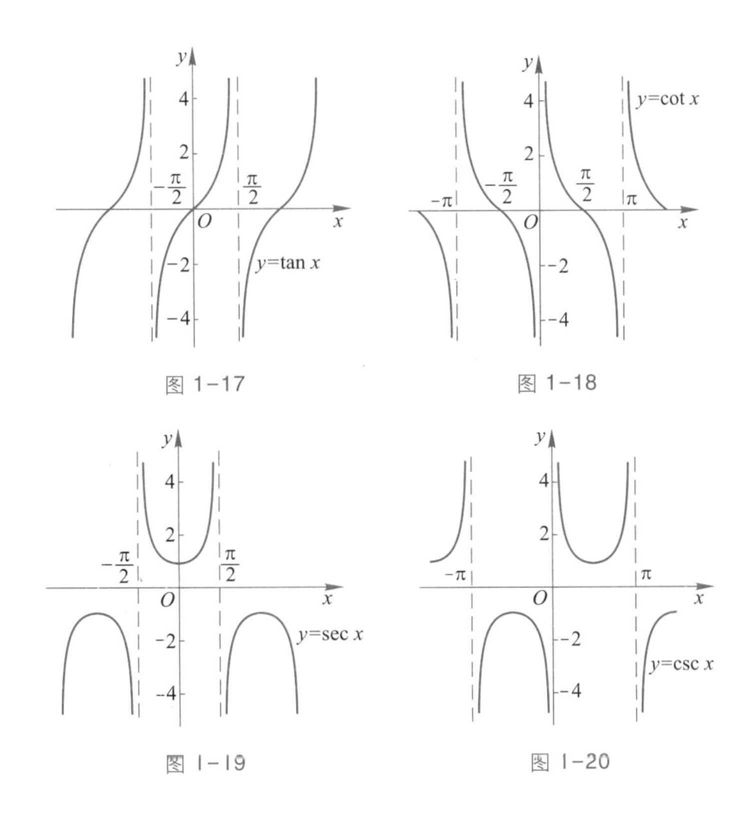

图 1-17　　图 1-18

图 1-19　　图 1-20

正切函数 $\tan x$ 是定义域为 $\left\{x \middle| x\in\mathbf{R}, x\neq k\pi+\dfrac{\pi}{2}\right\}$（$k$ 是整数），值域为 $(-\infty,+\infty)$ 的奇函数；

余切函数 $\cot x$ 是定义域为 $\{x \mid x\in\mathbf{R}, x\neq k\pi\}$（$k$ 是整数），值域为 $(-\infty,+\infty)$ 的奇函数.

4. 周期函数

从三角函数的定义可以看出，当 θ 的值增加 2π 后，点 P 又回到了原来的位置，所以

$$\sin(\theta+2\pi)=\sin\theta,\cos(\theta+2\pi)=\cos\theta,$$
$$\tan(\theta+2\pi)=\tan\theta,\cot(\theta+2\pi)=\cot\theta,$$
$$\sec(\theta+2\pi)=\sec\theta,\csc(\theta+2\pi)=\csc\theta.$$

这种函数值重复出现的性质就是函数的周期性.

定义 1.8　设函数 $f(x)$ 的定义域为 D. 若存在正数 $T>0$，使得对任意的 $x\in D$ 都有 $f(x+T)=f(x)$，则称 $f(x)$ 是一个**周期函数**，T 称为 $f(x)$ 的**周期**.

如果 T 是函数 $f(x)$ 的一个周期，则 $2T,3T$ 等也是 $f(x)$ 的周期，一般说的周期指的是最小正周期. 如 $\sin x,\cos x$ 的最小正周期是 2π，通常就说 $\sin x,\cos x$ 是以 2π 为周期的周期函数. 类似地，$\tan x,\cot x$ 是以 π 为周期的周期函数.

例 1　已知 $f(x)$ 是以正数 T 为周期的周期函数，$g(x)=f(ax+b)$ $(a>0)$，试证：$g(x)$ 是以 $\dfrac{T}{a}$ 为周期的周期函数.

证 因为 T 是函数 $f(x)$ 的周期，所以

$$g(x)=f(ax+b)=f(ax+b+T).$$

又因为

$$f(ax+b+T)=f\left(a\left(x+\frac{T}{a}\right)+b\right)=g\left(x+\frac{T}{a}\right),$$

所以 $g\left(x+\frac{T}{a}\right)=g(x)$，即 $g(x)$ 是以 $\frac{T}{a}$ 为周期的周期函数.

1.3.2 指数函数

指数函数是科学研究与工程技术中的一类重要函数，有着非常广泛的应用. 下面通过几个熟悉的问题，引进指数函数的概念.

例 2 复利问题：设银行存款的年利率是 r，且按复利计算. 若某人在银行存入 10 000元，经过 10 年的时间，此人最终的存款额是多少？

解 经过 1 年的时间，存款额变成

$$10\ 000+10\ 000r=10\ 000(1+r)\text{（元）};$$

经过 2 年的时间，存款额变成

$$10\ 000(1+r)+10\ 000(1+r)r=10\ 000\ (1+r)^2\text{（元）};$$

经过 3 年的时间，存款额变成

$$10\ 000\ (1+r)^2+10\ 000\ (1+r)^2r=10\ 000\ (1+r)^3\text{（元）};$$

类似地算下去，经过 10 年的时间，存款额会变成 $10\ 000\ (1+r)^{10}$（元）.

一般地，经过 n 年的时间，存款额就变成 $10\ 000\ (1+r)^n$（元）.

例 3 人口增长问题：某城市现有人口 50 万人，预计今后人口的年增长率是 3‰，试估计该城市 20 年后的人口总数.

解 1 年后，该城市的人口数约为

$$500\ 000(1+0.003)=500\ 000\times1.003\text{（人）};$$

2 年后，该城市的人口数约为

$$500\ 000\times1.003+500\ 000\times1.003\times0.003=500\ 000\times1.003^2\text{（人）};$$

20 年后，该城市的人口数约为

$$500\ 000\times1.003^{20}\approx530\ 871\text{（人）}.$$

上述两个问题中都出现了表达式 pa^x，函数 $y=a^x(a>0,a\neq1)$ 称为以 a 为底的**指数函数**，常用的是以无理数 e 为底的指数函数 $y=\mathrm{e}^x$.

函数 $y=a^x(a>0,a\neq1)$ 的定义域是 $(-\infty,+\infty)$，值域是 $(0,+\infty)$，当 $a>1$ 时是单调增加函数，当 $0<a<1$ 时是单调减少函数. 图 1-21 给出了底数 a 分别取 $2,3,\frac{1}{2}$ 和 $\frac{1}{3}$ 时函数 $y=a^x$ 的图形.

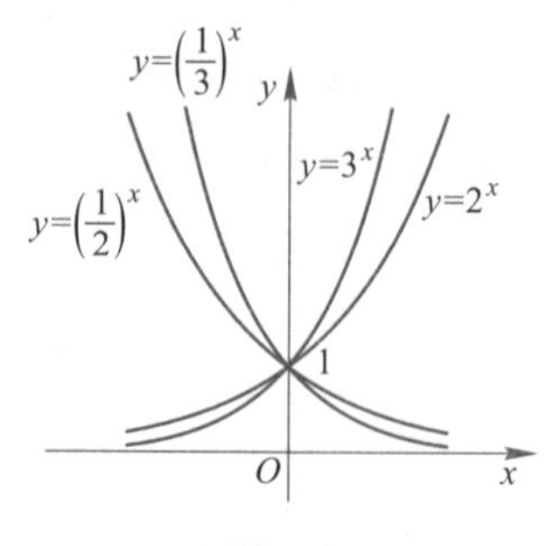

图 1-21

指数函数的一些基本运算规则：

$$a^x a^y = a^{x+y},\ (a^x)^y = a^{xy},\ a^x b^x = (ab)^x,\ a^0 = 1,\ a^{-x} = \frac{1}{a^x}.$$

1.3.3 反函数

根据函数的定义，我们知道对于每一个自变量的值，都有唯一的函数值与之对应．现在的问题是：对于每一个函数值，是不是也只有唯一的自变量的值与之对应呢？结论当然不是．如函数 $y=x^2$，当 $y=1$ 时，就有 $x=\pm 1$ 与之对应．从图形上看就是直线 $y=1$ 与函数 $y=x^2$ 的图形有两个交点．但对于函数 $y=x^3$ 来说，情况就有所不同，在它的值域中任取一个数 y_0，则只有唯一的 x_0，使得 $y_0=x_0^3$．这种不同的自变量对应着不同函数值的函数就是所谓的一一对应的函数．

1. 反函数的概念

定义 1.9 设 $f(x)$ 是定义在 D 上的一一对应函数，值域为 Z，若对应关系 g 使得对任意的 $y\in Z$，都有唯一的 $x\in D$ 与之对应，且 $f(x)=y$，则称 g 是 f 的**反函数**．反函数也记作 $x=g(y)=f^{-1}(y)$．

由单调函数的定义可以知道，在一个区间上单调（增加或减少）的函数必有反函数．

函数的定义域和值域分别与其反函数的值域和定义域一致．判断 g 与 f 是否互为反函数，就是要判断 $f(g(y))=y$ 或 $g(f(x))=x$ 是否成立．

习惯上将自变量用 x 表示，因变量用 y 表示．根据反函数的定义，$y=f(x)$ 与 $x=f^{-1}(y)$ 的图形是一样的，而 $y=f^{-1}(x)$ 是将 $x=f^{-1}(y)$ 中的 x 与 y 对换，由于点 (x,y) 与点 (y,x) 关于直线 $y=x$ 对称，所以 $y=f(x)$ 与 $y=f^{-1}(x)$ 的图形关于直线 $y=x$ 对称（如图 1-22 所示）．

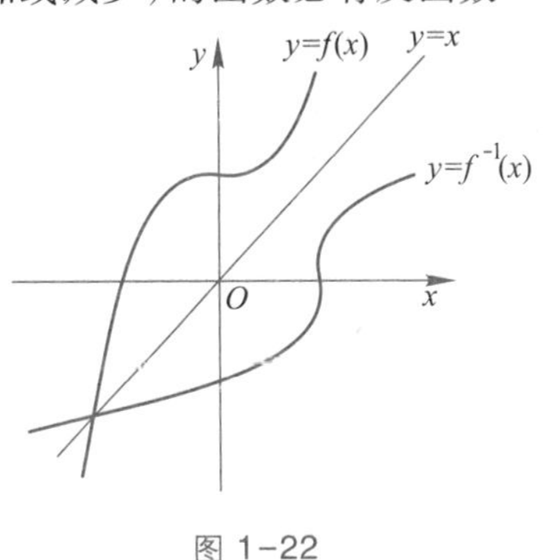

图 1-22

例 4 求下列函数的反函数：

（1）$y=2x+1$；　　（2）$y=\dfrac{x-1}{x+1}\ (x>1)$．

解 （1）由 $y=2x+1$，得 $x=\dfrac{1}{2}(y-1)$．

交换 x 与 y 的位置，得 $y=\dfrac{1}{2}(x-1)$．

由于函数 $y=2x+1$ 的值域为 $(-\infty,+\infty)$，所以其反函数为

$$y=\frac{1}{2}(x-1),\ x\in(-\infty,+\infty).$$

（2）由 $y=\dfrac{x-1}{x+1}$，得 $x=\dfrac{1+y}{1-y}$．

交换 x 与 y 的位置，得 $y=\dfrac{1+x}{1-x}$．

由于函数 $y=\dfrac{x-1}{x+1}\ (x>1)$ 的值域为 $(0,1)$，所以其反函数为

$$y=\frac{1+x}{1-x}, x\in(0,1).$$

2. 反三角函数

对于正弦函数 $y=\sin x$，给定一个 x 的值，就能得到唯一一个正弦值与其对应，如 $\sin\frac{\pi}{6}=\frac{1}{2}$. 反过来，正弦值为 $\frac{1}{2}$ 的角却不止一个. 但当我们将角的范围限定在 $\left[-\frac{\pi}{2},\frac{\pi}{2}\right]$ 时，给定一个正弦值 y_0，就会有唯一的角 $x_0\in\left[-\frac{\pi}{2},\frac{\pi}{2}\right]$，使得 $\sin x_0=y_0$. 这样就可以得到正弦函数的反函数，即反正弦函数 $y=\arcsin x$. $y=\arcsin x$ 的定义域为 $[-1,1]$，值域为 $\left[-\frac{\pi}{2},\frac{\pi}{2}\right]$.

类似地，可以得到其他反三角函数，如反余弦函数 $y=\arccos x$ 的定义域为 $[-1,1]$，值域为 $[0,\pi]$；反正切函数 $y=\arctan x$ 的定义域为 $(-\infty,+\infty)$，值域为 $\left(-\frac{\pi}{2},\frac{\pi}{2}\right)$.

图 1-23 至图 1-25 给出的是这几个反三角函数的图形.

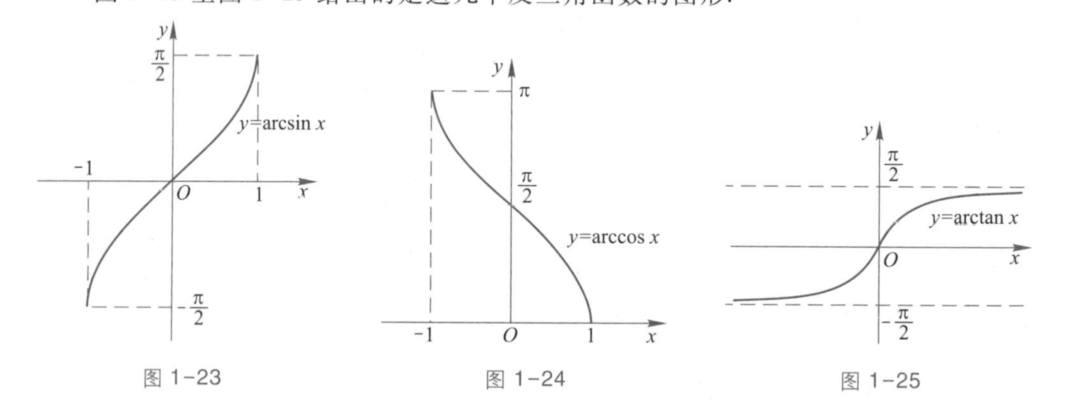

图 1-23　　图 1-24　　图 1-25

1.3.4　对数函数

当 $a>0$ 且 $a\neq1$ 时，指数函数 $y=a^x$ 在其定义域 $(-\infty,+\infty)$ 内是单调的，因此它是一个一一对应的函数，于是存在反函数. 函数 $y=a^x$ 的反函数称为以 a 为底的**对数函数**，记作 $y=\log_a x$，其定义域是 $(0,+\infty)$，值域是 $(-\infty,+\infty)$.

$\log_a x$ 读作“以 a 为底的 x 的对数”. $\log_{10}x$ 称为**常用对数**，记作 $\lg x$；$\log_e x$ 称为**自然对数**，记作 $\ln x$.

因为指数函数 $y=a^x$ 与对数函数 $y=\log_a x$ 互为反函数，所以 $a^{\log_a x}=x$，$\log_a a^x=x$，且它们的图形关于直线 $y=x$ 对称. 图 1-26 是函数 $y=\log_2 x$ 和 $y=\log_{\frac{1}{2}}x$ 的图形. 从图中可以看出，函数 $y=\log_2 x$ 在 $(0,+\infty)$ 内单调增加，$y=\log_{\frac{1}{2}}x$ 在 $(0,+\infty)$ 内单调减少.

对数函数的一些运算规则：设 a,b,x,y 都是大于 0 的实数，$a\neq1$，$b\neq1$，r 为实数，则

$$\log_a(xy)=\log_a x+\log_a y,$$

$$\log_a\frac{x}{y}=\log_a x-\log_a y,$$

$$\log_a x^r = r\log_a x,$$

$$\log_a x = \frac{\log_b x}{\log_b a},$$

$$\log_a a = 1, \log_a 1 = 0.$$

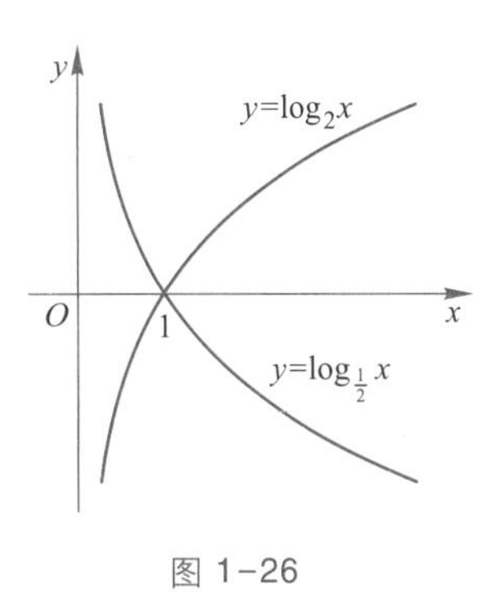

图 1-26

例 5 设银行存款的年利率是 3%，且按复利计算. 若某人在银行存入 10 000 元，问经过多少年，此人的最终存款额是 15 000 元？

解 设经过 x 年，此人的最终存款额是 15 000 元. 由于

$$10\ 000\times 1.03^x = 15\ 000,$$

所以

$$x = \log_{1.03} 1.5 \approx 13.7 (\text{年}).$$

例 6 刻画声音高低的单位是分贝，声音的分贝数 y 与声音强度 x 之间的关系是

$$y = 10\cdot\lg(10^{12}x).$$

当声音强度增加一倍时，声音的分贝数增加了多少？若想使声音的分贝数增加 20，声音的强度约增加到原来的多少倍？

解 当声音强度增加一倍时，声音的分贝数增加了

$$10\cdot\lg(10^{12}\cdot 2x) - 10\cdot\lg(10^{12}x) = 10\cdot\lg 2 \approx 3;$$

设声音的分贝数增加 20 时，声音的强度增加到原来的 k 倍，则

$$10\cdot\lg(10^{12}\cdot kx) - 10\cdot\lg(10^{12}x) = 10\cdot\lg k = 20,$$

解得 $k = 100$.

例 7 放射性元素的半衰期是指放射性物质消耗掉一半时所用的时间. 若某放射性元素的衰减规律是 $y = y_0 e^{-kt}$，其中 y 是在 t 时刻的放射性物质的总量，y_0 是在开始时 $(t=0)$ 的放射性物质总量，求此放射性元素的半衰期.

解 设此放射性元素的半衰期为 T，根据半衰期的概念，得

$$y_0 e^{-kT} = \frac{1}{2}y_0,$$

所以

$$-kT = \ln\frac{1}{2}, \text{即 } T = \frac{\ln 2}{k}.$$

习题 1.3

习题 1.3 答案与提示

1. 单项选择题：

(1) 设 $f(x)$ 是周期为 2 的偶函数，且在 $[0,1]$ 上单调递减，则 $f\left(-\frac{1}{2}\right)$，$f(1)$，$f(2)$ 的大小关系是 (　　).

(A) $f\left(-\frac{1}{2}\right) < f(1) < f(2)$　　(B) $f(1) < f\left(-\frac{1}{2}\right) < f(2)$

(C) $f\left(-\frac{1}{2}\right) < f(2) < f(1)$　　(D) $f(1) < f(2) < f\left(-\frac{1}{2}\right)$

(2) 函数 $f(x) = \frac{2+\sin x}{1+x^2}$ 是 (　　).

(A) 奇函数　　(B) 偶函数

(C) 有界函数　　(D) 周期函数

(3) 函数 $f(x)=\arcsin\dfrac{x-1}{2}$ 的定义域为(　　).

(A) $[-1,1]$　　(B) $(-1,3)$

(C) $(-1,1)$　　(D) $[-1,3]$

(4) 设函数 $f(x)$ 是定义在 $(-\infty,+\infty)$ 内的周期为 3 的周期函数,且 $f(-1)=-1,f(0)=1,f(1)=2$,则 $\dfrac{f(-1)+f(23)}{f(-3)-f(4)}=$(　　).

(A) -2　　(B) 0

(C) 2　　(D) 4

(5) 设函数 $f(x)$ 是奇函数,$g(x)$ 是以 4 为周期的周期函数,且 $f(-2)=g(-2)=6$. 若 $\dfrac{f(0)+g(f(-2)+g(-2))}{g^2(20f(2))}=\dfrac{1}{2}$,则 $g(0)=$(　　).

(A) 2　　(B) 1

(C) 0　　(D) -1

(6) 若函数 $f(x)$ 是周期为 6 的奇函数,则 $\sin\left(f(-7)+f(1)+\dfrac{\pi}{12}\right)\cdot\cos\left(f(6)+\dfrac{\pi}{12}\right)$ 的值等于(　　).

(A) $\dfrac{1}{4}$　　(B) $\dfrac{1}{2}$

(C) $\dfrac{\sqrt{2}}{2}$　　(D) $\dfrac{\sqrt{3}}{2}$

2. 下列函数中,哪些是周期函数? 请指出周期函数的最小正周期 T.

(1) $f(x)=\sin(2x+1)$;　　(2) $f(x)=|\sin x|$;

(3) $f(x)=\sin^2 x$;　　(4) $f(x)=\sin(x^2)$;

(5) $f(x)=\tan\left(\dfrac{1}{2}x+1\right)$;　　(6) $f(x)=\tan x+\arctan x$.

3. 求下列函数的反函数(不求定义域):

(1) $f(x)=3x+1$;　　(2) $f(x)=\dfrac{2x-5}{x-3}$;

(3) $f(x)=\dfrac{2^x}{2^x+1}$;　　(4) $f(x)=1+\ln(x+2)$.

4. 求下列函数的反函数的值域:

(1) $f(x)=\sqrt{x+1}$;　　(2) $f(x)=2^x+1$;

(3) $f(x)=\ln(2x-1)$;　　(4) $f(x)=\arcsin(2x)$.

5. 设函数 $f(x)=\dfrac{1-2x}{x-2}$. 若曲线 $y=f(x)$ 与 $y=g(x)$ 关于直线 $y=x$ 对称,求 $g(x)$ 的表达式.

6. 设 $f(x)$ 是定义在 $(-\infty,+\infty)$ 内的单调增加的奇函数,$g(x)$ 是 $f(x)$ 的反函数. 证明:$g(x)$ 是单调增加的奇函数.

视频:典型题目讲解(1.4)

1.4　函数运算

1.4.1　函数的四则运算

当几个函数的自变量取定同一个值时,这几个函数本身也各自取一个确定的值.

实数的四则运算我们是熟悉的，函数的四则运算要通过实数的运算来定义.

定义 1.10 设函数 $f(x)$，$g(x)$ 都在 D 上有定义，$k\in\mathbf{R}$，则对它们进行四则运算的结果还是一个函数，它们的定义域不变(除法运算时除数为 0 的点除外)，而函数值的对应定义如下：

(1) 加法运算 $(f+g)(x)=f(x)+g(x)$，$x\in D$.

(2) 数乘运算 $(kf)(x)=kf(x)$，$x\in D$.

(3) 乘法运算 $(fg)(x)=f(x)g(x)$，$x\in D$.

(4) 除法运算 $\left(\dfrac{f}{g}\right)(x)=\dfrac{f(x)}{g(x)}$，$g(x)\neq 0$，$x\in D$.

其中左端括号内表示对两个函数 f,g 进行运算后所得的函数，它在 x 处的值等于右端的值.

例如多项式函数

$$P(x)=a_nx^n+a_{n-1}x^{n-1}+\cdots+a_1x+a_0$$

就是由幂函数经过数乘运算与加法运算得到的.

而有理函数

$$R(x)=\frac{a_nx^n+a_{n-1}x^{n-1}+\cdots+a_1x+a_0}{b_mx^m+b_{m-1}x^{m-1}+\cdots+b_1x+b_0}$$

则是由两个多项式通过除法运算得到.

例 1 已知 $f(x)=x+\sqrt{x}$，$g(x)=x-\sqrt{x}$，求 $f(x)+g(x)$.

解 因为函数 $f(x)=x+\sqrt{x}$ 与 $g(x)=x-\sqrt{x}$ 的定义域均为 $[0,+\infty)$，所以

$$f(x)+g(x)=(x+\sqrt{x})+(x-\sqrt{x})=2x,\ x\in[0,+\infty).$$

例 2 已知 $f(x)=\ln(1+x)$，$g(x)=1-\cos x$，求 $\dfrac{f(x)}{g(x)}$.

解 因为函数 $f(x)=\ln(1+x)$ 的定义域为 $(-1,+\infty)$，函数 $g(x)=1-\cos x$ 的定义域为 $(-\infty,+\infty)$，且当 $x=2k\pi$ (k 为整数)时，$g(x)=0$，所以

$$\frac{f(x)}{g(x)}=\frac{\ln(1+x)}{1-\cos x},\ x\in(-1,+\infty)\setminus\{2k\pi\}\ (k\text{ 为整数}).$$

1.4.2 复合函数

在讨论函数问题时，经常会遇到多个函数相互作用的情况. 如有函数 $f(x)$ 和 $g(x)$，它们的定义域分别是 D_f 和 D_g，值域分别是 Z_f 和 Z_g. 当 $Z_g\subset D_f$ 时，对于任意的 $x\in D_g$，都有唯一的 $g(x)\in Z_g\subset D_f$，从而有唯一的 $f(g(x))\in Z_f$ 与 $x\in D_g$ 对应，这样就确定了一个从 D_g 到 Z_f 的函数，此函数称为函数 f 和 g 的**复合函数**，记作 $(f\circ g)(x)=f(g(x))$. 图 1-27 演示了上述复合过程.

事实上，只要 $Z_g\cap D_f\neq\varnothing$，函数 f 和 g 就可以复合，构成复合函数. 一般地，复合函数 $(f\circ g)(x)$ 的定义域是 D_g 的一个子集.

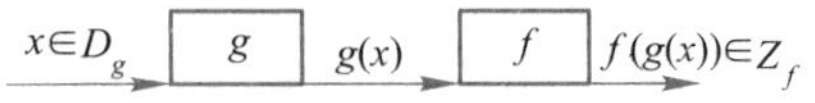

$x\in D_g$ → g → $g(x)$ → f → $f(g(x))\in Z_f$

图 1-27

例如，半径为 R 的球的体积为 $V=\dfrac{4}{3}\pi R^3$，当半径 R 与温度 T 有关时，R 是 T 的函数，即

$R=R(T)$，这时 $V=\frac{4}{3}\pi R^3(T)$ 就由 $V=\frac{4}{3}\pi R^3$ 与 $R=R(T)$ 两个函数复合而成.

例 3 函数 $y=\sqrt{4-x^2}$，$y=e^{x^2+x+1}$ 分别由哪些函数复合而成？

解 $y=\sqrt{4-x^2}$ 由函数 $f(x)=\sqrt{x}$ 和 $g(x)=4-x^2$ 复合而成，即

$$y=\sqrt{4-x^2}=f(g(x)),$$

定义域是 $[-2,2]$；

$y=e^{x^2+x+1}$ 由函数 $f(x)=e^x$ 和 $g(x)=x^2+x+1$ 复合而成，即

$$y=e^{x^2+x+1}=f(g(x)),$$

定义域是 $(-\infty,+\infty)$.

例 4 设 $f(x)=x+|x|$，$g(x)=\begin{cases}x, & x<0,\\ x^2, & x\geqslant 0,\end{cases}$ 求 $f(g(x))$.

解 根据复合函数的定义，有

$$f(g(x))=g(x)+|g(x)|$$

$$=\begin{cases}x-x, & x<0,\\ x^2+x^2, & x\geqslant 0\end{cases}=\begin{cases}0, & x<0,\\ 2x^2, & x\geqslant 0.\end{cases}$$

1.4.3 初等函数

1. 基本初等函数

常见的六类函数，即常数函数、幂函数、指数函数、对数函数、三角函数和反三角函数，称为**基本初等函数**. 这六类函数是研究其他函数的基础，我们应该知道它们的定义域、值域是什么，也应该能够画出它们在指定范围上的图形，从而掌握它们在指定范围上的单调性、奇偶性、周期性等简单性质.

2. 初等函数

由基本初等函数经过有限次的四则运算和有限次的复合运算得到的函数，称为**初等函数**. 我们在本课程中碰到的函数大都是初等函数，它们可以用一个简单解析式给出.

习题 1.4

习题 1.4 答案与提示

1. 单项选择题：

(1) 已知函数 $f(x)$ 的定义域为 $[0,1]$，则函数 $g(x)=f\left(x+\frac{1}{3}\right)+f\left(x-\frac{1}{3}\right)$ 的定义域为（　　）.

(A) $\left[-\frac{1}{3},\frac{1}{3}\right]$　　(B) $\left[0,\frac{2}{3}\right]$

(C) $\left[\frac{1}{3},\frac{2}{3}\right]$　　(D) $\left[\frac{1}{3},1\right]$

(2) 设 $f(x)=\begin{cases}x, & x>0,\\ 1-x, & x<0,\end{cases}$ 则有（　　）.

(A) $f(f(x))=(f(x))^2$　　(B) $f(f(x))=f(x)$

(C) $f(f(x))>f(x)$　　(D) $f(f(x))<f(x)$

(3) 设 $f(x)$ 为奇函数，$g(x)$ 为偶函数，则下列函数中是奇函数的是（　　）.

(A) $f(g(x))$　　(B) $g(f(x))$

(C) $f(f(x))$　　　　(D) $g(g(x))$

(4) 已知$f(x-1)=\ln\frac{x}{x-2}$. 若$f(g(x))=\ln x$,则$g(x)=($　　).

(A) $\frac{x-1}{x+1}$　　　　(B) $\frac{x+1}{x-1}$

(C) $\frac{1-x}{1+x}$　　　　(D) $\frac{1+x}{1-x}$

2. 设$f(x)=x-\sqrt{x}$,$g(x)=x+\sqrt{x}$,求$f(x)+g(x)$与$f(x)g(x)$的表达式及定义域.

3. 设$f(x)$是定义在$(-\infty,+\infty)$内的函数,$g(x)=f(x)+f(-x)$,$h(x)=f(x)-f(-x)$. 判断函数$g(x)$与$h(x)$的奇偶性.

4. 对于下列给定的函数$f(x)$和$g(x)$,求复合函数$f(g(x))$的表达式和定义域.

(1) $f(x)=\lg x$,$g(x)=2^x$;

(2) $f(x)=x^2$,$g(x)=2^x$;

(3) $f(x)=\frac{1-x}{x}$,$g(x)=\frac{x}{1-x}$;

(4) $f(x)=\arcsin x$,$g(x)=\sqrt{x-1}$.

5. 设$f(x)=\frac{x}{1-x}$,求$f(f(x))$与$f(f(f(x)))$的表达式.

1.5　经济学中的常用函数

1.5.1　需求函数与供给函数

1. 需求函数

商品需求量Q与其价格P之间的函数关系$Q=Q(P)$称为**需求函数**. 一般地,需求函数是一个单调减少函数.

常见的几种需求函数模型如下:

(1) 线性需求函数:$Q=a-bP$,其中a,b是非负常数.

(2) 二次曲线需求函数:$Q=a-bP-cP^2$,其中a,b,c是非负常数.

(3) 指数需求函数:$Q=Ae^{-bP}$,其中A,b是非负常数.

2. 供给函数

商品供给量S与其价格P之间的函数关系$S=S(P)$称为**供给函数**. 一般地,供给函数是一个单调增加函数.

常见的几种供给函数模型如下:

(1) 线性供给函数:$S=a+bP$,其中a,b是非负常数.

(2) 二次曲线供给函数:$S=a+bP+cP^2$,其中a,b,c是非负常数.

(3) 指数供给函数:$S=Ae^{bP}$,其中A,b是非负常数.

当供给量与需求量相等,即$S(\overline{P})=Q(\overline{P})$时,这时的价格$\overline{P}$称为**均衡价格**;这时的商品数量$\overline{S}=\overline{Q}$称为**均衡数量**.

例1　已知某商品的需求量Q和供给量S与其价格P满足的关系式分别为$Q^2-20Q-P+99=0$和$3S^2+P-123=0$,求该商品的市场均衡价格与均衡数量.

解　令 $Q=S$，由 $Q^2-20Q-P+99=0$ 与 $3S^2+P-123=0$，得 $5S+\frac{1}{3}P=35$.

由 $3S^2+P-123=0$ 与 $5S+\frac{1}{3}P=35$，解得 $S=-1$（舍去）和 $S=6$.

当 $S=6$ 时，解得 $P=15$. 故均衡价格为 15，均衡数量为 6.

1.5.2　成本函数

一般地，总成本 C 可分为两部分，分别是**固定成本** C_1 和**可变成本** C_2. C_1 是一个与产品数量无关的常数，C_2 与产品的数量 q 有关，是 q 的函数，记作 $C_2(q)$. 所以

$$\text{总成本 } C(q)=\text{固定成本}+\text{可变成本}=C_1+C_2(q).$$

平均成本指的是总成本与产品数量之比 $\frac{C(q)}{q}$，记作 $\overline{C}(q)$.

常见的成本函数模型是：

（1）线性成本函数：$C(q)=C_1+cq$，其中 c 是单位产品的可变成本.

（2）二次成本函数：$C(q)=C_1+bq+cq^2$.

例 2　已知某产品的总成本函数为 $C(q)=1\ 000+\frac{q^2}{8}$，求生产 50 件该产品时的总成本与平均成本.

解　所求总成本为

$$C(50)=1\ 000+\frac{50^2}{8}=1\ 312.5;$$

平均成本为

$$\overline{C}(50)=\frac{C(50)}{50}=\frac{1\ 312.5}{50}=26.25.$$

1.5.3　收益函数与利润函数

1. 收益函数

收益指的是出售商品得到的总收入，等于出售单价与售出总量的乘积，即

$$\text{总收益函数 } R=R(q)=qP(q),$$

其中 R 表示收益，q 表示售出的商品总量，$P(q)$ 是商品的单价与售出量的关系，是该商品的价格函数.

平均收益函数为 $\overline{R}=\frac{R(q)}{q}=P(q)$.

2. 利润函数

在供需平衡时，某种产品获得的**总利润**等于出售该产品获得的总收益与生产该产品付出的总成本之差，即

$$\text{总利润函数 } L=L(q)=R(q)-C(q),$$

其中 L 表示总利润，q 表示产品数量.

平均利润函数为 $\overline{L}=\overline{L}(q)=\frac{L(q)}{q}$.

当 $L=L(q)=R(q)-C(q)>0$ 时，是有盈余生产；

当 $L=L(q)=R(q)-C(q)<0$ 时,是亏损生产;

当 $L=L(q)=R(q)-C(q)=0$ 时,是无盈亏生产,无盈亏生产时的产量 q_0 称为无盈亏点.

例 3 已知生产某商品的总成本为 $C(q)=20+2q+\frac{1}{2}q^2$(万元). 若每售出 1 件该商品的收入是 20 万元,求生产 20 件该商品时的总利润和平均利润.

解 总利润为

$$L(q)=R(q)-C(q)=20q-\left(20+2q+\frac{1}{2}q^2\right)=18q-\frac{1}{2}q^2-20,$$

所求总利润为 $L(20)=140$(万元);平均利润为 $\overline{L}(20)=7$(万元).

习题 1.5

1. 某种产品每件的成本是 50 元,当每件的售价为 x 元时,消费者每月购买 $200-x$ 件. 假设该产品产销平衡,求生产厂家每月的收益函数 $R(x)$ 和利润函数 $L(x)$.

2. 某公司生产的一种玩具每件可卖 110 元,生产该种玩具的固定成本为 7 500 元,可变成本为每件 60 元. 假设该玩具产销平衡.

(1) 公司要想保本,需要卖掉多少件玩具?

(2) 卖掉 100 件玩具时,公司盈利或亏损了多少?

(3) 要想获得 1 250 元的利润,公司需要卖出多少件玩具?

习题 1.5 答案与提示

3. 设某产品的需求函数 $D(P)$ 与供给函数 $S(P)$ 分别为

$$D(P)=\frac{5\ 600}{P}, \qquad S(P)=P-10.$$

(1) 找出均衡价格,并求此时的需求量;

(2) 在同一坐标系中画出需求曲线与供给曲线.

本章小结

1. 基本概念及性质

(1) 集合的概念,集合的包含关系.

(2) 区间和邻域.

(3) 函数的概念,函数的定义域和值域,函数的图形.

(4) 反函数,函数与其反函数图形的对称性.

(5) 复合函数.

(6) 分段函数,隐函数.

视频:第一章内容综述

(7) 函数的单调性、奇偶性、周期性,奇函数图形的对称性,偶函数图形的对称性.

(8) 基本初等函数、初等函数.

(9) 经济学中的常用函数:需求函数、供给函数、成本函数、收益函数、利润函数.

2. 重要的法则、定理和公式

(1) 集合的运算(交集、并集、余集).

(2) 函数的四则运算.

(3) 函数的复合运算.

3. 考核要求

(1) 一元函数的定义及其图形,要求达到“领会”层次.

① 清楚一元函数的定义，理解确定函数的两个基本要素——定义域和对应法则，知道什么是函数的值域.

② 清楚函数与其图形之间的关系.

③ 会求简单函数的自然定义域.

(2) 函数的表示法，要求达到“识记”层次.

① 知道函数的三种表示法——解析法、表格法、图像法.

② 清楚分段函数的概念.

(3) 函数的几个基本特性，要求达到“简单应用”层次.

清楚函数的有界性、单调性、奇偶性、周期性的含义，并会判定简单函数是否具有这些特性.

(4) 反函数及其图形，要求达到“领会”层次.

① 知道反函数的概念，清楚单调函数必有反函数.

② 会求简单函数的反函数.

③ 知道函数与其反函数的定义域、值域和图形之间的关系.

(5) 复合函数，要求达到“简单应用”层次.

① 清楚复合函数运算的含义，会求简单复合函数的定义域.

② 会将几个函数按一定顺序复合，并会把一个函数分解成简单函数的复合.

(6) 初等函数，要求达到“简单应用”层次.

① 知道什么是基本初等函数，熟悉其定义域、基本特性和图形(不含余切、正割、余割及其反函数的图形).

② 知道反正弦、反余弦和反正切函数的值域.

③ 知道初等函数的概念.

(7) 经济学中几种常见的函数，要求达到“简单应用”层次.

了解经济学中几种常见的函数：成本函数、收益函数、利润函数、需求函数和供给函数.

第二章 极限与连续

极限理论是微积分学的基础,微积分中的基本概念都是运用极限方法阐述的.连续函数是应用最为广泛的函数. 所以,学习好本章将为以后的学习奠定必要的基础.

本章总的要求是:理解极限和无穷小量的概念以及它们之间的关系;掌握无穷小量的基本性质和极限的运算法则;清楚无穷大量的概念及其与无穷小量的关系;熟练掌握两个重要极限;理解无穷小量的阶的比较和高阶无穷小量的概念;理解函数的连续性和间断点;知道初等函数的连续性;清楚闭区间上连续函数的基本性质.

2.1 函数极限的概念

函数极限反映的是在一点附近当自变量 x 变化时函数值 $f(x)$ 的变化情况,是刻画函数在一点处性质的重要工具. 微积分课程的主要概念,如连续、可导(导数)、可积(积分)等都是利用极限描述的,所以本部分内容是学好后面内容的基础. 尽管在牛顿、莱布尼茨时代(17 世纪)极限概念就已出现,但人们将其表述清晰、建立起基本的极限理论却是 200 多年以后(19 世纪)的事情. 柯西与维尔斯特拉斯在其中做出了很大贡献.

视频:典型题目讲解(2.1)

关于极限方法,早在我国古代数学家刘徽的"割圆术"中就已出现. 刘徽从圆的内接正六边形出发,每次将内接正多边形的边数增加一倍,当边数达到 3 072 条时,将此多边形的面积近似圆的面积,得到了圆周率 π 的近似值 3.141 6. 这是一个了不起的结果. 刘徽形容他的"割圆术"说:割之弥细,所失弥少,割之又割,以至于不可割,则与圆合体,而无所失矣. 这就是早期的极限思想.

例如圆 $x^2+y^2=R^2$ 在点 $A(x_0,y_0)$ 处切线的斜率 $k=-\dfrac{x_0}{y_0}$ 也可如下求出:任取圆周上另外一点 $B(x,y)$,由于 $x^2+y^2=R^2$,$x_0^2+y_0^2=R^2$,两式相减并整理得

$$\frac{y-y_0}{x-x_0}=-\frac{x+x_0}{y+y_0},$$

这就是弦 AB 所在直线的斜率. 当点 $B(x,y)$ 在圆周上越来越接近点 $A(x_0,y_0)$ 时,就有

$$-\frac{x+x_0}{y+y_0}\to-\frac{x_0}{y_0},$$

故 $k=-\dfrac{x_0}{y_0}$.

2.1.1 函数在 $x\to x_0$ 时的极限

1. 函数在一点的极限

定义 2.1 设函数 $f(x)$ 在 x_0 的某个去心邻域内有定义,若当 x"无限趋于"x_0 时,其对应的函数值 $f(x)$"无限趋于"一个确定的数 A,则称函数 $f(x)$ 在 $x\to x_0$ 时的**极限**是 A,记作 $\lim\limits_{x\to x_0}f(x)=A$.

由于极限反映的是当 x"无限趋于"x_0 时函数值 $f(x)$ 的变化情况，所以极限 $\lim\limits_{x\to x_0}f(x)$ 是否存在、极限值的大小均与 $f(x)$ 在 x_0 处的情况无关. 从几何上看，$\lim\limits_{x\to x_0}f(x)=A$ 指的是在 x_0 附近，曲线 $y=f(x)$ 可以无限靠近水平直线 $y=A$.

尽管"无限趋于"是一个比较直观的描述，但却不是严格的数学语言，容易导致不同的理解. 为此，维尔斯特拉斯与柯西等人又利用不等式给出了极限定义的严格描述：

设函数 $f(x)$ 在 x_0 的某个去心邻域 N_{x_0} 内有定义，A 是一个常数. 若对于任意的 $\varepsilon>0$，总存在 $\delta>0$，使得当 $x\in N_{x_0}$ 且 $0<|x-x_0|<\delta$ 时，有 $|f(x)-A|<\varepsilon$ 成立，则称函数 $f(x)$ 在 $x\to x_0$ 时的**极限**是 A.

给出极限定义的严格描述只是为了帮助我们更好地理解极限的有关结论，对定义本身并不做要求.

例 1 给出 $\lim\limits_{x\to 1}x^2$ 的值，并证明你的结论.

解 当 x"无限趋于"1 时，易知 x^2 也"无限趋于"1，所以 $\lim\limits_{x\to 1}x^2=1$.

证明如下：任给 $\varepsilon>0$，由于

$$|x^2-1|=|x+1||x-1|<3|x-1|\text{（不妨设 } x\in(0,2)\text{）},$$

所以要使 $|x^2-1|<\varepsilon$，只要使 $3|x-1|<\varepsilon$ 便可.

取 $\delta=\frac{\varepsilon}{3}$，则当 $0<|x-1|<\delta=\frac{\varepsilon}{3}$ 时，就有

$$|x^2-1|<\varepsilon,$$

故 $\lim\limits_{x\to 1}x^2=1$.

2. 函数在一点的单侧极限

在某些问题中，我们有时需要讨论当 $x<x_0$ 且 $x\to x_0$ 时 $f(x)$ 的极限，而有时又需要讨论当 $x>x_0$ 且 $x\to x_0$ 时 $f(x)$ 的极限. 这就是函数在一点的单侧极限问题.

（1）函数在一点的左极限

定义 2.2 设函数 $f(x)$ 在 x_0 的左侧附近有定义，若当 $x<x_0$ 且"无限趋于"x_0 时，其对应的函数值 $f(x)$"无限趋于"一个确定的常数 A，则称函数 $f(x)$ 在 x_0 点的**左极限**是 A，记作 $\lim\limits_{x\to x_0^-}f(x)=A$.

（2）函数在一点的右极限

定义 2.3 设函数 $f(x)$ 在 x_0 的右侧附近有定义，若当 $x>x_0$ 且"无限趋于"x_0 时，其对应的函数值 $f(x)$"无限趋于"一个确定的常数 A，则称函数 $f(x)$ 在 x_0 点的**右极限**是 A，记作 $\lim\limits_{x\to x_0^+}f(x)=A$.

上述定义中的"x_0 的左侧附近"指的是"以 x_0 为右顶点的一个开区间，即 $(x_0-\delta,x_0)(\delta>0)$". 类似理解"$x_0$ 的右侧附近".

例 2 求函数 $f(x)=\sqrt{x}$ 在 $x=0$ 点的右极限.

解 因为当 $x>0$ 且无限趋于 0 时 $\sqrt{x}$ 无限趋于 0，所以 $\lim\limits_{x\to 0^+}\sqrt{x}=0$.

例 3 求符号函数 $\operatorname{sgn}(x)$ 在 $x=0$ 点的左极限和右极限.

解　因为 $\operatorname{sgn}(x)=\begin{cases}-1, & x<0,\\ 0, & x=0,\\ 1, & x>0,\end{cases}$ 所以当 $x<0$ 且无限趋于 0 时 $\operatorname{sgn}(x)$ 无限趋于 -1，当 $x>0$ 且无限趋于 0 时 $\operatorname{sgn}(x)$ 无限趋于 1，故

$$\lim_{x\to0^-}\operatorname{sgn}(x)=-1,\ \lim_{x\to0^+}\operatorname{sgn}(x)=1.$$

3. 函数在一点的极限与左、右极限的关系

定理 2.1　设函数 $f(x)$ 在 x_0 点附近有定义，则 $\lim\limits_{x\to x_0}f(x)=A$ 的充分必要条件是：

$$\lim_{x\to x_0^+}f(x)=A,\text{且}\lim_{x\to x_0^-}f(x)=A.$$

证　必要性. 因为 $\lim\limits_{x\to x_0}f(x)=A$，所以对于任意的 $\varepsilon>0$，都存在 $\delta>0$，当 $0<|x-x_0|<\delta$ 时，有 $|f(x)-A|<\varepsilon$ 成立.

特别地，当 $x_0<x<x_0+\delta$ 时，有 $|f(x)-A|<\varepsilon$ 成立，故 $\lim\limits_{x\to x_0^+}f(x)=A$.

类似可证 $\lim\limits_{x\to x_0^-}f(x)=A$.

充分性. 对于任意的 $\varepsilon>0$：

因为 $\lim\limits_{x\to x_0^+}f(x)=A$，所以存在 $\delta_1>0$，当 $x_0<x<x_0+\delta_1$ 时，有 $|f(x)-A|<\varepsilon$ 成立.

又因为 $\lim\limits_{x\to x_0^-}f(x)=A$，所以存在 $\delta_2>0$，当 $x_0-\delta_2<x<x_0$ 时，有 $|f(x)-A|<\varepsilon$ 成立.

取 $\delta=\min\{\delta_1,\delta_2\}$，则当 $0<|x-x_0|<\delta$ 时，有 $|f(x)-A|<\varepsilon$ 成立，即 $\lim\limits_{x\to x_0}f(x)=A$.

上述定理给出了判断函数在一点处极限是否存在的理论根据. 例如，因为

$$\lim_{x\to0^-}\operatorname{sgn}(x)=-1,\ \lim_{x\to0^+}\operatorname{sgn}(x)=1,$$

所以符号函数 $\operatorname{sgn}(x)$ 在 $x=0$ 处的极限不存在.

再如，对于取整函数 $f(x)=[x]$，设 n 是一个整数，易知

$$\lim_{x\to n^-}f(x)=n-1,\ \lim_{x\to n^+}f(x)=n,$$

故取整函数在所有的整数点处都没有极限.

2.1.2　函数在无穷远的极限

在研究函数值随着自变量变化而变化的趋势时，除了关心在某一点的情况外，我们同样也关心在无穷远处的情况. 无穷远指的是 $|x|$ 足够大，一般用 $x\to\infty$ 表示.

1. 函数在 $x\to\infty$ 时的极限

定义 2.4　设函数 $f(x)$ 在无穷远处有定义，A 是一个常数. 若对于任意的 $\varepsilon>0$，都存在 $X>0$，使得当 $|x|>X$ 时，总有 $|f(x)-A|<\varepsilon$ 成立，则称函数 $f(x)$ 在 $x\to\infty$ 时的**极限**是 A，记作 $\lim\limits_{x\to\infty}f(x)=A$.

通俗地说，$\lim\limits_{x\to\infty}f(x)=A$ 的含义就是当 $|x|$ 无限增大时，与 x 对应的函数值 $f(x)$ 无限趋于常数 A.

定义中的“函数 $f(x)$ 在无穷远处有定义”指的是：存在大于 0 的数 M，函数 $f(x)$ 在 $(-\infty,-M)\cup(M,+\infty)$ 内有定义.

例 4　求函数 $f(x)=1+\dfrac{1}{x}$ 在无穷远处的极限.

解　当$|x|$无限增大时，$f(x)=1+\frac{1}{x}$无限趋于1，所以$\lim\limits_{x\to\infty}\left(1+\frac{1}{x}\right)=1$.

2. 函数在$x\to+\infty$时的极限

定义2.5　设函数$f(x)$在正无穷远处有定义，A是一个常数. 若对于任意的$\varepsilon>0$，都存在$X>0$，使得当$x>X$时，总有$|f(x)-A|<\varepsilon$成立，则称函数$f(x)$在$x\to+\infty$时的**极限**是A，记作$\lim\limits_{x\to+\infty}f(x)=A$.

定义中的“函数$f(x)$在正无穷远处有定义”指的是：存在大于0的数M，函数$f(x)$在$(M,+\infty)$内有定义.

请读者自己给出$\lim\limits_{x\to-\infty}f(x)=A$的定义.

与函数在一点的极限与左、右极限的关系类似，我们有：

定理2.2　设函数$f(x)$在无穷远处有定义，则$\lim\limits_{x\to\infty}f(x)=A$的充分必要条件是：

$$\lim_{x\to-\infty}f(x)=A，且\lim_{x\to+\infty}f(x)=A.$$

证明从略.

例5　设$f(x)=\arctan x$，求$\lim\limits_{x\to+\infty}f(x)$及$\lim\limits_{x\to-\infty}f(x)$的值，并说明$\lim\limits_{x\to\infty}f(x)$是否存在.

解　根据$f(x)=\arctan x$的性质，易知：当$x\to+\infty$时，$f(x)=\arctan x$无限趋于$\frac{\pi}{2}$；当$x\to-\infty$时，$f(x)=\arctan x$无限趋于$-\frac{\pi}{2}$，所以

$$\lim_{x\to+\infty}f(x)=\frac{\pi}{2},\quad \lim_{x\to-\infty}f(x)=-\frac{\pi}{2}.$$

因为$\lim\limits_{x\to+\infty}f(x)\neq\lim\limits_{x\to-\infty}f(x)$，所以$\lim\limits_{x\to\infty}f(x)$不存在.

2.1.3　数列的极限

设$\{a_n\}$是一个无穷数列. 与函数类似，如果当下标n越来越大时，其对应的值a_n越来越接近某个常数A，而且可以无限接近，我们就说数列$\{a_n\}$的**极限**是A，记作$\lim\limits_{n\to+\infty}a_n=A$.

因为下标n只有一种变化趋势$n\to+\infty$，所以$\lim\limits_{n\to+\infty}a_n=A$一般表示为$\lim\limits_{n\to\infty}a_n=A$.

当极限$\lim\limits_{n\to\infty}a_n$存在时，就称数列$\{a_n\}$**收敛**；当极限$\lim\limits_{n\to\infty}a_n$不存在时，就称数列$\{a_n\}$**发散**.

根据定义，易知数列$\{n\}$发散，而数列$\left\{\frac{1}{n}\right\}$，$\left\{1+\frac{(-1)^n}{n}\right\}$与$\{q^n\}$（$|q|<1$）均收敛，且

$$\lim_{n\to\infty}\frac{1}{n}=0,\quad \lim_{n\to\infty}\left[1+\frac{(-1)^n}{n}\right]=1,\quad \lim_{n\to\infty}q^n=0\ (|q|<1).$$

例6　设$a_n=\frac{1}{1\times2}+\frac{1}{2\times3}+\cdots+\frac{1}{n(n+1)}$，求$\lim\limits_{n\to\infty}a_n$.

解　因为

$$a_n=\left(1-\frac{1}{2}\right)+\left(\frac{1}{2}-\frac{1}{3}\right)+\cdots+\left(\frac{1}{n}-\frac{1}{n+1}\right)=1-\frac{1}{n+1},$$

所以当 $n\to\infty$ 时，$a_n=1-\dfrac{1}{n+1}$ 无限趋于 1，故 $\lim\limits_{n\to\infty}a_n=1$.

由于数列可以看作是一类特殊的函数，即整标函数 $f(n)=a_n$，所以数列极限 $\lim\limits_{n\to\infty}a_n$ 本质上是函数极限 $\lim\limits_{x\to+\infty}f(x)$ 的一个特例. 因此，函数极限的有关结论都可以直接应用到数列极限上.

习题 2.1

习题 2.1 答案与提示

1. 单项选择题：

(1) 若 $\lim\limits_{x\to1}f(x)=1$，则必定有（　　）.

(A) $f(1)=1$　　(B) $f(x)$ 在 $x=1$ 处无定义

(C) 在 $x=1$ 附近 $(x\neq1)$ 满足 $f(x)>0$　　(D) 在 $x=1$ 附近 $(x\neq1)$ 满足 $f(x)\neq1$

(2) 设 $f(x)=\begin{cases}e^x+a, & x>0,\\ 3x+b, & x\leqslant0.\end{cases}$ 若 $\lim\limits_{x\to0}f(x)$ 存在，则必有（　　）.

(A) $b-a=0$　　(B) $b-a=1$　　(C) $b+a=0$　　(D) $b+a=1$

2. 利用极限的直观定义，求下列极限：

(1) $\lim\limits_{x\to2}(2x+1)$；　(2) $\lim\limits_{x\to0}\dfrac{x+1}{x+2}$；　(3) $\lim\limits_{x\to1}\dfrac{x^2+x-2}{x-1}$；　(4) $\lim\limits_{x\to\infty}\dfrac{1}{x^2}$；

(5) $\lim\limits_{x\to+\infty}\dfrac{1}{\sqrt{x}+1}$；　(6) $\lim\limits_{x\to\infty}\dfrac{2x+3}{x+2}$.

3. 判断下列数列的极限是否存在，若存在，求出极限值.

(1) $\{(-1)^n\}$；　(2) $\{2^{(-1)^n}\}$；

(3) $\{\sqrt{n+1}-\sqrt{n}\}$；　(4) $\{\sqrt{n^2+1}-n\}$.

4. 求下列函数在 $x=0$ 处的左极限与右极限，并说明在 $x=0$ 处的极限是否存在.

(1) $f(x)=\begin{cases}x, & x\leqslant0,\\ (x-1)^2, & x>0;\end{cases}$　　(2) $f(x)=\begin{cases}e^x, & x\leqslant0,\\ (x+1)^2, & x>0;\end{cases}$

(3) $f(x)=\dfrac{|x|}{x}$；　　(4) $f(x)=\arctan\dfrac{1}{x}$.

2.2　函数极限的性质与运算

视频：典型题目讲解（2.2）

在处理函数极限的问题时，除了利用极限定义，更多的是利用函数极限的有关性质与运算法则. 本节给出的是常用的一些主要结论. 函数极限按自变量 x 的变化趋势共有 $x\to x_0$，$x\to x_0^+$，$x\to x_0^-$，$x\to\infty$，$x\to+\infty$ 及 $x\to-\infty$ 六种情况，下面我们一般只给出某种变化趋势下的结论，其他情形请读者自己写出.

2.2.1　函数极限的性质

1. 极限值的唯一性

定理 2.3　若极限 $\lim\limits_{x\to x_0}f(x)$ 存在，则其值唯一.

本定理说明，如果 $\lim\limits_{x\to x_0}f(x)=A$，且 $\lim\limits_{x\to x_0}f(x)=B$，则 $A=B$.

2. 函数在极限存在点附近的有界性

定理 2.4 若极限$\lim\limits_{x \to x_0} f(x)$存在，则函数$f(x)$在$x_0$的一个去心邻域内有界.

所谓函数$f(x)$在x_0的一个去心邻域内有界指的是：存在$M>0, \delta>0$，使得对任意的$x \in (x_0-\delta, x_0) \cup (x_0, x_0+\delta)$，都有$|f(x)|<M$.

对于无穷远来说，定理 2.4 说明：如果$\lim\limits_{x \to \infty} f(x)$存在，就会存在$M>0, X>0$，使得对任意的$x \in (-\infty, -X) \cup (X, +\infty)$，都有$|f(x)|<M$.

定理 2.4 反映的是极限存在点附近函数的局部有界性，而对于数列来说，结论则是：

定理 2.5 若极限$\lim\limits_{n \to \infty} a_n$存在，则数列$\{a_n\}$有界.

证 因为$\lim\limits_{n \to \infty} a_n$存在，根据定理 2.4，存在$M>0, N>0$，使得当$n>N$时，都有$|a_n|<M$. 取$M_1 = \max\{|a_1|, |a_2|, \cdots, |a_N|, M\}$，则对任意的正整数$n$，都有$|a_n| \leqslant M$成立，故数列$\{a_n\}$有界.

定理 2.5 说明，数列有界是数列收敛的必要条件.

3. 函数极限的保号性

定理 2.6 若极限$\lim\limits_{x \to x_0} f(x) = A$，且$A>0$，则函数$f(x)$在$x_0$的一个去心邻域内大于0；若在$x_0$的一个去心邻域内$f(x) \geqslant 0$，且极限$\lim\limits_{x \to x_0} f(x)$存在，则$\lim\limits_{x \to x_0} f(x) \geqslant 0$.

本定理一方面说明，利用极限值的正、负号，可以得到函数在极限点附近（除去极限点）的值的正、负号；另一方面说明，极限值的正、负号不能与函数在极限点附近（除去极限点）的值的正、负号相反.

值得注意的是，当函数$f(x)$满足：在x_0的一个去心邻域内$f(x)>0$，且极限$\lim\limits_{x \to x_0} f(x)$存在时，结论仍然是$\lim\limits_{x \to x_0} f(x) \geqslant 0$，而不是$\lim\limits_{x \to x_0} f(x) > 0$. 如对函数$f(x) = \dfrac{1}{x}$来说，尽管$f(x)>0 \ (x>0)$，但$\lim\limits_{x \to +\infty} f(x) = \lim\limits_{x \to +\infty} \dfrac{1}{x} = 0$.

2.2.2 函数极限的运算

1. 极限的四则运算

定理 2.7 若$\lim\limits_{x \to x_0} f(x) = A$，$\lim\limits_{x \to x_0} g(x) = B$，则：

(1) $\lim\limits_{x \to x_0} [f(x) \pm g(x)] = A \pm B$.

(2) $\lim\limits_{x \to x_0} [f(x) g(x)] = AB \ \left(\lim\limits_{x \to x_0} kf(x) = kA, k \in \mathbf{R}\right)$.

(3) $\lim\limits_{x \to x_0} \dfrac{f(x)}{g(x)} = \dfrac{A}{B} \ (B \neq 0)$.

本定理说明，如果函数$f(x)$与$g(x)$在同一极限过程下的极限都存在，那么它们的和、差、积、商（分母极限不等于0）在同一极限过程下的极限也存在，且其极限值就是$f(x)$与$g(x)$极限值的和、差、积、商.

本定理的结论可以推广到任意有限个函数的和、差、积、商.

例 1 求极限$\lim\limits_{x\to 2}(x^3-2x^2+2)$.

解
$$\begin{aligned}\lim_{x\to 2}(x^3-2x^2+2)&=\lim_{x\to 2}x^3-\lim_{x\to 2}2x^2+\lim_{x\to 2}2\\&=\lim_{x\to 2}x\cdot\lim_{x\to 2}x\cdot\lim_{x\to 2}x-2\lim_{x\to 2}x\cdot\lim_{x\to 2}x+2\\&=2\times 2\times 2-2\times 2\times 2+2=2.\end{aligned}$$

例 2 求极限$\lim\limits_{x\to\infty}\dfrac{ax^2+bx+c}{a_1x^2+b_1x+c_1}$ $(aa_1\neq 0)$.

解 因为$\dfrac{ax^2+bx+c}{a_1x^2+b_1x+c_1}=\dfrac{a+\dfrac{b}{x}+\dfrac{c}{x^2}}{a_1+\dfrac{b_1}{x}+\dfrac{c_1}{x^2}}$ $(x\neq 0)$，且

$$\lim_{x\to\infty}\frac{b}{x}=0,\ \lim_{x\to\infty}\frac{c}{x^2}=0,\ \lim_{x\to\infty}\frac{b_1}{x}=0,\lim_{x\to\infty}\frac{c}{x^2}=0,$$

所以
$$\begin{aligned}\lim_{x\to\infty}\frac{ax^2+bx+c}{a_1x^2+b_1x+c_1}&=\lim_{x\to\infty}\frac{a+\dfrac{b}{x}+\dfrac{c}{x^2}}{a_1+\dfrac{b_1}{x}+\dfrac{c_1}{x^2}}\\&=\frac{\lim\limits_{x\to\infty}a+\lim\limits_{x\to\infty}\dfrac{b}{x}+\lim\limits_{x\to\infty}\dfrac{c}{x^2}}{\lim\limits_{x\to\infty}a_1+\lim\limits_{x\to\infty}\dfrac{b_1}{x}+\lim\limits_{x\to\infty}\dfrac{c_1}{x^2}}\\&=\frac{a+0+0}{a_1+0+0}=\frac{a}{a_1}.\end{aligned}$$

例 3 求极限$\lim\limits_{x\to 1}\dfrac{x^2+x-2}{x^2-1}$.

解 因为$\lim\limits_{x\to 1}(x^2-1)=0$，所以不能直接利用除法运算求极限$\lim\limits_{x\to 1}\dfrac{x^2+x-2}{x^2-1}$.

由于 $x^2+x-2=(x-1)(x+2)$，$x^2-1=(x-1)(x+1)$，所以
$$\frac{x^2+x-2}{x^2-1}=\frac{x+2}{x+1}\quad(x\neq 1),$$
从而
$$\lim_{x\to 1}\frac{x^2+x-2}{x^2-1}=\lim_{x\to 1}\frac{x+2}{x+1}=\frac{3}{2}.$$

2. 复合函数的极限

由于大部分函数都是由简单函数复合得到的，所以利用简单函数的极限求复合函数的极限是极限运算中十分常见的问题. 一般地，关于复合函数的极限有如下结论：

若$\lim\limits_{x\to x_0}g(x)=u_0$，$\lim\limits_{u\to u_0}f(u)=A$，则$\lim\limits_{x\to x_0}f(g(x))\xlongequal{u=g(x)}\lim\limits_{u\to u_0}f(u)=A$.

例 4 求极限 $\lim\limits_{x\to 1}\mathrm{e}^{x^2+2x+2}$.

解 因为 $\lim\limits_{x\to 1}(x^2+2x+2)=5$，且$\lim\limits_{u\to 5}\mathrm{e}^u=\mathrm{e}^5$，所以$\lim\limits_{x\to 1}\mathrm{e}^{x^2+2x+2}=\mathrm{e}^5$.

3. 夹逼定理

定理 2.8 设函数 $f(x)$,$g(x)$,$h(x)$ 在 x_0 的某个去心邻域内满足：

(1)“夹”条件：$f(x)\leqslant g(x)\leqslant h(x)$；

(2)“逼”条件：$\lim\limits_{x\to x_0}f(x)=\lim\limits_{x\to x_0}h(x)=A$,

则 $\lim\limits_{x\to x_0}g(x)=A$.

定理 2.8 称为夹逼定理，是微积分中判断极限存在的基本方法之一，也是导出两个重要极限的基础.

微积分中判断极限存在的另一个常用结论是单调有界收敛定理，对数列极限可以写成如下形式：

若数列 $\{a_n\}$ 满足 $a_n\leqslant a_{n+1}$ $(n=1,2,\cdots)$ 且有上界，则 $\lim\limits_{n\to\infty}a_n$ 存在；若数列 $\{a_n\}$ 满足 $a_n\geqslant a_{n+1}$ $(n=1,2,\cdots)$ 且有下界，则 $\lim\limits_{n\to\infty}a_n$ 存在.

例如，可以证明数列 $\left\{\left(1+\dfrac{1}{n}\right)^n\right\}$ 是单调增加的，且每一项的值都小于 3，因此极限 $\lim\limits_{n\to\infty}\left(1+\dfrac{1}{n}\right)^n$ 存在，其值就是无理数 e，即 $\lim\limits_{n\to\infty}\left(1+\dfrac{1}{n}\right)^n=\mathrm{e}$.

例 5 求极限 $\lim\limits_{x\to 0}x\sin\dfrac{1}{x}$.

解 当 $x\neq 0$ 时，因为

$$-|x|\leqslant x\sin\frac{1}{x}\leqslant|x|,$$

且 $\lim\limits_{x\to 0}(-|x|)=0$，$\lim\limits_{x\to 0}|x|=0$，所以 $\lim\limits_{x\to 0}x\sin\dfrac{1}{x}=0$.

例 6 求极限 $\lim\limits_{x\to 0}x\left[\dfrac{1}{x}\right]$，其中[•]是取整函数符号.

解 根据取整函数的定义，对任意的 $x\neq 0$，有

$$\frac{1}{x}-1<\left[\frac{1}{x}\right]\leqslant\frac{1}{x}.$$

当 $x>0$ 时，由于

$$1-x<x\left[\frac{1}{x}\right]\leqslant 1,\text{且}\lim_{x\to 0^+}(1-x)=1,\lim_{x\to 0^+}1=1,$$

所以 $\lim\limits_{x\to 0^+}x\left[\dfrac{1}{x}\right]=1$.

当 $x<0$ 时，由于

$$1-x>x\left[\frac{1}{x}\right]\geqslant 1,\text{且}\lim_{x\to 0^-}(1-x)=1,\lim_{x\to 0^-}1=1,$$

所以 $\lim\limits_{x\to 0^-}x\left[\dfrac{1}{x}\right]=1$.

根据极限与左、右极限的关系，得 $\lim\limits_{x\to 0}x\left[\dfrac{1}{x}\right]=1$.

例 7 利用单调有界收敛定理,证明极限$\lim\limits_{n\to\infty}\frac{n+1}{n}$存在.

证 记 $a_n=\frac{n+1}{n}$,则

$$a_{n+1}-a_n=\frac{n+2}{n+1}-\frac{n+1}{n}=-\frac{1}{n(n+1)}<0,$$

且 $a_n=\frac{n+1}{n}>1$.

由单调有界收敛定理,知极限$\lim\limits_{n\to\infty}\frac{n+1}{n}$存在.

2.2.3 两个重要极限

在微积分课程中,极限$\lim\limits_{x\to 0}\frac{\sin x}{x}$与$\lim\limits_{x\to\infty}\left(1+\frac{1}{x}\right)^x$对于某些极限计算问题,尤其是对于某些基本初等函数导数公式的推出起到了关键作用. 正是因为它们的特殊作用,所以在微积分课程中习惯地称其为重要极限.

1. 重要极限$\lim\limits_{x\to 0}\frac{\sin x}{x}=1$

由于当 $x\to 0$ 时,$\sin x$ 也趋向于 0,这是一个"$\frac{0}{0}$"型的极限问题,不能利用除法运算. 我们可以利用如下方法求得它的值.

如图 2-1,设圆的半径为 1. 当 $x\in\left(0,\frac{\pi}{2}\right)$ 时,因为 $\triangle OAB$ 的面积小于扇形 OAB 的面积,扇形 OAB 的面积小于直角 $\triangle OAC$ 的面积,所以

$$\frac{1}{2}\sin x<\frac{1}{2}x<\frac{1}{2}\tan x,$$

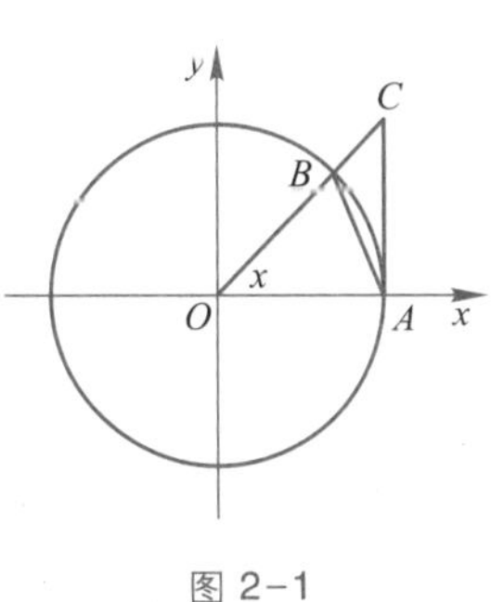

图 2-1

从而

$$1<\frac{x}{\sin x}<\frac{1}{\cos x},$$

即

$$\cos x<\frac{\sin x}{x}<1.$$

因为$\lim\limits_{x\to 0^+}\cos x=1$,$\lim\limits_{x\to 0^+}1=1$,所以由夹逼定理,知$\lim\limits_{x\to 0^+}\frac{\sin x}{x}=1$.

又因为

$$\lim_{x\to 0^-}\frac{\sin x}{x}=\lim_{x\to 0^-}\frac{\sin(-x)}{-x}=\lim_{x\to 0^+}\frac{\sin x}{x}=1,$$

所以$\lim\limits_{x\to 0}\frac{\sin x}{x}=1$.

例 8 求下列极限:

(1) $\lim\limits_{x\to 0}\frac{\tan x}{x}$; (2) $\lim\limits_{x\to 0}\frac{1-\cos x}{x^2}$;

(3) $\lim\limits_{x\to 0}\dfrac{\arcsin x}{x}$;　　　(4) $\lim\limits_{x\to 0}\dfrac{\arctan x}{x}$.

解　(1) $\lim\limits_{x\to 0}\dfrac{\tan x}{x}=\lim\limits_{x\to 0}\left(\dfrac{\sin x}{x}\cdot\dfrac{1}{\cos x}\right)$

$$=\lim_{x\to 0}\frac{\sin x}{x}\cdot\lim_{x\to 0}\frac{1}{\cos x}=1\times 1=1.$$

(2) $\lim\limits_{x\to 0}\dfrac{1-\cos x}{x^2}=\lim\limits_{x\to 0}\dfrac{2\sin^2\dfrac{x}{2}}{x^2}$

$$=\lim_{x\to 0}\frac{1}{2}\left(\frac{\sin\dfrac{x}{2}}{\dfrac{x}{2}}\right)^2=\frac{1}{2}\lim_{x\to 0}\frac{\sin\dfrac{x}{2}}{\dfrac{x}{2}}\cdot\lim_{x\to 0}\frac{\sin\dfrac{x}{2}}{\dfrac{x}{2}}$$

$$=\frac{1}{2}\times 1\times 1=\frac{1}{2}.$$

(3) 令 $u=\arcsin x$，则$\lim\limits_{x\to 0}\dfrac{\arcsin x}{x}=\lim\limits_{u\to 0}\dfrac{u}{\sin u}=1$.

(4) 令 $u=\arctan x$，则$\lim\limits_{x\to 0}\dfrac{\arctan x}{x}=\lim\limits_{u\to 0}\dfrac{u}{\tan u}=1$.

例 9　求下列极限：

(1) $\lim\limits_{x\to 0}\dfrac{\sin ax}{\tan bx}$ $(a\neq 0,\ b\neq 0)$；　　　(2) $\lim\limits_{x\to 1}\dfrac{\sin(1-x)}{\sqrt{x}-1}$.

解　(1) $\lim\limits_{x\to 0}\dfrac{\sin ax}{\tan bx}=\lim\limits_{x\to 0}\left(\dfrac{\sin ax}{ax}\cdot\dfrac{ax}{bx}\cdot\dfrac{bx}{\tan bx}\right)$

$$=\frac{a}{b}\lim_{x\to 0}\frac{\sin ax}{ax}\cdot\lim_{x\to 0}\frac{bx}{\tan bx}=\frac{a}{b}\times 1\times 1=\frac{a}{b}.$$

(2) $\lim\limits_{x\to 1}\dfrac{\sin(1-x)}{\sqrt{x}-1}=\lim\limits_{x\to 1}\left[\dfrac{\sin(1-x)}{1-x}\cdot\dfrac{1-x}{\sqrt{x}-1}\right]$

$$=-\lim_{x\to 1}\frac{\sin(1-x)}{1-x}\cdot\lim_{x\to 1}(1+\sqrt{x})=-1\times 2=-2.$$

2. 重要极限 $\lim\limits_{x\to\infty}\left(1+\dfrac{1}{x}\right)^x=\mathrm{e}$

该极限的推导从略. 极限式也可以写作$\lim\limits_{x\to 0}(1+x)^{\frac{1}{x}}=\mathrm{e}$.

例 10　求下列极限：

(1) $\lim\limits_{x\to\infty}\left(1+\dfrac{m}{x}\right)^x$ $(m\neq 0)$；　　　(2) $\lim\limits_{x\to\infty}\left(\dfrac{x+5}{x+2}\right)^{x+3}$；

(3) $\lim\limits_{x\to 0}(1-\tan x)^{\frac{1}{x}}$.

解　(1) $\lim\limits_{x\to\infty}\left(1+\dfrac{m}{x}\right)^x=\lim\limits_{x\to\infty}\left[\left(1+\dfrac{m}{x}\right)^{\frac{x}{m}}\right]^m=\mathrm{e}^m$.

（2）因为$\lim\limits_{x\to\infty}\left(\dfrac{x+5}{x+2}\right)^{x+3}=\lim\limits_{x\to\infty}\left[\left(1+\dfrac{3}{x+2}\right)^{\frac{x+2}{3}}\right]^{\frac{3}{x+2}\cdot(x+3)}$，且

$$\lim_{x\to\infty}\left(1+\frac{3}{x+2}\right)^{\frac{x+2}{3}}=\mathrm{e},\lim_{x\to\infty}\frac{3(x+3)}{x+2}=\lim_{x\to\infty}\frac{3+\frac{9}{x}}{1+\frac{2}{x}}=3,$$

所以$\lim\limits_{x\to\infty}\left(\dfrac{x+5}{x+2}\right)^{x+3}=\mathrm{e}^3$.

（3）因为$\lim\limits_{x\to0}(1-\tan x)^{\frac{1}{x}}=\lim\limits_{x\to0}\left[(1-\tan x)^{\frac{1}{-\tan x}}\right]^{\frac{-\tan x}{x}}$，且

$$\lim_{x\to0}(1-\tan x)^{\frac{1}{-\tan x}}=\mathrm{e},\lim_{x\to0}\frac{-\tan x}{x}=-1,$$

所以$\lim\limits_{x\to0}(1-\tan x)^{\frac{1}{x}}=\dfrac{1}{\mathrm{e}}$.

例 11 求下列极限：

（1）$\lim\limits_{x\to0}\dfrac{\ln(1+x)}{x}$；（2）$\lim\limits_{x\to0}\dfrac{\mathrm{e}^x-1}{x}$；（3）$\lim\limits_{x\to0}\dfrac{a^x-1}{x}$.

解 （1）因为$\lim\limits_{x\to0}(1+x)^{\frac{1}{x}}=\mathrm{e}$，且$\lim\limits_{u\to\mathrm{e}}\ln u=1$，所以

$$\lim_{x\to0}\frac{\ln(1+x)}{x}=\lim_{x\to0}\ln(1+x)^{\frac{1}{x}}\xlongequal{u=(1+x)^{\frac{1}{x}}}\lim_{u\to\mathrm{e}}\ln u=1.$$

（2）令$u=\mathrm{e}^x-1$，则$x=\ln(1+u)$，所以

$$\lim_{x\to0}\frac{\mathrm{e}^x-1}{x}=\lim_{u\to0}\frac{u}{\ln(1+u)}=1.$$

（3）$\lim\limits_{x\to0}\dfrac{a^x-1}{x}=\lim\limits_{x\to0}\dfrac{\mathrm{e}^{\ln a^x}-1}{x}=\lim\limits_{x\to0}\left(\dfrac{\mathrm{e}^{x\ln a}-1}{x\ln a}\cdot\ln a\right)=1\times\ln a=\ln a$.

例 12 设有一笔本金P_0存入银行，年利率为r. 若以复利计息，到第t年末将增值到P_t. 计算P_t的值.

解 复利计息就是将每个存期的利息在存期之末加入本金，再计算下个存期的利息.

依题意，一年末的本利之和P_1为

$$P_1=P_0+rP_0=P_0(1+r),$$

两年末的本利之和P_2为

$$P_2=P_1+rP_1=P_0(1+r)^2,$$

依次类推，t年末的本利之和P_t为

$$P_t=P_0(1+r)^t.$$

如果把一年分成n期计算利息，这时每期利息可以认为是$\dfrac{r}{n}$. 利用上述同样的方法可以推得，第t年末的本利之和P_t为

$$P_t=P_0\left(1+\frac{r}{n}\right)^{nt}.$$

如果每年计息的次数 $n\to\infty$,则第 t 年末的本利之和 P_t 的变化趋势就是

$$\lim_{n\to\infty}P_0\left(1+\frac{r}{n}\right)^{nt}=P_0\lim_{n\to\infty}\left[\left(1+\frac{r}{n}\right)^{\frac{n}{r}}\right]^{rt}=P_0\mathrm{e}^{rt}.$$

$P_t=P_0\mathrm{e}^{rt}$就是连续计息时本利之和的计算公式,即复利公式.

习题 2.2

习题 2.2 答案与提示

1. 单项选择题:

(1) 设$\lim\limits_{x\to x_0}f(x)$存在,$\lim\limits_{x\to x_0}g(x)$不存在,则(　　).

(A) $\lim\limits_{x\to x_0}[f(x)g(x)]$ 一定不存在　　(B) $\lim\limits_{x\to x_0}\dfrac{g(x)}{f(x)}$一定不存在

(C) $\lim\limits_{x\to x_0}[f(x)+g(x)]$ 一定不存在　　(D) $\lim\limits_{x\to x_0}[f(x)g(x)]$ 与$\lim\limits_{x\to x_0}\dfrac{g(x)}{f(x)}$中恰有一个存在

(2) 极限$\lim\limits_{x\to 0}\dfrac{\tan 2x}{6x}=$(　　).

(A) 0　　(B) $\dfrac{1}{3}$　　(C) $\dfrac{1}{2}$　　(D) 3

(3) $\lim\limits_{x\to 1}\dfrac{\sin(x-1)}{\sqrt{x}-1}=$(　　).

(A) -2　　(B) 0　　(C) 1　　(D) 2

(4) $\lim\limits_{x\to\infty}\dfrac{2x^2+1}{x+2}\sin\dfrac{2}{x}=$(　　).

(A) 0　　(B) 1　　(C) 2　　(D) 4

(5) 设$\lim\limits_{x\to\infty}\left(\dfrac{x+a}{x-b}\right)^x=2$,则(　　).

(A) $\mathrm{e}^a\cdot\mathrm{e}^b=2$　　(B) $\mathrm{e}^a\cdot\mathrm{e}^{-b}=2$

(C) $a+b=2$　　(D) $2a=b$

(6) 已知函数$f(x)=\begin{cases}\dfrac{2\sin x}{\mathrm{e}^x-1}+a, & x<0,\\ \dfrac{\ln(1+x^2)}{1-\cos x}, & x>0.\end{cases}$若极限$\lim\limits_{x\to 0}f(x)$存在,则 $a=$(　　).

(A) -1　　(B) 0　　(C) 1　　(D) 2

2. 求下列极限:

(1) $\lim\limits_{x\to 2}(3x^2-2x+1)$;　　(2) $\lim\limits_{x\to 1}\dfrac{x^2+2x-3}{2x+1}$;

(3) $\lim\limits_{x\to\infty}\dfrac{2x+3}{6x+1}$;　　(4) $\lim\limits_{x\to 0}\dfrac{\sqrt{1+x^2}-1}{x^2}$;

(5) $\lim\limits_{x\to 1}\dfrac{\sqrt{2-x}-\sqrt{x}}{1-x}$;　　(6) $\lim\limits_{x\to+\infty}\dfrac{\sqrt{x^2+x+1}+2}{2x+1}$;

(7) $\lim\limits_{x\to+\infty}x\left(\sqrt{4x^2+1}-2x\right)$;　　(8) $\lim\limits_{n\to\infty}\left(\dfrac{1}{n^2}+\dfrac{2}{n^2}+\cdots+\dfrac{n}{n^2}\right)$.

3. 已知$\lim\limits_{x\to 1}\dfrac{x^2+ax-3}{x-1}=4$,求 a 的值.

4. 求下列极限：

(1) $\lim\limits_{x\to0}\dfrac{\sin 2x}{\sin 3x}$；　　(2) $\lim\limits_{x\to0}\dfrac{1-\cos^2 x}{x^2}$；

(3) $\lim\limits_{x\to0}\dfrac{1-\cos x^2}{x^2}$；　　(4) $\lim\limits_{x\to\infty}x\sin\dfrac{2}{x}$；

(5) $\lim\limits_{x\to\pi}\dfrac{\sin x}{x-\pi}$；　　(6) $\lim\limits_{x\to\frac{\pi}{2}}\dfrac{\cos x}{\frac{\pi}{2}-x}$.

5. 求下列极限：

(1) $\lim\limits_{x\to\infty}\left(1+\dfrac{2}{x}\right)^{-x}$；　　(2) $\lim\limits_{x\to\infty}\left(1+\dfrac{2}{x}\right)^{x+2}$；

(3) $\lim\limits_{x\to\infty}\left(\dfrac{x-1}{x+1}\right)^{x}$；　　(4) $\lim\limits_{n\to\infty}\left(1+\dfrac{1}{n+1}\right)^{3n}$；

(5) $\lim\limits_{x\to0}(1+2\sin x)^{\frac{3}{x}}$；　　(6) $\lim\limits_{x\to0}\left(\dfrac{2-x}{2}\right)^{\frac{2}{x}}$；

(7) $\lim\limits_{x\to0}\dfrac{\ln(1-2x)}{\sin x}$；　　(8) $\lim\limits_{x\to0}\dfrac{e^{2x}-1}{\ln(1-x)}$.

6. 设 $\lim\limits_{x\to\infty}\left(1+\dfrac{5}{x}\right)^{kx}=e^{10}$，求 k 的值.

7. 设 $a_n=\dfrac{1}{\sqrt{n^2+1}}+\dfrac{1}{\sqrt{n^2+2}}+\cdots+\dfrac{1}{\sqrt{n^2+n}}$. 利用夹逼定理求 $\lim\limits_{n\to\infty}a_n$ 的值.

2.3　无穷小量与无穷大量

视频：典型题目讲解（2.3）

2.3.1　无穷小量与无穷大量的概念

1. 无穷小量的概念

定义 2.6　若 $\lim\limits_{x\to x_0}f(x)=0$，则称函数 $f(x)$ 在 $x\to x_0$ 时是一个**无穷小量**，记作

$$f(x)=o(1)\quad(x\to x_0).$$

直观地说，$f(x)=o(1)\ (x\to x_0)$ 指的是：当 x 无限趋于 x_0 时，其对应的函数值无限趋于 0.

说明一个函数 $f(x)$ 是否是无穷小量，一定要指明极限过程. 例如函数 $f(x)=1-x$，

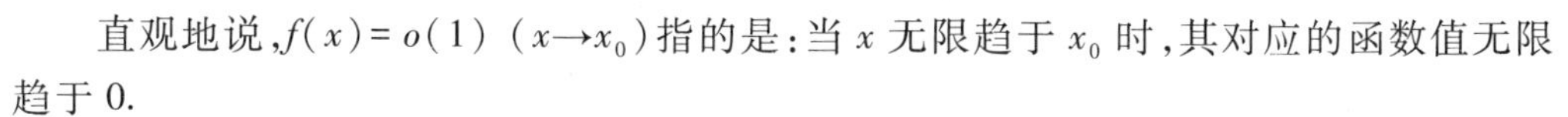
只有当$x\to1$时才是无穷小量；而函数 $f(x)=\dfrac{1}{x-1}$ 只有当 $x\to\infty\ (\pm\infty)$ 时才是无穷小量.

无穷小量的定义看似简单，但它是经过几代数学家的努力才建立起来的. 最初牛顿对无穷小量的定义是模糊不清的.到了 19 世纪 20 年代，柯西才提出了“无限趋近”这一直观性很强的说法.这种提法虽然从概念上澄清了“无穷小量是一个函数而不是一个数”，但它仍不能说是严格的.一直到 19 世纪的后半叶，严格化的工作经维尔斯特拉斯等提出“$\varepsilon-\delta$”的定义才最后完成.

2. 无穷大量的概念

定义 2.7　若函数 $\dfrac{1}{f(x)}$ 在 $x\to x_0$ 时是一个无穷小量，则称函数 $f(x)$ 在 $x\to x_0$ 时是

一个**无穷大量**,记作$\lim\limits_{x\to x_0}f(x)=\infty$.

当x无限趋于x_0时,若$\dfrac{1}{f(x)}>0$且无限趋于0,则称函数$f(x)$在$x\to x_0$时是一个**正无穷大量**,记作$\lim\limits_{x\to x_0}f(x)=+\infty$.

当x无限趋于x_0时,若$\dfrac{1}{f(x)}<0$且无限趋于0,则称函数$f(x)$在$x\to x_0$时是一个**负无穷大量**,记作$\lim\limits_{x\to x_0}f(x)=-\infty$.

从无穷大量的定义可以看出:无穷大量的倒数是同一极限过程下的无穷小量,非零无穷小量的倒数是同一极限过程下的无穷大量.

根据极限的四则运算法则,同一极限过程下的有限个无穷小量的和与积仍然还是无穷小量. 这里有两个问题值得考虑:其一是无穷多个无穷小量是否还有加法运算,若能相加,它们的和是什么? 这是积分学要研究的主要问题;其二是两个无穷小量能不能做除法运算,其商的含义是什么? 这就是无穷小量的比较需要讨论的问题.

2.3.2 无穷小量的比较

在同一个极限过程下可以有许多个无穷小量,如当$x\to 0$时,$x,x^2,\sin x,1-\cos x,\ln(1+x)$就都是无穷小量. 那么怎样判断这些无穷小量趋于0的快慢呢? 下面的概念就部分地解决了这个问题.

定义 2.8 设$\lim\limits_{x\to x_0}f(x)=0,\lim\limits_{x\to x_0}g(x)=0$. 若$\lim\limits_{x\to x_0}\dfrac{f(x)}{g(x)}=c$,则:

(1) 当$c=0$时,称$f(x)$是$g(x)$在$x\to x_0$时的**高阶无穷小量**,记作

$$f(x)=o(g(x))\quad (x\to x_0).$$

(2) 当$c\neq 0$且$c\neq 1$时,称$f(x)$与$g(x)$在$x\to x_0$时是**同阶无穷小量**.

(3) 当$c=1$时,称$f(x)$与$g(x)$在$x\to x_0$时是**等价无穷小量**,记作

$$f(x)\sim g(x)\quad (x\to x_0).$$

例 1 证明 $1-\cos x\sim\dfrac{x^2}{2}\ (x\to 0)$.

证 因为 $\lim\limits_{x\to 0}\dfrac{1-\cos x}{x^2}=\dfrac{1}{2}$,所以$\lim\limits_{x\to 0}\dfrac{1-\cos x}{\dfrac{x^2}{2}}=1$,故 $1-\cos x\sim\dfrac{x^2}{2}\ (x\to 0)$.

例 2 证明 $\sqrt{1+x}-1\sim\dfrac{x}{2}\ (x\to 0)$.

证 因为

$$\frac{\sqrt{1+x}-1}{\dfrac{x}{2}}=\frac{x}{\sqrt{1+x}+1}\cdot\frac{1}{\dfrac{x}{2}}=\frac{2}{\sqrt{1+x}+1},$$

且

$$\lim_{x\to 0}\frac{2}{\sqrt{1+x}+1}=1,$$

所以
$$\lim_{x\to0}\frac{\sqrt{1+x}-1}{\frac{x}{2}}=1,\text{即}\sqrt{1+x}-1\sim\frac{x}{2}\ (x\to0).$$

无穷小量的等价性在极限运算中有重要应用,简单地说就是:在极限运算中,乘、除因子可以用它们在同一个极限过程下的等价无穷小量代替. 例如
$$\lim_{x\to0}\frac{1-\cos x}{\sin^2 x}=\lim_{x\to0}\frac{\frac{1}{2}x^2}{x^2}=\frac{1}{2}.$$

前面我们已经得到了当 $x\to0$ 时,有
$$\sin x\sim x,1-\cos x\sim\frac{x^2}{2},\tan x\sim x,\arcsin x\sim x,$$
$$\arctan x\sim x,\ln(1+x)\sim x,\mathrm{e}^x-1\sim x,a^x-1\sim x\ln a,\cdots,$$
这些也是微积分课程中常用的等价无穷小量.

例 3 求极限 $\lim\limits_{x\to0}\frac{\tan x-\sin x}{x^3}$.

解
$$\lim_{x\to0}\frac{\tan x-\sin x}{x^3}=\lim_{x\to0}\frac{\left(\frac{1}{\cos x}-1\right)\sin x}{x^3}$$
$$=\lim_{x\to0}\left(\frac{1-\cos x}{x^3\cos x}\cdot x\right)=\lim_{x\to0}\frac{\frac{1}{2}x^2}{x^2\cos x}$$
$$=\lim_{x\to0}\frac{1}{2\cos x}=\frac{1}{2}.$$

例 4 求极限 $\lim\limits_{x\to0}\frac{\mathrm{e}^{1-\cos x}-1}{x^2}$.

解
$$\lim_{x\to0}\frac{\mathrm{e}^{1-\cos x}-1}{x^2}=\lim_{x\to0}\frac{1-\cos x}{x^2}=\lim_{x\to0}\frac{\frac{1}{2}x^2}{x^2}=\frac{1}{2}.$$

例 5 求极限 $\lim\limits_{x\to0}\frac{\ln(1+ax^m)}{1-\cos(1-\cos x)}$,其中 m 是正整数.

解
$$\lim_{x\to0}\frac{\ln(1+ax^m)}{1-\cos(1-\cos x)}=\lim_{x\to0}\frac{ax^m}{\frac{1}{2}(1-\cos x)^2}$$
$$=\lim_{x\to0}\frac{ax^m}{\frac{1}{2}\left(\frac{x^2}{2}\right)^2}=\lim_{x\to0}\frac{8ax^m}{x^4}=\begin{cases}8a, & m=4,\\ 0, & m>4,\\ \infty, & m<4.\end{cases}$$

习题 2.3

习题 2.3 答案与提示

1. 单项选择题:

(1) 函数 $f(x)=x\sin\frac{1}{x}$ 在 $x=0$ 处( ).

(A) 有定义但无极限 (B) 有定义且有极限

(C) 既无定义又无极限 (D) 无定义但有极限

(2) 当 $x\to3^-$ 时,下述函数中为无穷小量的是( ).

(A) $f(x)=e^{\frac{1}{x-3}}$ (B) $f(x)=\ln(3-x)$

(C) $f(x)=\sin\frac{1}{x-3}$ (D) $f(x)=\frac{x-3}{x^2-9}$

(3) 当 $x\to0$ 时, $f(x)=\tan x-\sin x$ 与 $g(x)=x^2\ln(1-ax)$ 是等价无穷小量,则 $a=$( ).

(A) -1 (B) $-\frac{1}{2}$ (C) $\frac{1}{2}$ (D) 1

(4) 设 $x\to0$ 时, $e^{\tan x}-e^{\sin x}$ 与 x^n 是同阶无穷小量, 则 n 的值为( ).

(A) 1 (B) 2 (C) 3 (D) 4

(5) 当 $x\to0$ 时, $(1-\cos x)\ln(1+x^2)$ 是比 $x\sin(x^n)$ 高阶的无穷小量,而 $x\sin(x^n)$ 是比 $e^{x^2}-1$ 高阶的无穷小量,则正整数 n 的值为( ).

(A) 1 (B) 2 (C) 3 (D) 4

(6) 若 $\lim\limits_{x\to x_0}f(x)=\infty$, $\lim\limits_{x\to x_0}g(x)=\infty$,则必有( ).

(A) $\lim\limits_{x\to x_0}[f(x)+g(x)]=\infty$ (B) $\lim\limits_{x\to x_0}[f(x)-g(x)]=0$

(C) $\lim\limits_{x\to x_0}[f(x)g(x)]=+\infty$ (D) $\lim\limits_{x\to x_0}\frac{1}{f(x)g(x)}=0$

2. 在给定的变化过程中,下列函数哪些是无穷小量? 哪些是无穷大量?

(1) $f(x)=1\ 000x^2, x\to0$; (2) $f(x)=e^{\frac{1}{x}}-1, x\to\infty$;

(3) $f(x)=e^{\frac{1}{x}}-1, x\to0^+$; (4) $f(x)=\sin\frac{1}{x}, x\to\infty$;

(5) $f(x)=\sin\frac{1}{x}, x\to0$; (6) $f(x)=x\sin x, x\to\infty$.

3. 当 $x\to0$ 时,下列变量中哪些是等价无穷小量?

$$\sin x, \tan x, \sqrt{1+2x}-1, x^2, 1-\cos x.$$

4. 当 $x\to0$ 时,在下列变量中找出比 x 高阶的无穷小量:

$$\sin 2x, \cos x-1, \ln(1-x^2), e^{2x}-1, \sin^2x.$$

视频: 典型题目讲解(2.4)

2.4 连续函数的概念与性质

连续是我们日常生活中最常见的现象,如运动物体移动的距离随着移动时间的增加是连续增加的,在纸上一笔画出的曲线也是连续不断的. 所谓函数的连续性指的又是什么呢? 利用什么工具刻画函数的连续性? 连续函数具有什么性质? 这些问题在本节中都能找到答案.

2.4.1 函数的连续与间断

1. 函数在一点处连续的概念

定义 2.9 设函数 $f(x)$ 在 x_0 及其附近有定义，若 $\lim\limits_{x\to x_0}f(x)=f(x_0)$ 成立，则称函数 $f(x)$ 在 x_0 处**连续**，x_0 称为函数 $f(x)$ 的**连续点**.

一般地，$\Delta x=x-x_0$ 称为自变量的改变量，$\Delta f(x_0)=f(x)-f(x_0)=f(x_0+\Delta x)-f(x_0)$ 称为函数 $f(x)$ 在 x_0 处的改变量. 函数 $f(x)$ 在 x_0 处连续指的是：当 $\Delta x\to 0$ 时，有 $\Delta f(x_0)\to 0$，即 $\lim\limits_{\Delta x\to 0}\Delta f(x_0)=0$.

从定义可以看出，连续性是函数的一种点性质，也就是说，函数 $f(x)$ 在 x_0 处是否连续与它在其他点处是否连续没有关系. 如对于函数 $f(x)=\begin{cases}x, & x\text{ 是有理数},\\ -x, & x\text{ 是无理数},\end{cases}$ 因为 $\lim\limits_{x\to 0}f(x)=0$，且 $f(0)=0$，所以 $f(x)$ 在 $x=0$ 处连续. 但由于在 $x_0\neq 0$ 时极限 $\lim\limits_{x\to x_0}f(x)$ 不存在，所以该函数也只有 $x=0$ 这一个连续点.

例 1 若函数 $f(x)=\begin{cases}\dfrac{x^2-1}{x+1}, & x\neq -1,\\ a, & x=-1\end{cases}$ 在 $x=-1$ 处连续，求 a 的值.

解 因为 $f(x)$ 在 $x=-1$ 处连续，且

$$\lim_{x\to -1}f(x)=\lim_{x\to -1}\frac{x^2-1}{x+1}=\lim_{x\to -1}(x-1)=-2,\ f(-1)=a,$$

所以 $a=-2$.

2. 函数在一点的单侧连续性

定义 2.10 设函数 $f(x)$ 在 x_0 及其左侧附近有定义，若 $\lim\limits_{x\to x_0^-}f(x)=f(x_0)$ 成立，则称函数 $f(x)$ 在 x_0 处**左连续**；设函数 $f(x)$ 在 x_0 及其右侧附近有定义，若 $\lim\limits_{x\to x_0^+}f(x)=f(x_0)$ 成立，则称函数 $f(x)$ 在 x_0 处**右连续**.

左连续与右连续统称为**单侧连续**. 对于分段函数，在其分段点处首先要讨论它的单侧连续性；对于定义在区间 $[a,b]$ 上的函数，在区间端点处也要首先讨论它的单侧连续性. 若 $f(x)$ 在区间 (a,b) 内的每一点都连续，就说其在该区间内连续. 一般用 $C(a,b)$ 表示所有在区间 (a,b) 内连续的函数. 若 $f(x)$ 在区间 (a,b) 内的每一点都连续，在 $x=a$ 处右连续，在 $x=b$ 处左连续，则说 $f(x)$ 在区间 $[a,b]$ 上连续. 一般用 $C[a,b]$ 表示所有在区间 $[a,b]$ 上连续的函数.

例 2 已知函数 $f(x)=\begin{cases}x+1, & x\leqslant 0,\\ x^2+1, & x>0,\end{cases}$ 判断 $f(x)$ 在 $x=0$ 处的单侧连续性.

解 因为 $f(0)=1$，且 $\lim\limits_{x\to 0^-}f(x)=\lim\limits_{x\to 0^-}(x+1)=1$，

所以 $\lim\limits_{x\to 0^-}f(x)=f(0)$，

故 $f(x)$ 在 $x=0$ 处左连续.

又因为 $\lim\limits_{x\to 0^+}f(x)=\lim\limits_{x\to 0^+}(x^2+1)=1$，

所以
$$\lim_{x\to 0^+}f(x)=f(0),$$
故 $f(x)$ 在 $x=0$ 处右连续.

关于函数在一点处连续与其左、右连续之间的关系,我们有:

定理 2.9 函数 $f(x)$ 在 x_0 处连续的充分必要条件是:$f(x)$ 在 x_0 处既是左连续的,又是右连续的.

例 3 已知函数 $f(x)=\begin{cases}\dfrac{\ln(1-x)}{x}, & x<0,\\ x^2-1, & x\geqslant 0,\end{cases}$ 判断 $f(x)$ 在 $x=0$ 处的连续性.

解 因为 $f(0)=-1$,且
$$\lim_{x\to 0^-}f(x)=\lim_{x\to 0^-}\frac{\ln(1-x)}{x}=-\lim_{x\to 0^-}\frac{\ln[1+(-x)]}{-x}=-1,$$
所以 $\lim\limits_{x\to 0^-}f(x)=f(0)$,即 $f(x)$ 在 $x=0$ 处左连续.

又因为
$$\lim_{x\to 0^+}f(x)=\lim_{x\to 0^+}(x^2-1)=-1,$$
所以 $\lim\limits_{x\to 0^+}f(x)=f(0)$,即 $f(x)$ 在 $x=0$ 处右连续.

由于 $f(x)$ 在 $x=0$ 处既是左连续的,又是右连续的,所以 $f(x)$ 在 $x=0$ 处连续.

3. 间断点及其分类

若函数 $f(x)$ 在点 x_0 处不连续,则称 x_0 为 $f(x)$ 的**间断点**. 根据函数在间断点处左、右极限的情况,可将间断点进行如下分类.

(1) 第一类间断点

若函数 $f(x)$ 在点 x_0 处的左、右极限均存在,但不连续,则称 x_0 为 $f(x)$ 的**第一类间断点**.

在第一类间断点中,当左、右极限相等时,又称这样的间断点为**可去型间断点**. 如 $x=0$就是函数 $f(x)=\dfrac{\sin x}{x}$的可去型间断点,$x=1$ 则是函数 $f(x)=\dfrac{x^2-1}{x-1}$的可去型间断点.

在第一类间断点中,当左、右极限存在但不相等时,又称这样的间断点为**跳跃型间断点**. 如$x=0$是符号函数 $\operatorname{sgn}(x)$ 的跳跃型间断点,任何一个整数都是取整函数 $f(x)=[x]$ 的跳跃型间断点.

(2) 第二类间断点

若函数 $f(x)$ 在点 x_0 处的左、右极限中至少有一个不存在,则称 x_0 为 $f(x)$ 的**第二类间断点**. 例如 $x=0$ 就是函数 $f(x)=\dfrac{1}{x}$,$g(x)=\mathrm{e}^{\frac{1}{x}}$ 和 $h(x)=\sin\dfrac{1}{x}$的第二类间断点.

2.4.2 连续函数的运算性质

1. 连续函数的四则运算

定理 2.10 若函数 $f(x)$,$g(x)$ 均在 x_0 处连续,则 $f(x)+g(x)$,$f(x)-g(x)$,$f(x)g(x)$,$\dfrac{f(x)}{g(x)}(g(x_0)\neq 0)$ 均在 x_0 处连续.

证 因为函数 $f(x)$ 和 $g(x)$ 在 x_0 处连续,所以

$$\lim_{x \to x_0} f(x)=f(x_0),\lim_{x \to x_0} g(x)=g(x_0).$$

由极限的四则运算法则得

$$\lim_{x \to x_0}[f(x)+g(x)]=f(x_0)+g(x_0),$$

$$\lim_{x \to x_0}[f(x)-g(x)]=f(x_0)-g(x_0),$$

$$\lim_{x \to x_0}[f(x)g(x)]=f(x_0)g(x_0),$$

$$\lim_{x \to x_0}\frac{f(x)}{g(x)}=\frac{f(x_0)}{g(x_0)}\ (g(x_0)\neq 0),$$

根据函数在一点处连续的定义,可知函数 $f(x)+g(x)$,$f(x)-g(x)$,$f(x)g(x)$,$\frac{f(x)}{g(x)}$ $(g(x_0)\neq 0)$ 均在 x_0 处连续.

2. 复合函数的连续性

定理 2.11 若函数 $g(x)$ 在 x_0 处连续,$f(u)$ 在 $u_0=g(x_0)$ 处连续,则复合函数 $f(g(x))$ 在 x_0 处连续.

证 因为 $g(x)$ 在 x_0 处连续,所以 $\lim\limits_{x \to x_0} g(x)=g(x_0)$.

又因为 $f(u)$ 在 $u_0=g(x_0)$ 处连续,所以 $\lim\limits_{u \to u_0} f(u)=\lim\limits_{u \to g(x_0)} f(u)=f(g(x_0))$.

根据复合函数的极限运算法则,有 $\lim\limits_{x \to x_0} f(g(x))=f(g(x_0))$,即复合函数 $f(g(x))$ 在 x_0 处连续.

从运算的角度看,在定理中的条件下,有

$$\lim_{x \to x_0} f(g(x))=f(\lim_{x \to x_0} g(x))=f(g(\lim_{x \to x_0} x))$$

成立. 即在连续条件下,极限求值运算与函数求值运算可以交换次序.

3. 反函数的连续性

定理 2.12 设函数 $f(x)$ 存在反函数,且 $f(x)$ 在 x_0 处连续,则其反函数 $f^{-1}(y)$ 在 $y_0=f(x_0)$ 处连续.

有了上述三个定理,一般地我们就说连续函数的和、差、积、商以及连续函数的复合函数、反函数都是连续函数. 可以证明:常数函数、幂函数、指数函数、对数函数、三角函数及反三角函数在它们的定义域上都是连续函数. 根据初等函数的定义及连续函数的运算性质,可知初等函数在定义区间内也是连续函数. 即当 $f(x)$ 是初等函数时,对其定义区间内的任意一点 x_0,都有 $\lim\limits_{x \to x_0} f(x)=f(x_0)$ 成立. 所以对一般的函数而言,求极限的问题就变成了计算函数值的问题.

2.4.3 连续函数的其他常用性质

1. 连续函数的保号性

定理 2.13 若函数 $f(x)$ 在 x_0 处连续,且 $f(x_0)>0$,则在 x_0 附近 $f(x)>0$.

本定理说明,通过连续函数在一点处函数值的正、负号,可以确定它在这一点附近的正、负号. 需要指出的是,这仅仅是一个局部性质,不能推广到函数的整个定义域上.

2. 连续函数的零点存在性

定理 2.14 若函数 $f(x)$ 连续,且存在两点 x_1,x_2 使得 $f(x_1)f(x_2)<0$,则至少存在

介于 x_1,x_2 之间的一个点 ξ，使得 $f(\xi)=0$.

从几何上讲，本定理说的是：当连续曲线上既存在位于 x 轴上方的点，又存在位于 x 轴下方的点时，在这两点之间曲线至少要与 x 轴相交一次（如图 2-2 所示）.

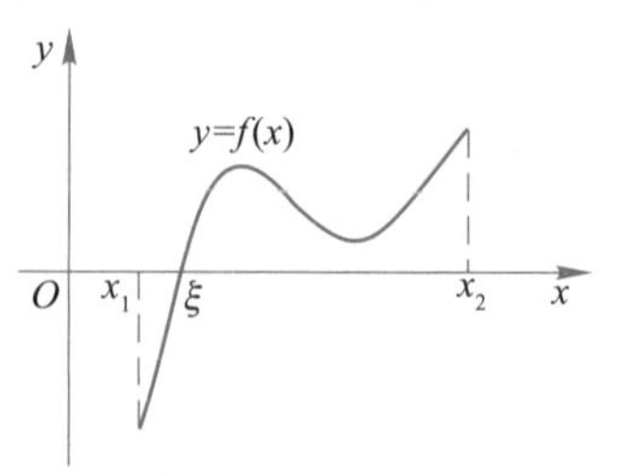

图 2-2

例 4　证明方程 $2^x+x=0$ 在区间 $(-1,0)$ 内存在唯一实根.

证　记 $f(x)=2^x+x$，则 $f(x)$ 在区间 $[-1,0]$ 上连续.

又　$f(-1)=\dfrac{1}{2}-1=-\dfrac{1}{2}<0, f(0)=1>0$,

所以存在 $\xi\in(-1,0)$，使得 $f(\xi)=0$，即方程 $2^x+x=0$ 在区间 $(-1,0)$ 内存在实根 ξ.

因为函数 $f(x)=2^x+x$ 单调增加，所以 ξ 是方程 $2^x+x=0$ 在区间 $(-1,0)$ 内的唯一实根.

3. 连续函数的介值定理

将连续函数的零点存在定理推广到一般情况，就会得到连续函数的介值定理.

定理 2.15　若函数 $f(x)$ 连续，且存在两点 x_1,x_2 使得 $f(x_1)<f(x_2)$，则对于任意满足条件 $f(x_1)<\mu<f(x_2)$ 的实数 μ，至少存在介于 x_1,x_2 之间的一个点 ξ，使得 $f(\xi)=\mu$.

证　令 $F(x)=f(x)-\mu$，则 $F(x)$ 连续，且

$$F(x_1)=f(x_1)-\mu<0, F(x_2)=f(x_2)-\mu>0.$$

根据零点存在定理，至少存在介于 x_1,x_2 之间的一个点 ξ，使得

$$F(\xi)=f(\xi)-\mu=0，即 f(\xi)=\mu.$$

4. 闭区间上连续函数的有界性

定理 2.16　若函数 $f(x)$ 在闭区间 $[a,b]$ 上连续，则 $f(x)$ 在 $[a,b]$ 上有界. 即存在 $M>0$，使得对任意的 $x\in[a,b]$，都有 $|f(x)|<M$ 成立.

5. 闭区间上连续函数最大值、最小值的存在性

对闭区间上的连续函数来说，我们不仅能得到它的有界性，还能得到它的更好的性质，这就是闭区间上连续函数最大值、最小值的存在性结论.

定理 2.17　若函数 $f(x)$ 在闭区间 $[a,b]$ 上连续，则存在 $\xi,\eta\in[a,b]$，使得对任意的 $x\in[a,b]$，都有 $f(\xi)\leqslant f(x)\leqslant f(\eta)$ 成立. 即 $f(\xi)$ 是函数 $f(x)$ 在闭区间 $[a,b]$ 上的最小值，$f(\eta)$ 是函数 $f(x)$ 在闭区间 $[a,b]$ 上的最大值.

值得注意的是，最值存在性对于开区间上的连续函数而言未必成立. 例如，函数 $f(x)=\dfrac{1}{x}$ 在开区间 $(0,1)$ 内连续，但不存在 $c,d\in(0,1)$，使得 $f(c)\leqslant f(x)\leqslant f(d)$ 对任意的 $x\in(0,1)$ 都成立.

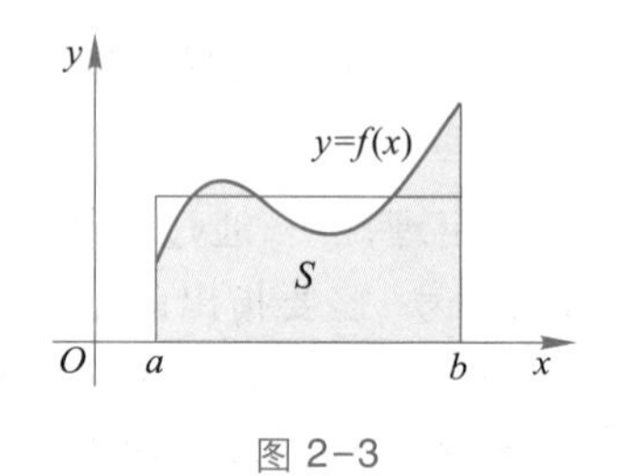

图 2-3

例 5　如图 2-3，已知函数 $f(x)$ 在闭区间 $[a,b]$ 上连续，且 $f(x)\geqslant 0$. 设 S 是曲线 $y=f(x)$ 与直线 $x=a,x=b$ 及 x 轴围成的区域的面积，试证：存在 $\xi\in(a,b)$，使得 $S=f(\xi)(b-a)$.

证　因为函数 $f(x)$ 在闭区间 $[a,b]$ 上连续，所以存在 $x_1,x_2\in[a,b]$，使得对任意的 $x\in[a,b]$，都有 $f(x_1)\leqslant$

$f(x)\leqslant f(x_2)$成立.

由图可知，$f(x_1)(b-a)<S<f(x_2)(b-a)$，即$f(x_1)<\dfrac{S}{b-a}<f(x_2)$.

根据连续函数的介值定理，存在介于x_1与x_2之间的点ξ，使得$f(\xi)=\dfrac{S}{b-a}$，即存在$\xi\in(a,b)$，使得$S=f(\xi)(b-a)$.

例 6 证明：闭区间上连续函数的值域是闭区间.

证 设函数$f(x)$在闭区间$[a,b]$上连续，Z_f表示$f(x)$在$[a,b]$中所有点的函数值构成的集合.

一方面，因为$f(x)$在闭区间$[a,b]$上连续，所以存在$x_1,x_2\in[a,b]$，使得对任意的$x\in[a,b]$，都有$f(x_1)\leqslant f(x)\leqslant f(x_2)$成立，故$Z_f\subset[f(x_1),f(x_2)]$.

另一方面，对于任意的$\mu\in(f(x_1),f(x_2))$，根据连续函数的介值定理，可知存在$\xi\in[a,b]$，使得$f(\xi)=\mu$，所以$[f(x_1),f(x_2)]\subset Z_f$.

综上可知，$Z_f=[f(x_1),f(x_2)]$，即Z_f是一个闭区间.

习题 2.4

习题 2.4 答案与提示

1. 单项选择题：

(1) $f(x)$在x_0处有定义是$f(x)$在x_0处连续的(　　).

(A) 必要条件　　(B) 充分条件　　(C) 充要条件　　(D) 无关条件

(2) 已知函数$f(x)=\begin{cases}\dfrac{1}{1-x}+\dfrac{2}{x^2-1}, & 0<x<1,\\ e^{x-1}+a, & x\geqslant 1\end{cases}$在$x=1$处连续，则$a=$(　　).

(A) $-\dfrac{3}{2}$　　(B) $-\dfrac{1}{2}$　　(C) $\dfrac{1}{2}$　　(D) $\dfrac{3}{2}$

(3) $x=0$是$f(x)=\arctan\dfrac{1}{x}$的(　　).

(A) 连续点　　(B) 跳跃型间断点

(C) 可去型间断点　　(D) 第二类间断点

(4) 点$x=0$是函数$f(x)=\begin{cases}\dfrac{\sqrt{1-\cos x}}{x}, & x\neq 0,\\ \dfrac{\sqrt{2}}{2}, & x=0\end{cases}$的(　　).

(A) 连续点　　(B) 跳跃型间断点

(C) 可去型间断点　　(D) 第二类间断点

(5) 函数$f(x)=\dfrac{x-x^2}{\sin(\pi x)}$的可去间断点的个数是(　　).

(A) 0　　(B) 1　　(C) 2　　(D) 无穷多

2. 求出下列函数的间断点，并指明其类型.

(1) $f(x)=\dfrac{1}{x-1}$；　　(2) $f(x)=\dfrac{x^2-1}{x^2-3x+2}$；

(3) $f(x)=\begin{cases}\dfrac{x^2-1}{x+1}, & x\neq -1,\\ 0, & x=-1;\end{cases}$　　(4) $f(x)=\begin{cases}3x-1, & x\leqslant 1,\\ \dfrac{\sin(x-1)}{x-1}, & x>1.\end{cases}$

3. 设函数 $f(x)=\begin{cases}k-e^{x}, & x>0,\\ 3x+1, & x\leqslant 0\end{cases}$ 在 $x=0$ 处连续,试求常数 k.

4. 求 a 的值,使得函数 $f(x)=\begin{cases}\dfrac{\sin[3(x-1)]}{\sqrt{x}-1}, & x\neq 1,\\ a, & x=1\end{cases}$ 在 $x=1$ 处连续.

5. 证明方程 $x^{3}-3x+1=0$ 在区间(1,2)内至少存在一个实根.

本章小结

视频:第二章内容综述

1. 基本概念及性质

(1) 函数在 x_0 处极限的概念.

(2) 函数在 x_0 处左、右极限的概念.

(3) 函数在 $x\to\infty$ ($x\to\pm\infty$) 时极限的概念.

(4) 极限与左、右极限的关系.

(5) 函数极限的性质(唯一性、保号性、有界性).

(6) 无穷小量及其比较.

(7) 无穷大量及其与无穷小量的关系.

(8) 函数在一点处连续的概念.

(9) 函数在一点处左、右连续的概念.

(10) 函数在一点处连续与左、右连续的关系.

(11) 间断点的分类.

2. 重要的法则、定理和公式

(1) 极限的四则运算.

(2) 复合函数的极限.

(3) 两个重要极限.

(4) 利用等价无穷小量代换求极限.

(5) 函数的和、差、积、商的连续性.

(6) 复合函数的连续性.

(7) 反函数的连续性.

(8) 初等函数的连续性.

(9) 连续函数的零点存在定理.

(10) 连续函数的介值定理.

(11) 闭区间上连续函数的有界性.

(12) 闭区间上连续函数的最大值、最小值的存在性.

3. 考核要求

(1) 函数极限,要求达到"领会"层次.

① 理解函数极限的定义(不要求 $\varepsilon-M$ 和 $\varepsilon-\delta$ 描述).

② 理解函数的单侧极限,知道函数极限与单侧极限之间的关系.

(2) 极限的性质,要求达到"识记"层次.

① 清楚极限的唯一性.

② 清楚极限存在的函数的局部有界性.

③ 清楚极限的保号性.

(3) 极限的运算法则，要求达到“简单应用”层次.

① 熟知极限的四则运算法则,并能熟练运用.

② 清楚复合函数的极限.

(4) 两个重要极限，要求达到“综合应用”层次.

熟知两个重要极限,并能熟练运用.

(5) 无穷小量及其性质、无穷大量，要求达到“简单应用”层次.

① 理解无穷小量的定义并熟知其性质.

② 清楚无穷大量的定义及其与无穷小量之间的关系.

③ 会判别一个简单变量是否是无穷小量或无穷大量.

(6) 无穷小量的比较，要求达到“简单应用”层次.

① 清楚一个无穷小量相对于另一个无穷小量是高阶、同阶或等价的含义.

② 会判别两个无穷小量的阶的高低或是否等价.

③ 极限运算中乘除因子会用等价无穷小量代替.

(7) 函数的连续性和连续函数的运算，要求达到“简单应用”层次.

① 清楚函数在一点连续和单侧连续的定义,并知道它们之间的关系.

② 会判别分段函数在分段点处的连续性.

③ 知道函数在区间上连续的定义.

④ 知道连续函数经四则运算和复合运算仍是连续函数.

⑤ 知道单调的连续函数必有单调并连续的反函数.

⑥ 知道初等函数的连续性.

(8) 函数的间断点，要求达到“简单应用”层次.

① 清楚函数在一点间断的含义和产生间断的几种情况.

② 会找简单函数的间断点.

(9) 闭区间上连续函数的性质，要求达到“识记”层次.

① 知道闭区间上的连续函数必有界并有最大值和最小值.

② 知道连续函数的介值定理和零点存在定理.

③ 会用零点存在定理判断简单的函数方程在给定区间上实根的存在性.

第三章　导数与微分

函数的导数和微分是微分学中两个重要且密切相关的概念.它们的产生是由于广泛而迫切的实际需要(如求曲线的切线、运动的速度等),在科学和工程技术中有着极为广泛的应用.

本章总的要求是:理解导数和微分的定义,清楚它们之间的关系;知道导数的几何意义和实际意义;知道平面曲线的切线方程的求法;理解函数可导与连续之间的关系;熟练掌握函数求导的各种法则,特别是复合函数的求导法则;熟记基本初等函数的求导公式;会求函数的高阶导数;掌握微分的计算公式.

视频:典型题目讲解(3.1)

3.1　导数与微分的概念

前面已经学习了函数在一点处的两个性质:极限与连续,它们刻画的只是函数 $f(x)$ 在一点附近随着自变量的变化而变化的定性性质,但不能反映函数值的变化与自变量的变化之间的量的关系. 导数与微分恰恰是反映它们之间的量的关系的两个概念.

我们知道,当 (x_0,y_0) 与 (x,y) 是直线 L 上的两点时,比值 $\frac{y-y_0}{x-x_0}$ 从几何上讲表示的是直线 L 的斜率,它的大小反映的是直线 L 上点的纵坐标关于横坐标的变化率.

当质点 P 做等速直线运动时,若其在时刻 t_0 位于 x_0 处,在时刻 t 位于 x 处,则比值 $\frac{x-x_0}{t-t_0}$ 表示的是质点 P 的运动速度.

类似地,一根质量分布均匀的细杆,从它的一端量取长度 l_0,这段长度细杆的质量为 m_0,又从同一端量取长度 $l>l_0$, 这段长度细杆的质量为 m,则比值 $\frac{m-m_0}{l-l_0}$ 表示的就是该细杆单位长度上的质量,即 $\frac{m-m_0}{l-l_0}$ 是质量分布均匀的细杆的线密度.

在实际问题中,我们经常碰到的不仅有直线问题,还有曲线问题;不仅有匀速运动问题,还有变速运动问题;不仅有均匀细杆的线密度问题,还有非均匀细杆的线密度问题. 那如何处理这些一般问题呢?

例 1　曲线在一点处的切线.

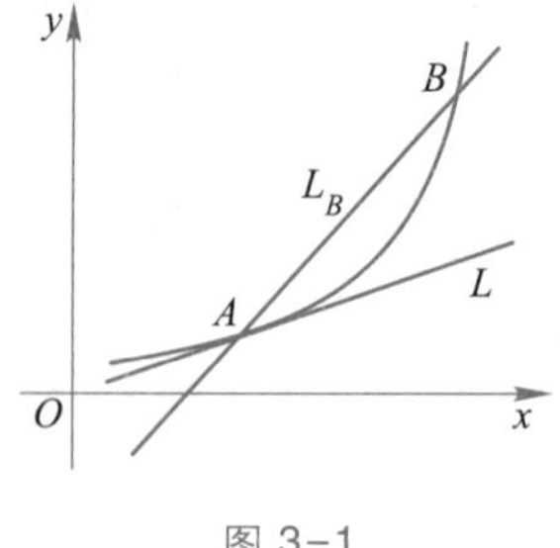

图 3-1

如图 3-1,设 $A(x_0,f(x_0))$,$B(x,f(x))$ 是曲线 $y=f(x)$ 上的两点,直线 L_B 是过 A,B 两点的直线.当点 B 沿曲线 $y=f(x)$ 趋向于点 A 时,若直线 L_B 趋向于直线 L,则称 L 为曲线 $y=f(x)$ 在点 A 处的切线. 直线 L_B 的斜率 $\frac{f(x)-f(x_0)}{x-x_0}$ 的极限 $\lim\limits_{x\to x_0}\frac{f(x)-f(x_0)}{x-x_0}$ 就是切线 L 的斜率.

例 2　变速运动物体的瞬时速度.

设运动物体移动的距离 S 与运动时间 t 之间的关系为 $S=S(t)$，则该物体从 t_0 时刻到 t 时刻之间的平均速度是 $\dfrac{S(t)-S(t_0)}{t-t_0}$，极限 $\lim\limits_{t\to t_0}\dfrac{S(t)-S(t_0)}{t-t_0}$ 就是此物体在 t_0 时刻的瞬时速度.

例 3　非均匀细杆的线密度.

设有一根质量分布不均匀的细杆，从一端开始量取的长度 l 与这段细杆长度的质量 m 之间的关系为 $m=m(l)$. 截取从长度为 l_0 到长度为 l 的一段，则这段细杆的平均线密度为 $\dfrac{m(l)-m(l_0)}{l-l_0}$，极限 $\lim\limits_{l\to l_0}\dfrac{m(l)-m(l_0)}{l-l_0}$ 称为该细杆在到测量起始点距离为 l_0 的这一点处的线密度.

将上述例子中的处理方法推广到一般的函数，就会得到函数可导与函数导数的概念.

3.1.1　导数的概念

1. 函数在一点处的导数定义

定义 3.1　设函数 $y=f(x)$ 在 x_0 及其附近有定义，如果极限 $\lim\limits_{x\to x_0}\dfrac{f(x)-f(x_0)}{x-x_0}$ 存在，则称函数 $f(x)$ 在 $x=x_0$ 处**可导**，极限的值称为函数 $f(x)$ 在 $x=x_0$ 处的**导数**，记作 $f'(x_0)$，$\left.\dfrac{\mathrm{d}y}{\mathrm{d}x}\right|_{x=x_0}$ 或 $\left.\dfrac{\mathrm{d}f(x)}{\mathrm{d}x}\right|_{x=x_0}$ 等.

记 $\Delta x=x-x_0$，$\Delta f(x_0)=f(x_0+\Delta x)-f(x_0)$，导数定义可表述为：

若极限 $\lim\limits_{\Delta x\to 0}\dfrac{\Delta f(x_0)}{\Delta x}$ 存在，则称函数 $f(x)$ 在 $x=x_0$ 处可导，极限的值称为函数 $f(x)$ 在 $x=x_0$ 处的导数.

由于 $\dfrac{\Delta f(x_0)}{\Delta x}$ 表示的是函数 $f(x)$ 在 $[x_0,x_0+\Delta x]$ $(\Delta x>0)$ 或 $[x_0+\Delta x,x_0]$ $(\Delta x<0)$ 上自变量改变 1 个单位时，函数值平均改变了几个单位，所以其值称为 $f(x)$ 在 $[x_0,x_0+\Delta x]$ $(\Delta x>0)$ 或 $[x_0+\Delta x,x_0]$ $(\Delta x<0)$ 上的平均变化率. 极限值 $\lim\limits_{\Delta x\to 0}\dfrac{\Delta f(x_0)}{\Delta x}$ 也就是导数值 $f'(x_0)$，称为函数 $f(x)$ 在 x_0 处的变化率，$|f'(x_0)|$ 的大小反映了 $f(x)$ 在 x_0 处函数值随着自变量变化而变化的快慢，$f'(x_0)$ 的正、负号反映的是函数值随着自变量的增加是增加还是减少.

例 4　用定义求常数函数 $f(x)=C$ 在任一点处的导数.

解　设 x 是任意实数. 因为

$$\lim_{\Delta x\to 0}\frac{f(x+\Delta x)-f(x)}{\Delta x}=\lim_{\Delta x\to 0}\frac{C-C}{\Delta x}=0,$$

所以函数 $f(x)=C$ 在 x 处可导，且 $f'(x)=0$.

例 5　用定义求函数 $f(x)=x^2$ 在任一点处的导数.

解　设 x 是任意实数. 因为

$$\lim_{\Delta x\to 0}\frac{f(x+\Delta x)-f(x)}{\Delta x}=\lim_{\Delta x\to 0}\frac{(x+\Delta x)^2-x^2}{\Delta x}$$

$$=\lim_{\Delta x\to 0}\frac{2x\Delta x+(\Delta x)^2}{\Delta x}=2x,$$

所以函数 $f(x)=x^2$ 在 x 处可导,且 $f'(x)=2x$.

例 6　用定义求函数 $f(x)=a^x$ 在任一点处的导数.

解　设 x 是任意实数. 因为

$$\lim_{\Delta x\to 0}\frac{f(x+\Delta x)-f(x)}{\Delta x}=\lim_{\Delta x\to 0}\frac{a^{x+\Delta x}-a^x}{\Delta x}$$

$$=a^x\lim_{\Delta x\to 0}\frac{a^{\Delta x}-1}{\Delta x}=a^x\ln a,$$

所以函数 $f(x)=a^x$ 在 x 处可导,且 $f'(x)=a^x\ln a$.

特别地,$(\mathrm{e}^x)'=\mathrm{e}^x$.

例 7　用定义求函数 $f(x)=\ln x$ 在 x $(x>0)$ 处的导数.

解　因为

$$\lim_{\Delta x\to 0}\frac{f(x+\Delta x)-f(x)}{\Delta x}=\lim_{\Delta x\to 0}\frac{\ln(x+\Delta x)-\ln x}{\Delta x}$$

$$=\frac{1}{x}\lim_{\Delta x\to 0}\frac{\ln\left(1+\frac{\Delta x}{x}\right)}{\frac{\Delta x}{x}}=\frac{1}{x},$$

所以函数 $f(x)=\ln x$ 在 x $(x>0)$ 处可导,且 $f'(x)=\frac{1}{x}$.

例 8　用定义求函数 $f(x)=\sin x$ 在任一点处的导数.

解　设 x 是任意实数. 因为

$$\lim_{\Delta x\to 0}\frac{f(x+\Delta x)-f(x)}{\Delta x}=\lim_{\Delta x\to 0}\frac{\sin(x+\Delta x)-\sin x}{\Delta x}$$

$$=\lim_{\Delta x\to 0}\frac{\cos\left(x+\frac{\Delta x}{2}\right)\sin\frac{\Delta x}{2}}{\frac{\Delta x}{2}}=\cos x,$$

所以函数 $f(x)=\sin x$ 在 x 处可导,且 $f'(x)=\cos x$.

类似地,可以求得 $(\cos x)'=-\sin x$.

2. 函数在一点处的单侧导数

与函数在一点处的连续性类似,对某些函数,在导数定义中也有只能讨论单侧极限的情况. 为此,我们引进单侧导数的概念.

定义 3.2　设函数 $y=f(x)$ 在 x_0 及其左侧附近有定义,如果极限 $\lim\limits_{x\to x_0^-}\frac{f(x)-f(x_0)}{x-x_0}$ 存在,则称函数 $f(x)$ 在 $x=x_0$ 处**左可导**,极限的值称为函数 $f(x)$ 在 $x=x_0$ 处的**左导数**,记

作 $f'_-(x_0)$.

设函数 $y=f(x)$ 在 x_0 及其右侧附近有定义,如果极限 $\lim\limits_{x\to x_0^+}\dfrac{f(x)-f(x_0)}{x-x_0}$ 存在,则称函数 $f(x)$ 在 $x=x_0$ 处**右可导**,极限的值称为函数 $f(x)$ 在 $x=x_0$ 处的**右导数**,记作 $f'_+(x_0)$.

定理 3.1　设函数 $y=f(x)$ 在 x_0 及其附近有定义,则 $f(x)$ 在 x_0 处可导,且 $f'(x_0)=A$ 的充分必要条件是:$f(x)$ 在 x_0 处既是左可导的,又是右可导的,且 $f'_-(x_0)=f'_+(x_0)=A$.

当函数 $f(x)$ 在区间 (a,b) 内的每一点都可导时,就说它在区间 (a,b) 内可导,$f'(x)$ 称为 $f(x)$ 在区间 (a,b) 内的导函数.

当函数 $f(x)$ 在区间 (a,b) 内的每一点都可导,且在 $x=a$ 处右可导,在 $x=b$ 处左可导时,就说它在区间 $[a,b]$ 上可导,$f'(x)$ 也称为 $f(x)$ 在区间 $[a,b]$ 上的导函数.

例 9　证明函数 $f(x)=\begin{cases}\sqrt{x}, & x\in[0,1],\\ x, & x\in(1,+\infty)\end{cases}$ 在 $x=1$ 处不可导.

证　因为

$$f'_-(1)=\lim_{x\to 1^-}\frac{f(x)-f(1)}{x-1}=\lim_{x\to 1^-}\frac{\sqrt{x}-1}{x-1}=\lim_{x\to 1^-}\frac{1}{\sqrt{x}+1}=\frac{1}{2},$$

$$f'_+(1)=\lim_{x\to 1^+}\frac{f(x)-f(1)}{x-1}=\lim_{x\to 1^+}\frac{x-1}{x-1}=1,$$

所以 $f_-'(1)\neq f_+'(1)$,故函数 $f(x)$ 在 $x=1$ 处不可导.

3. 函数在一点处导数的几何意义

从函数在一点处的导数定义可以看出,$f'(x_0)$ 表示的是曲线 $y=f(x)$ 在点 $(x_0,f(x_0))$ 处切线的斜率,所以曲线 $y=f(x)$ 在点 $(x_0,f(x_0))$ 处的切线方程为

$$y=f(x_0)+f'(x_0)(x-x_0).$$

过切点且与曲线在该点的切线垂直的直线称为曲线在该点的法线. 当 $f'(x_0)\neq 0$ 时,曲线 $y=f(x)$ 在点 $(x_0,f(x_0))$ 处的法线方程为

$$y=f(x_0)-\frac{1}{f'(x_0)}(x-x_0).$$

两条曲线在点 $P(x_0,y_0)$ 处相切指的是它们在 P 点的切线重合,即它们在 x_0 处不仅函数值相等,导数值也相等.

例 10　求曲线 $y=x^3$ 在点(1,1)处的切线方程与法线方程.

解　因为

$$\lim_{\Delta x\to 0}\frac{(x+\Delta x)^3-x^3}{\Delta x}=\lim_{\Delta x\to 0}\frac{3x^2\Delta x+3x(\Delta x)^2+(\Delta x)^3}{\Delta x}=3x^2,$$

所以 $\left.\dfrac{\mathrm{d}y}{\mathrm{d}x}\right|_{x=1}=3$,故曲线 $y=x^3$ 在点(1,1)处的切线方程为

$$y=1+3(x-1),\text{即 } y=3x-2;$$

曲线 $y=x^3$ 在点(1,1)处的法线方程为

$$y=1-\frac{1}{3}(x-1),\text{即 } y=-\frac{1}{3}x+\frac{4}{3}.$$

例 11 求曲线 $y=\mathrm{e}^x$ 过点$(0,0)$的切线方程.

解 设曲线 $y=\mathrm{e}^x$ 在点(x_0,e^{x_0})处的切线 L 经过原点$(0,0)$.

因为$(\mathrm{e}^x)'=\mathrm{e}^x$,所以 L 的方程为

$$y=\mathrm{e}^{x_0}+\mathrm{e}^{x_0}(x-x_0).$$

将 $x=0,y=0$ 代入上述方程,得$(1-x_0)\mathrm{e}^{x_0}=0$,所以 $x_0=1$,故曲线 $y=\mathrm{e}^x$ 过点$(0,0)$的切线方程为 $y=\mathrm{e}x$.

例 12 设曲线 $y=f(x)$与 $y=\ln x$ 在 $x=1$ 处相切,求 $f(1)$与 $f'(1)$的值.

解 因为曲线 $y=f(x)$与 $y=\ln x$ 在 $x=1$ 处相切,且

$$\ln 1=0,(\ln x)'\Big|_{x=1}=\frac{1}{x}\Big|_{x=1}=1,$$

所以 $f(1)=0,f'(1)=1$.

4. 函数在一点处可导与连续的关系

连续与可导是函数在一点的两种性质.根据定义,不难发现函数在一点处可导是比它在这一点处连续更强的一种性质.

定理 3.2 若函数 $f(x)$在点 x_0 处可导,则 $f(x)$在 x_0 处连续.

证 因为 $f(x)$在点 x_0 处可导,所以极限 $\lim\limits_{x\to x_0}\frac{f(x)-f(x_0)}{x-x_0}$ 存在,且

$$\lim_{x\to x_0}\frac{f(x)-f(x_0)}{x-x_0}=f'(x_0),$$

所以

$$\lim_{x\to x_0}[f(x)-f(x_0)]=\lim_{x\to x_0}\left[\frac{f(x)-f(x_0)}{x-x_0}\cdot(x-x_0)\right]=f'(x_0)\cdot 0=0,$$

故 $f(x)$在 x_0 处连续.

需要指出的是:连续仅仅是可导的必要条件,只有连续并不能保证函数就一定可导.

例如,函数 $f(x)=|x|$在 $x=0$ 处连续,但由于

$$f'_-(0)=\lim_{x\to 0^-}\frac{-x-0}{x}=-1,\ f'_+(0)=\lim_{x\to 0^+}\frac{x-0}{x}=1,$$

所以 $f(x)=|x|$在 $x=0$ 处不可导.

例 13 已知函数 $f(x)=\begin{cases}x^2, & x\geqslant 0,\\ ax+b, & x<0\end{cases}$ 在 $x=0$ 处可导,求 a,b 的值.

解 因为 $f(x)$在 $x=0$ 处可导,所以 $f(x)$在 $x=0$ 处连续.

由于 $\lim\limits_{x\to 0^-}f(x)=\lim\limits_{x\to 0^-}(ax+b)=b,f(0)=0$,所以 $b=0$.

又因为

$$f'_+(0)=\lim_{x\to 0^+}\frac{f(x)-f(0)}{x}=\lim_{x\to 0^+}\frac{x^2-0}{x}=0,$$

$$f'_-(0)=\lim_{x\to 0^-}\frac{f(x)-f(0)}{x}=\lim_{x\to 0^-}\frac{ax+b-0}{x}=\lim_{x\to 0^-}\frac{ax}{x}=a,$$

所以 $a=0$.

3.1.2 微分的概念

如图 3-2,边长为 x 的正方形,当其边长增加了 Δx 时,它的面积增加了

$$\Delta S=(x+\Delta x)^2-x^2=2x\Delta x+(\Delta x)^2.$$

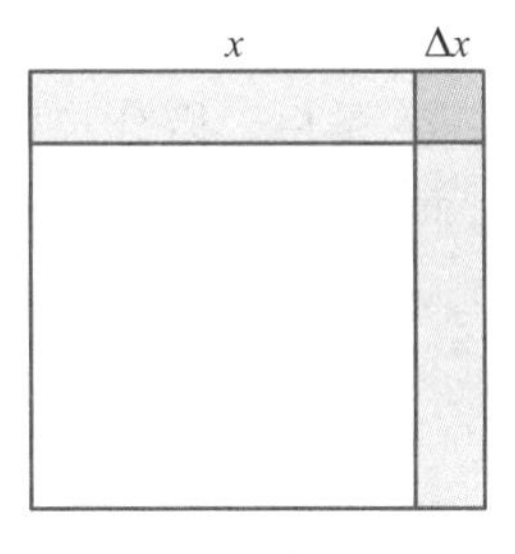

图 3-2

上述面积的增加值由两部分构成,$2x\Delta x$ 是 Δx 的一次项,$(\Delta x)^2$ 满足

$$\lim_{\Delta x\to 0}\frac{(\Delta x)^2}{\Delta x}=0,\text{即}(\Delta x)^2=o(\Delta x).$$

1. 函数在一点处的微分

定义 3.3 设函数 $y=f(x)$ 在 x_0 及其附近有定义,如果函数值 $f(x)$ 在点 x_0 处的改变量 $\Delta f(x_0)$ 可以表示成自变量改变量的一次项 $a(x_0)\Delta x$ 与自变量改变量的高阶无穷小量 $o(\Delta x)$ 之和,即

$$\Delta f(x_0)=a(x_0)\Delta x+o(\Delta x),$$

则称函数 $f(x)$ 在 x_0 处**可微**,$a(x_0)\Delta x$ 称为 $f(x)$ 在 x_0 处的**微分**,记作

$$\mathrm{d}f(x_0)=a(x_0)\Delta x.$$

前面关于正方形面积的例子说明函数 $f(x)=x^2$ 在任一点是可微的,且微分值 $\mathrm{d}f(x)=2x\Delta x$ 表示的是函数值改变量的主要部分,是函数值改变量的近似值.

例 14 求函数 $y=x^3$ 的微分.

解 因为

$$\Delta y=(x+\Delta x)^3-x^3=3x^2\Delta x+3x(\Delta x)^2+(\Delta x)^3,$$

且

$$\lim_{\Delta x\to 0}\frac{3x(\Delta x)^2+(\Delta x)^3}{\Delta x}=0,$$

所以 $\Delta y=3x^2\Delta x+o(\Delta x)$,故 $\mathrm{d}y=3x^2\Delta x$.

2. 函数在一点处可微与可导的关系——微分计算公式

定理 3.3 函数 $f(x)$ 在 x_0 处可微的充要条件是函数 $f(x)$ 在 x_0 处可导,且 $\mathrm{d}f(x_0)=f'(x_0)\mathrm{d}x$,其中 $\mathrm{d}x=\Delta x$.

证 充分性. 设函数 $f(x)$ 在 x_0 处可导,则

$$\lim_{\Delta x\to 0}\frac{f(x_0+\Delta x)-f(x_0)}{\Delta x}=f'(x_0),$$

所以
$$\lim_{\Delta x\to 0}\frac{f(x_0+\Delta x)-f(x_0)-\Delta xf'(x_0)}{\Delta x}=\lim_{\Delta x\to 0}\left[\frac{f(x_0+\Delta x)-f(x_0)}{\Delta x}-f'(x_0)\right]=0,$$

即
$$f(x_0+\Delta x)-f(x_0)=f'(x_0)\Delta x+o(\Delta x)\quad(\Delta x\to 0),$$

故 $f(x)$ 在 x_0 处可微,且 $\mathrm{d}f(x_0)=f'(x_0)\mathrm{d}x$.

必要性. 设函数 $f(x)$ 在 x_0 处可微,则

$$\Delta f(x_0)=f(x_0+\Delta x)-f(x_0)=a(x_0)\Delta x+o(\Delta x),$$

所以
$$\lim_{\Delta x\to 0}\frac{\Delta f(x_0)}{\Delta x}=\lim_{\Delta x\to 0}\left[a(x_0)+\frac{o(\Delta x)}{\Delta x}\right]=a(x_0),$$

故 $f(x)$ 在 x_0 处可导，且 $f'(x_0)=a(x_0)$.

本定理说明，一元函数的可导性与可微性是等价的性质，且导数值与微分值满足等式 $f'(x)=\dfrac{\mathrm{d}f(x)}{\mathrm{d}x}$，即导数值等于函数微分与自变量微分的商，所以导数有时也称为**微商**.

正是由于微分与导数满足等式 $\mathrm{d}f(x)=f'(x)\mathrm{d}x$，所以后面我们只介绍导数的求法，而不再单独介绍微分的求法.

3. 函数微分的几何意义

如图 3-3，曲线 $y=f(x)$ 在点 $(x_0,f(x_0))$ 处的切线方程为

$$y=f(x_0)+f'(x_0)(x-x_0).$$

将切线方程变形，得

$$y-f(x_0)=f'(x_0)(x-x_0)=f'(x_0)\Delta x=\mathrm{d}f(x_0),$$

即函数 $f(x)$ 在 x_0 处的微分值是曲线 $y=f(x)$ 在该点切线上纵坐标的改变量 $y-f(x_0)$，用微分作为函数值改变量 $\Delta f(x)$ 的近似值，就是在该点附近用切线近似表示曲线 $y=f(x)$.

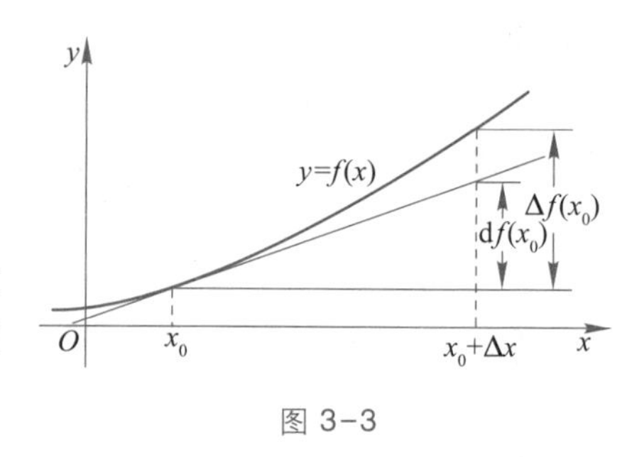

图 3-3

例 15 求 $\sqrt{9.01}$ 的一个近似值.

解 考虑函数 $f(x)=\sqrt{x}$，则

$$f'(x)=\lim_{\Delta x\to 0}\frac{\sqrt{x+\Delta x}-\sqrt{x}}{\Delta x}=\lim_{\Delta x\to 0}\frac{\Delta x}{\Delta x(\sqrt{x+\Delta x}+\sqrt{x})}=\frac{1}{2\sqrt{x}}.$$

因为

$$\sqrt{9.01}=\sqrt{9+0.01}=3\sqrt{1+\frac{0.01}{9}}=3f\left(1+\frac{0.01}{9}\right),$$

且

$$f\left(1+\frac{0.01}{9}\right)\approx f(1)+f'(1)\times\frac{0.01}{9}=1+\frac{1}{2}\times\frac{0.01}{9},$$

所以

$$\sqrt{9.01}\approx 3+\frac{0.01}{6}\approx 3.001\ 7.$$

习题 3.1

习题 3.1 答案与提示

1. 单项选择题：

(1) 设函数 $f(x)$ 在 $x=a$ 处可导，则(　　).

(A) $\lim\limits_{h\to\infty}\dfrac{f(a+h)-f(a)}{h}=f'(a)$　　(B) $\lim\limits_{h\to 0}\dfrac{f(a+2h)-f(a+h)}{h}=2f'(a)$

(C) $\lim\limits_{h\to 0}\dfrac{f(a)-f(a-h)}{h}=-f'(a)$　　(D) $\lim\limits_{h\to 0}\dfrac{f(a+h)-f(a-h)}{h}=2f'(a)$

(2) 设 $f(x)=\begin{cases}x^{\alpha}\cos\dfrac{1}{x}, & x>0,\\ 0, & x=0\end{cases}$ 在 $x=0$ 处连续但不可导，则 α 的取值范围是(　　).

(A) $\alpha<0$　　(B) $0<\alpha<1$

(C) $0<\alpha\leqslant 1$　　(D) $\alpha>1$

(3) 设 $f(x)$ 为奇函数且导数存在，若 $f(1)=1, f'(1)=-1$，则(　　).

(A) $f(-1)=1, f'(-1)=-1$　　(B) $f(-1)=1, f'(-1)=1$

(C) $f(-1)=-1, f'(-1)=-1$　　(D) $f(-1)=-1, f'(-1)=1$

(4) 设 $f(x)$ 是周期为 4 的可导的偶函数，若曲线 $y=f(x)$ 在点 $(1,f(1))$ 处的切线斜率为 $\frac{1}{2}$，则该曲线在点 $(3,f(3))$ 处的切线斜率为(　　).

(A) $\frac{1}{2}$　　(B) $-\frac{1}{2}$

(C) 2　　(D) -2

(5) 下列函数中，在 $x=0$ 处可导的是(　　).

(A) $f(x)=x|x|$　　(B) $f(x)=|x|$

(C) $f(x)=\begin{cases} x^2, & x\leqslant 0, \\ x, & x>0 \end{cases}$　　(D) $f(x)=\begin{cases} x\sin\frac{1}{x}, & x\neq 0, \\ 0, & x=0 \end{cases}$

(6) 设 $f(x)=\begin{cases} x(x+1), & x>0, \\ ax+b, & x\leqslant 0 \end{cases}$ 在 $x=0$ 处可导，则 a,b 满足(　　).

(A) $a=1, b=0$　　(B) $a=0, b=1$

(C) a 为任意常数，$b=0$　　(D) a 为任意常数，$b=1$

(7) 设函数 $y=f(x)$ 在点 x_0 处可导，$\Delta y=f(x_0+h)-f(x_0)$，则当 $h\to 0$ 时，必有(　　).

(A) $\mathrm{d}y$ 是 h 的等价无穷小量　　(B) $\Delta y-\mathrm{d}y$ 是 h 的同阶无穷小量

(C) $\mathrm{d}y$ 是比 h 高阶的无穷小量　　(D) $\Delta y-\mathrm{d}y$ 是比 h 高阶的无穷小量

2. 根据导数定义求下列函数的导数：

(1) $f(x)=2x+1$；　　(2) $f(x)=x^2+2$；

(3) $f(x)=\frac{1}{x}$；　　(4) $f(x)=\sqrt{x}\ (x>0)$；

(5) $f(x)=\frac{1}{x^2}$；　　(6) $f(x)=\frac{x}{2x+1}$.

3. 求下列曲线在指定点处的切线方程与法线方程：

(1) $y=\mathrm{e}^x$ 在点 $(0,1)$ 处；　　(2) $y=\ln x$ 在点 $(1,0)$ 处；

(3) $y=x^2+2x$ 在点 $(1,3)$ 处；　　(4) $y=x^3+1$ 在点 $(1,2)$ 处.

4. 求曲线 $y=x^2+2x+3$ 与直线 $y=4x+1$ 平行的切线方程.

5. 已知运动物体移动的距离 S 与移动的时间 t 之间的关系为 $S=t^2+4t$，求 $t=2$ 时物体的瞬时速度 $v(2)$.

6. 设某产品生产 x 个单位时的总收入为 $R(x)=200x-\frac{x^2}{100}$，求生产第 100 个单位产品时，总收入的变化率.

7. 下列函数在 $x=0$ 处的导数是否存在？若存在，求 $f'(0)$ 的值.

(1) $f(x)=\begin{cases} \frac{1}{2}x+1, & x\leqslant 0, \\ \sqrt{x+1}, & x>0; \end{cases}$　　(2) $f(x)=\begin{cases} x+1, & x\leqslant 0, \\ \frac{1}{x+1}, & x>0. \end{cases}$

8. 已知函数 $f(x)=\begin{cases} ax+b, & x\leqslant 0, \\ \mathrm{e}^x+1, & x>0 \end{cases}$ 在 $x=0$ 处可导，求 a,b 的值.

9. 求下列函数的微分：

(1) $f(x)=x^2+2x$；　　(2) $f(x)=\sin x$.

10. 当 x 由 1 变化到 1.02 时，分别求下列函数的函数值改变量与微分（小数点后保留 4 位数字）.

（1）$f(x)=x^3$；（2）$f(x)=\frac{1}{x^2}$.

3.2 导数的运算

视频：典型题目讲解（3.2）

导数运算是微积分中最基本和最重要的运算. 本节主要介绍常用的导数运算法则，并给出基本初等函数的求导公式.

3.2.1 导数的四则运算

定理 3.4 若函数 $f(x)$，$g(x)$ 在 x_0 处可导，则其和、差、积、商构成的函数均在 x_0 处可导，且：

（1）$[f(x)\pm g(x)]'\big|_{x=x_0}=f'(x_0)\pm g'(x_0)$.

（2）$[f(x)g(x)]'\big|_{x=x_0}=f'(x_0)g(x_0)+f(x_0)g'(x_0)$.

（3）$\left[\frac{f(x)}{g(x)}\right]'\bigg|_{x=x_0}=\frac{f'(x_0)g(x_0)-f(x_0)g'(x_0)}{g^2(x_0)}$ $(g(x_0)\neq 0)$.

证 因为函数 $f(x)$，$g(x)$ 在 x_0 处可导，所以

$$\lim_{\Delta x\to 0}\frac{f(x_0+\Delta x)-f(x_0)}{\Delta x}=f'(x_0),\quad \lim_{\Delta x\to 0}\frac{g(x_0+\Delta x)-g(x_0)}{\Delta x}=g'(x_0).$$

（1）因为

$$\begin{aligned}&\lim_{\Delta x\to 0}\frac{[f(x_0+\Delta x)\pm g(x_0+\Delta x)]-[f(x_0)\pm g(x_0)]}{\Delta x}\\&=\lim_{\Delta x\to 0}\left[\frac{f(x_0+\Delta x)-f(x_0)}{\Delta x}\pm\frac{g(x_0+\Delta x)-g(x_0)}{\Delta x}\right]\\&=\lim_{\Delta x\to 0}\frac{f(x_0+\Delta x)-f(x_0)}{\Delta x}\pm\lim_{\Delta x\to 0}\frac{g(x_0+\Delta x)-g(x_0)}{\Delta x}\\&=f'(x_0)\pm g'(x_0),\end{aligned}$$

所以 $f(x)\pm g(x)$ 在 x_0 处可导，且

$$[f(x)\pm g(x)]'\big|_{x=x_0}=f'(x_0)\pm g'(x_0).$$

（2）因为函数 $g(x)$ 在 x_0 处可导，所以 $g(x)$ 在 x_0 处连续，即 $\lim\limits_{\Delta x\to 0}g(x_0+\Delta x)=g(x_0)$，从而

$$\begin{aligned}&\lim_{\Delta x\to 0}\frac{f(x_0+\Delta x)g(x_0+\Delta x)-f(x_0)g(x_0)}{\Delta x}\\&=\lim_{\Delta x\to 0}\frac{f(x_0+\Delta x)g(x_0+\Delta x)-f(x_0)g(x_0+\Delta x)+f(x_0)g(x_0+\Delta x)-f(x_0)g(x_0)}{\Delta x}\\&=\lim_{\Delta x\to 0}\left[g(x_0+\Delta x)\frac{f(x_0+\Delta x)-f(x_0)}{\Delta x}\right]+f(x_0)\lim_{\Delta x\to 0}\frac{g(x_0+\Delta x)-g(x_0)}{\Delta x}\\&=f'(x_0)g(x_0)+f(x_0)g'(x_0),\end{aligned}$$

故 $f(x)g(x)$ 在 x_0 处可导，且

$$[f(x)g(x)]'\big|_{x=x_0}=f'(x_0)g(x_0)+f(x_0)g'(x_0).$$

（3）证明从略.

例 1 求函数 $f(x)=\sqrt{x}+x+x^2$ 的导数.

解 因为 $(\sqrt{x})'=\dfrac{1}{2\sqrt{x}}$，$(x)'=1$，$(x^2)'=2x$，所以

$$f'(x)=(\sqrt{x}+x+x^2)'=\frac{1}{2\sqrt{x}}+1+2x.$$

例 2 求下列函数的导数：

（1）$y=\tan x$；（2）$y=\cot x$；

（3）$y=\sec x$；（4）$y=\csc x$.

解 因为 $(\sin x)'=\cos x$，$(\cos x)'=-\sin x$，所以：

（1）$(\tan x)'=\left(\dfrac{\sin x}{\cos x}\right)'=\dfrac{\cos x\cdot\cos x-\sin x\cdot(-\sin x)}{\cos^2x}=\dfrac{\cos^2x+\sin^2x}{\cos^2x}=\sec^2x.$

（2）$(\cot x)'=\left(\dfrac{\cos x}{\sin x}\right)'=\dfrac{-\sin x\cdot\sin x-\cos x\cdot\cos x}{\sin^2x}=\dfrac{-\sin^2x-\cos^2x}{\sin^2x}=-\csc^2x.$

（3）$(\sec x)'=\left(\dfrac{1}{\cos x}\right)'=\dfrac{0\cdot\cos x-1\cdot(-\sin x)}{\cos^2x}=\dfrac{\sin x}{\cos^2x}=\sec x\tan x.$

（4）$(\csc x)'=\left(\dfrac{1}{\sin x}\right)'=\dfrac{0\cdot\sin x-1\cdot\cos x}{\sin^2x}=\dfrac{-\cos x}{\sin^2x}=-\csc x\cot x.$

例 3 已知函数 $f(x)=x(x+1)(x+2)$，求 $f'(0)$.

解 因为 $(x)'=1$，$(x+1)'=1$，$(x+2)'=1$，所以

$$\begin{aligned}f'(x)&=(x)'(x+1)(x+2)+x[(x+1)(x+2)]'\\&=(x+1)(x+2)+x(x+2)+x(x+1),\end{aligned}$$

故 $f'(0)=1\times2=2$.

3.2.2 复合函数的链式求导法则

1. 复合函数的链式求导法则

定理 3.5 设函数 $y=f(g(x))$ 是函数 $y=f(u)$ 和 $u=g(x)$ 的复合. 若 $g(x)$ 在 x_0 处可导，$f(u)$ 在 $u_0=g(x_0)$ 处可导，则函数 $y=f(g(x))$ 关于 x 在 x_0 处的导数为

$$\frac{\mathrm{d}y}{\mathrm{d}x}\bigg|_{x=x_0}=f'(u_0)g'(x_0)=f'(g(x_0))g'(x_0).$$

证 因为函数 $f(u)$ 在 u_0 处可导，所以可微，即

$$f(u_0+\Delta u)-f(u_0)=f'(u_0)\Delta u+o(u),$$

将 $u_0=g(x_0)$，$\Delta u=g(x_0+\Delta x)-g(x_0)$ 代入上式，得

$$f(g(x_0+\Delta x))-f(g(x_0))=f'(g(x_0))[g(x_0+\Delta x)-g(x_0)]+o(g(x_0+\Delta x)-g(x_0)).$$

因为

$$\lim_{\Delta x\to0}\frac{g(x_0+\Delta x)-g(x_0)}{\Delta x}=g'(x_0),\quad \lim_{\Delta x\to0}[g(x_0+\Delta x)-g(x_0)]=0,$$

所以

$$\lim_{\Delta x\to 0}\frac{f(g(x_0+\Delta x))-f(g(x_0))}{\Delta x}$$

$$=f'(g(x_0))\lim_{\Delta x\to 0}\frac{g(x_0+\Delta x)-g(x_0)}{\Delta x}+\lim_{\Delta x\to 0}\left[\frac{o(g(x_0+\Delta x)-g(x_0))}{g(x_0+\Delta x)-g(x_0)}\cdot\frac{g(x_0+\Delta x)-g(x_0)}{\Delta x}\right]$$

$$=f'(g(x_0))g'(x_0).$$

复合函数的链式求导法则是导数运算中的重要法则,也是我们能否掌握导数运算的关键. 理清函数的复合关系是正确运用链式求导法则的前提.

例 4 求下列函数的导数:

(1) $y=x^{\alpha}$; (2) $y=\sin^5 x$; (3) $y=\ln(x+\sqrt{x^2+1})$.

解 (1)因为 $(e^x)'=e^x$, $(\ln x)'=\frac{1}{x}$,所以

$$(x^{\alpha})'=(e^{\alpha\ln x})'=e^{\alpha\ln x}(\alpha\ln x)'=x^{\alpha}\frac{\alpha}{x}=\alpha x^{\alpha-1}.$$

(2) 因为 $(x^5)'=5x^4$,所以

$$(\sin^5 x)'=5\sin^4 x\cdot(\sin x)'=5\sin^4 x\cdot\cos x.$$

(3) 因为 $(\ln x)'=\frac{1}{x}$,所以

$$\left[\ln(x+\sqrt{1+x^2})\right]'=\frac{1}{x+\sqrt{1+x^2}}(x+\sqrt{1+x^2})'$$

$$=\frac{1}{x+\sqrt{1+x^2}}\left[1+\frac{1}{2\sqrt{1+x^2}}(1+x^2)'\right]=\frac{1}{\sqrt{1+x^2}}.$$

2. 复合函数的微分

已知函数 $y=f(u)$ 可微,利用微分计算公式,得 $dy=f'(u)du$. 若函数 $u=g(x)$ 可微,且复合函数 $f(g(x))$ 有意义,则根据复合函数的链式求导法则及微分计算公式,可知 $y=f(g(x))$ 的微分是

$$dy=\frac{dy}{dx}dx=f'(g(x))g'(x)dx=f'(u)du.$$

上面的讨论说明,对于函数 $y=f(u)$,无论变量 u 是自变量还是中间变量,都有 $dy=f'(u)du$ 成立. 这个性质称为**一阶微分形式的不变性**.

例 5 设 $y=e^{\sin(\ln x)}$,求 dy 及 $\frac{dy}{dx}$.

解 由一阶微分形式的不变性,得

$$d[e^{\sin(\ln x)}]=e^{\sin(\ln x)}d[\sin(\ln x)]$$
$$=e^{\sin(\ln x)}\cos(\ln x)d(\ln x)$$
$$=e^{\sin(\ln x)}\cos(\ln x)\frac{1}{x}dx,$$

所以 $$dy=e^{\sin(\ln x)}\cos(\ln x)\frac{1}{x}dx,\ \frac{dy}{dx}=e^{\sin(\ln x)}\cos(\ln x)\frac{1}{x}.$$

3.2.3 反函数求导法

定理 3.6 设函数f,g互为反函数，若$f'(x_0)$存在且不为零，则$g(y)$在$y_0=f(x_0)$处可导，且$g'(y_0)=\dfrac{1}{f'(x_0)}$.

例 6 求下列函数的导数：

(1) $y=\arcsin x$； (2) $y=\arctan x$.

解 (1) 因为$y=\arcsin x$，所以$x=\sin y$. 根据反函数求导公式，得

$$(\arcsin x)'=\frac{1}{(\sin y)'}=\frac{1}{\cos y}=\frac{1}{\sqrt{1-\sin^2 y}}=\frac{1}{\sqrt{1-x^2}}.$$

(2) 因为$y=\arctan x$，所以$x=\tan y$. 根据反函数求导公式，得

$$(\arctan x)'=\frac{1}{(\tan y)'}=\frac{1}{\sec^2 y}=\frac{1}{1+\tan^2 y}=\frac{1}{1+x^2}.$$

类似地，可以求得

$$(\arccos x)'=-\frac{1}{\sqrt{1-x^2}},\ (\operatorname{arccot} x)'=-\frac{1}{1+x^2}.$$

例 7 求$y=\log_a x$的导数.

解 因为$y=\log_a x$，所以$x=a^y$. 根据反函数求导公式，得

$$(\log_a x)'=\frac{1}{(a^y)'}=\frac{1}{a^y\ln a}=\frac{1}{x\ln a}.$$

3.2.4 基本导数公式

基本初等函数的求导公式称为基本导数公式，熟练掌握这些公式是正确解决导数运算问题的基础.

1. 常数函数的导数

$$(C)'=0.$$

2. 幂函数的导数

$$(x^\alpha)'=\alpha x^{\alpha-1}.$$

3. 指数函数的导数

$$(\mathrm{e}^x)'=\mathrm{e}^x,\ (a^x)'=a^x\ln a.$$

4. 对数函数的导数

$$(\ln x)'=\frac{1}{x},\ (\log_a x)'=\frac{1}{x\ln a}.$$

5. 三角函数的导数

$$(\sin x)'=\cos x,\ (\cos x)'=-\sin x,$$

$$(\tan x)'=\sec^2 x,\ (\cot x)'=-\csc^2 x,$$

$$(\sec x)'=\sec x\tan x,\ (\csc x)'=-\csc x\cot x.$$

6. 反三角函数的导数

$$(\arcsin x)'=\frac{1}{\sqrt{1-x^2}},\quad (\arccos x)'=-\frac{1}{\sqrt{1-x^2}},$$

$$(\arctan x)'=\frac{1}{1+x^2},\quad (\operatorname{arccot} x)'=-\frac{1}{1+x^2}.$$

习题 3.2

习题 3.2 答案与提示

1. 单项选择题:

(1) 设函数 $f(x)=(e^x-1)(e^{2x}-2)(e^{3x}-3)$,则 $f'(0)=($　　$)$.

(A) -6　　(B) -2

(C) 6　　(D) 2

(2) 设 $f(x)=[1+g(x)]^2$,其中 $g(x)$ 可导,$f'(1)=g'(1)=2$,则 $g(1)=($　　$)$.

(A) -2　　(B) $-\frac{1}{2}$

(C) 0　　(D) 2

(3) 设 $f(x)=\ln\left(\tan\frac{x}{2}\right)$,则 $f'\left(\frac{\pi}{2}\right)=($　　$)$.

(A) 1　　(B) -1

(C) $\frac{4}{16+\pi^2}$　　(D) $\frac{8}{16+\pi^2}$

(4) 设函数 $y=(\sin x^4)^2$,则导数 $\frac{dy}{dx}=($　　$)$.

(A) $4x^3\cos(2x^4)$　　(B) $2x^3\cos(2x^4)$

(C) $4x^3\sin(2x^4)$　　(D) $2x^3\sin(2x^4)$

(5) 设 $f(x)=\arccos(x^2)$,则 $f'(x)=($　　$)$.

(A) $-\frac{1}{\sqrt{1-x^2}}$　　(B) $-\frac{2x}{\sqrt{1-x^2}}$

(C) $-\frac{1}{\sqrt{1-x^4}}$　　(D) $-\frac{2x}{\sqrt{1-x^4}}$

(6) 设函数 $y=f\left(\frac{x+1}{x-1}\right)$,其中 $f(x)$ 满足 $f'(x)=\arctan\sqrt{x}$,则 $\left.\frac{dy}{dx}\right|_{x=2}=($　　$)$.

(A) $\arctan\sqrt{2}$　　(B) $-\frac{2\pi}{3}$

(C) $\frac{2\pi}{3}$　　(D) $\frac{\pi}{3}$

2. 求下列函数的导数:

(1) $y=3x^4-x+1$;　　(2) $y=\sqrt{x}-\frac{1}{x}$;

(3) $y=3e^x+2\ln x+1$;　　(4) $y=(x+1)(x+3)$;

(5) $y=(x^2+1)\ln x$;　　(6) $y=e^x(3x^2-x+1)$;

(7) $y=\cos x+x^2\sin x$;　　(8) $y=x\tan x-\cot x$;

(9) $y=\frac{x^2+1}{\sqrt{x}}$;　　(10) $y=\frac{2x}{x^2-1}$;

(11) $y=\frac{x}{\sin x}$;　　(12) $y=\frac{\ln x}{2^x}$.

3. 求下列函数的导数：

(1) $y=(3x+2)^2$； (2) $y=\sin(2x+3)$；

(3) $y=e^{x^2}$； (4) $y=e^{\frac{1}{x}}$；

(5) $y=\ln(x^2+x+1)$； (6) $y=\ln(x-\sqrt{x^2-1})$；

(7) $y=(\arcsin x)^2$； (8) $y=\arctan\dfrac{x}{2}$；

(9) $y=\dfrac{1}{\sqrt{x^2+1}}$； (10) $y=\sin\left(\cos\dfrac{1}{x}\right)$.

4. 求下列函数在指定点的微分：

(1) $y=x^2+2^x, x=0$； (2) $y=e^x\sin 3x, x=0$；

(3) $y=e^{x\sin x}, x=\dfrac{\pi}{2}$； (4) $y=\sin(\ln x), x=1$.

5. 设函数 $f(x)$ 的导数存在，求下列函数的导数：

(1) $y=[f(x)]^2+f(x^2)$； (2) $y=f(e^x)+e^{f(x)}$；

(3) $y=\sin f(x)+f(\sin x)$； (4) $y=\ln f(x)+f(\ln x)$.

3.3 几种特殊函数的求导法、高阶导数

视频：典型题目讲解（3.3）

3.3.1 几种特殊函数的求导法

1. 隐函数求导法

当变量 x, y 之间的函数关系 $y=y(x)$ 是由一个方程确定时，如何求此函数的导数？以下的几个例题就回答了这个问题.

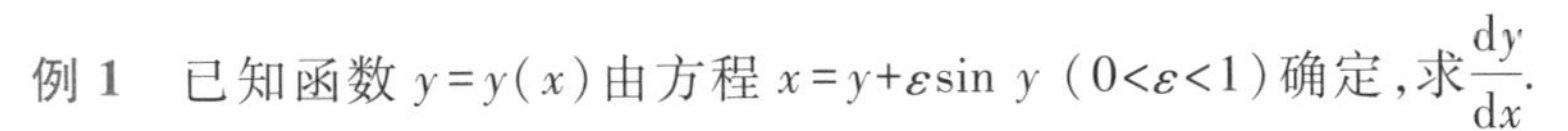

例 1 已知函数 $y=y(x)$ 由方程 $x=y+\varepsilon\sin y\ (0<\varepsilon<1)$ 确定，求 $\dfrac{dy}{dx}$.

解 在方程 $x=y+\varepsilon\sin y$ 两端关于变量 x 求导，y 看作是中间变量，得

$$1=\frac{dy}{dx}+\varepsilon\cos y\cdot\frac{dy}{dx},$$

解得

$$\frac{dy}{dx}=\frac{1}{1+\varepsilon\cos y}.$$

例 2 已知函数 $y=y(x)$ 由方程 $y=\sin(x+y)$ 确定，求 $\dfrac{dy}{dx}$.

解 在方程 $y=\sin(x+y)$ 两端关于变量 x 求导，将 y 看作是中间变量，得

$$\frac{dy}{dx}=\left(1+\frac{dy}{dx}\right)\cos(x+y),$$

解得

$$\frac{dy}{dx}=\frac{\cos(x+y)}{1-\cos(x+y)}.$$

例 3 已知函数 $y=y(x)$ 由方程 $e^{xy}+\tan(xy)=y$ 确定，求 $y=y(x)$ 在 $x=0$ 处的导数.

解 在方程 $e^{xy}+\tan(xy)=y$ 两边关于变量 x 求导，将 y 看作是中间变量，得

$$e^{xy}(y+xy')+\sec^2(xy)\cdot(y+xy')=y'.$$

将 $x=0$ 代入方程 $e^{xy}+\tan(xy)=y$，得 $y(0)=1$.

将 $x=0,y(0)=1$ 代入方程

$$e^{xy}(y+xy')+\sec^2(xy)\cdot(y+xy')=y',$$

得 $y'(0)=2$.

例 4 已知函数 $y=y(x)$ 由方程 $e^y-e^{-x}+xy=0$ 确定，求曲线 $y=y(x)$ 在点 $(0,y(0))$ 处的切线方程与法线方程.

解 在方程 $e^y-e^{-x}+xy=0$ 两端关于变量 x 求导，将 y 看作是中间变量，得

$$e^y y'+e^{-x}+y+xy'=0.$$

将 $x=0$ 代入 $e^y-e^{-x}+xy=0$，解得 $y(0)=0$.

将 $x=0,y(0)=0$ 代入 $e^y y'+e^{-x}+y+xy'=0$，解得 $y'(0)=-1$. 所以曲线 $y=y(x)$ 在点 $(0,y(0))$ 处的切线方程为 $y=-x$，法线方程为 $y=x$.

例 5 求笛卡儿叶形线(如图 3-4 所示) $x^3+y^3=9xy$ 在点 $(2,4)$ 处的切线方程与法线方程.

解 这个方程在点 $(2,4)$ 附近确定了 y 是 x 的函数.

在方程 $x^3+y^3=9xy$ 两端关于变量 x 求导，将 y 看作是中间变量，得

$$3x^2+3y^2y'=9y+9xy'.$$

将 $x=2,y=4$ 代入上式，得

$$12+48y'=36+18y'，解得\ y'=\frac{4}{5}.$$

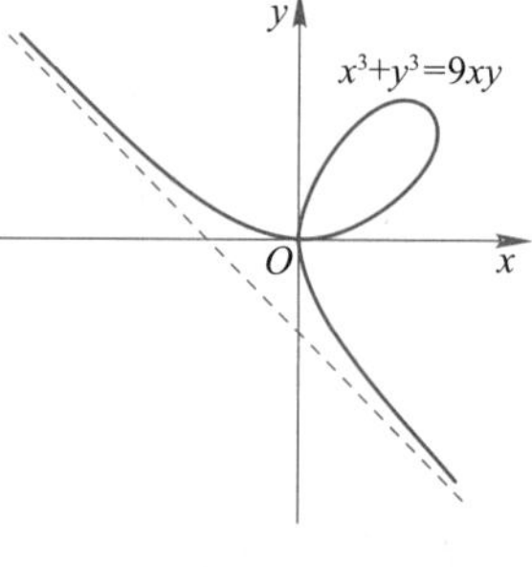

图 3-4

于是笛卡儿叶形线在点 $(2,4)$ 处的切线方程为

$$y-4=\frac{4}{5}(x-2)，即\ y=\frac{4}{5}x+\frac{12}{5},$$

法线方程为

$$y-4=-\frac{5}{4}(x-2)，即\ y=-\frac{5}{4}x+\frac{13}{2}.$$

2. 对数求导法

当函数可以表示成多个因子的积、商，即 $y=\dfrac{\prod\limits_{k=1}^{m}f_k(x)}{\prod\limits_{k=1}^{n}g_k(x)}$ 时，为了简化求导运算，可以将各个因子视为正因子，在等式两端取对数，将原式变成如下形式

$$\ln y=\sum_{k=1}^{m}\ln f_k(x)-\sum_{k=1}^{n}\ln g_k(x).$$

两端关于变量 x 求导，将 y 看作是中间变量，得

$$\frac{1}{y}y'=\sum_{k=1}^{m}\frac{1}{f_k(x)}f'_k(x)-\sum_{k=1}^{n}\frac{1}{g_k(x)}g'_k(x),$$

所以

$$y'=\frac{\prod_{k=1}^{m}f_k(x)}{\prod_{k=1}^{n}g_k(x)}\left[\sum_{k=1}^{m}\frac{1}{f_k(x)}f_k'(x)-\sum_{k=1}^{n}\frac{1}{g_k(x)}g_k'(x)\right].$$

类似地，在求幂指函数 $y=f(x)^{g(x)}(f(x)>0)$ 的导数时，可以在等式两端取对数，将原式变成如下形式

$$\ln y=g(x)\ln f(x).$$

两端关于变量 x 求导，将 y 看作是中间变量，得

$$\frac{y'}{y}=g'(x)\ln f(x)+\frac{g(x)}{f(x)}f'(x),$$

所以

$$y'=f(x)^{g(x)}\left[g'(x)\ln f(x)+\frac{g(x)}{f(x)}f'(x)\right].$$

上述两类函数的求导法也称为**对数求导法**.

例 6 求函数 $y=x^x\ (x>0)$ 的导数.

解 因为 $y=x^x$，所以 $\ln y=x\ln x$.

两端关于变量 x 求导，将 y 看作是中间变量，得

$$\frac{1}{y}y'=\ln x+1,$$

所以

$$y'=x^x(\ln x+1).$$

例 7 求函数 $y=x^{\frac{1}{x}}\ (x>0)$ 的导数.

解 因为 $y=x^{\frac{1}{x}}$，所以 $\ln y=\frac{\ln x}{x}$.

两端关于变量 x 求导，将 y 看作是中间变量，得

$$\frac{1}{y}y'=\frac{1-\ln x}{x^2},$$

所以

$$y'=x^{\frac{1}{x}}\frac{1-\ln x}{x^2}.$$

例 8 求函数 $y=x^{x^2}\ (x>0)$ 的导数.

解 因为 $y=x^{x^2}$，所以 $\ln y=x^2\ln x$.

两端关于变量 x 求导，将 y 看作是中间变量，得

$$\frac{1}{y}y'=2x\ln x+x,$$

所以

$$y'=x^{x^2}(2x\ln x+x).$$

例 9 求函数 $y=\sqrt[3]{\frac{(x-1)(x-2)}{(x-3)(x-4)}}$ 的导数.

解 因为 $y=\sqrt[3]{\frac{(x-1)(x-2)}{(x-3)(x-4)}}$，所以

$$\ln y=\frac{1}{3}[\ln(x-1)+\ln(x-2)-\ln(x-3)-\ln(x-4)].$$

两端关于变量 x 求导,将 y 看作是中间变量,得

$$\frac{1}{y}y'=\frac{1}{3}\left(\frac{1}{x-1}+\frac{1}{x-2}-\frac{1}{x-3}-\frac{1}{x-4}\right),$$

所以

$$y'=\frac{1}{3}\sqrt[3]{\frac{(x-1)(x-2)}{(x-3)(x-4)}}\left(\frac{1}{x-1}+\frac{1}{x-2}-\frac{1}{x-3}-\frac{1}{x-4}\right).$$

3.3.2 高阶导数

1. 高阶导数的概念

我们知道,当运动物体移动的距离 S 与移动时间 t 之间的关系式 $S=S(t)$ 已知时,导数 $S'(t)$ 表示的是该物体在 t 时刻的瞬时速度 $v(t)$,即 $v(t)=S'(t)$. 该物体在 t 时刻的加速度 $a(t)$ 指的是 $\lim\limits_{\Delta t\to 0}\dfrac{v(t+\Delta t)-v(t)}{\Delta t}=v'(t)$,即 $a(t)$ 是 $S(t)$ 的导数的导数. 为了明确 $a(t)$ 与 $S(t)$ 的关系,就需要引进二阶导数的概念.

设函数 $f(x)$ 在 (a,b) 内有定义,并在 (a,b) 中的每一点 x 都有导数 $f'(x)$,这种对应就定义了一个新的函数关系,称这个函数为 $f(x)$ 在 (a,b) 内的导函数,记为 $y=f'(x)$.

如果导函数 $f'(x)$ 还是一个 (a,b) 内的可导函数,那么它的导数 $[f'(x)]'$ 就称为函数 $f(x)$ 的二阶导数,记作 $f''(x)$,即 $f''(x)=[f'(x)]'$.

类似地,函数 $f(x)$ 的三阶导数定义为 $f'''(x)=[f''(x)]'$.

二阶和高于二阶的导数统称为高阶导数. 函数 $f(x)$ 的 n 阶导数记作 $f^{(n)}(x)$ 或 $\dfrac{\mathrm{d}^n f(x)}{\mathrm{d}x^n}$,其定义为

$$f^{(n)}(x)=[f^{(n-1)}(x)]' \text{或} \frac{\mathrm{d}^n f(x)}{\mathrm{d}x^n}=\frac{\mathrm{d}}{\mathrm{d}x}\left[\frac{\mathrm{d}^{n-1}f(x)}{\mathrm{d}x^{n-1}}\right].$$

有了二阶导数的概念,在从本节开始的例子中,加速度 $a(t)$ 与距离 $S(t)$ 的关系就是 $a(t)=S''(t)$.

2. 高阶导数的求法

根据高阶导数的定义及导数的运算法则,就可以求简单函数的高阶导数. 下面通过例题说明与高阶导数运算有关的常见问题.

例 10 求函数 $f(x)=x^2+2x+3$ 的二阶导数.

解 因为 $f(x)=x^2+2x+3$,所以

$$f'(x)=2x+2,$$

从而

$$f''(x)=2.$$

例 11 求函数 $f(x)=x\mathrm{e}^{x^2}$ 的二阶导数.

解 因为 $f(x)=x\mathrm{e}^{x^2}$,所以

$$f'(x)=\mathrm{e}^{x^2}+2x^2\mathrm{e}^{x^2}=(1+2x^2)\mathrm{e}^{x^2},$$

从而

$$f''(x)=4x\mathrm{e}^{x^2}+2x(1+2x^2)\mathrm{e}^{x^2}=(6x+4x^3)\mathrm{e}^{x^2}.$$

例 12 已知物体的运动距离 S 与时间 t 的关系为 $S=A\sin(\omega t+\varphi)$,求物体运动的加速度.

解　因为 $S=A\sin(\omega t+\varphi)$，所以物体的运动速度为

$$v=\frac{\mathrm{d}S}{\mathrm{d}t}=A\omega\cos(\omega t+\varphi),$$

从而物体运动的加速度为

$$a=\frac{\mathrm{d}^2S}{\mathrm{d}t^2}=-A\omega^2\sin(\omega t+\varphi).$$

例 13　已知函数 f 具有二阶连续导数，$y=f(\mathrm{e}^x)$，求 y''.

解　根据复合函数的链式求导法则，对 $y=f(\mathrm{e}^x)$ 求导，得

$$y'=f'(\mathrm{e}^x)\mathrm{e}^x.$$

因为 $f'(\mathrm{e}^x)$ 关于自变量 x 仍然是复合函数，所以它关于 x 的导数是 $f''(\mathrm{e}^x)\mathrm{e}^x$，从而由 $y'=f'(\mathrm{e}^x)\mathrm{e}^x$ 再求导，得

$$y''=f''(\mathrm{e}^x)\mathrm{e}^{2x}+f'(\mathrm{e}^x)\mathrm{e}^x.$$

例 14　已知函数 $y=y(x)$ 由方程 $x-y+\frac{1}{2}\sin y=0$ 确定，求 y''.

解　在方程 $x-y+\frac{1}{2}\sin y=0$ 两端关于变量 x 求导，将 y 看作中间变量，得

$$1-y'+\frac{1}{2}y'\cos y=0.$$

再在上式两端关于 x 求导，将 y,y' 均看作中间变量，得

$$-y''+\frac{1}{2}y''\cos y-\frac{1}{2}(y')^2\sin y=0.$$

将 $y'=\dfrac{1}{1-\frac{1}{2}\cos y}$ 代入上式并整理，得

$$y''=\frac{-\frac{1}{2}\sin y}{\left(1-\frac{1}{2}\cos y\right)^3}.$$

例 15　求函数 $f(x)=a^x$ 的 n 阶导数.

解　由 $f(x)=a^x$，得

$$f'(x)=a^x\ln a,$$

$$f''(x)=a^x(\ln a)^2,$$

$$f'''(x)=a^x(\ln a)^3,$$

归纳得

$$f^{(n)}(x)=a^x(\ln a)^n.$$

例 16　求函数 $f(x)=\ln(1+x)$ 的 n 阶导数.

解　由 $f(x)=\ln(1+x)$，得

$$f'(x)=\frac{1}{1+x},$$

$$f''(x)=\frac{-1}{(1+x)^2},$$

$$f'''(x)=\frac{(-1)(-2)}{(1+x)^3},$$

归纳得
$$f^{(n)}(x)=\frac{(-1)^{n-1}(n-1)!}{(1+x)^n}.$$

例 17　求函数 $f(x)=\sin x$ 的 n 阶导数.

解　由 $f(x)=\sin x$，得

$$f'(x)=\cos x=\sin\left(x+\frac{\pi}{2}\right),$$

$$f''(x)=\cos\left(x+\frac{\pi}{2}\right)=\sin\left(x+2\times\frac{\pi}{2}\right),$$

$$f'''(x)=\cos\left(x+2\times\frac{\pi}{2}\right)=\sin\left(x+3\times\frac{\pi}{2}\right),$$

归纳得
$$f^{(n)}(x)=\sin\left(x+\frac{n\pi}{2}\right).$$

类似地，可以求得

$$(\cos x)^{(n)}=\cos\left(x+\frac{n\pi}{2}\right).$$

例 18　求函数 $f(x)=\dfrac{1}{(1+x)(2+x)}$ 的 n 阶导数.

解　因为
$$f(x)=\frac{1}{(1+x)(2+x)}=\frac{1}{1+x}-\frac{1}{2+x},$$

且
$$\left(\frac{1}{1+x}\right)^{(n)}=\frac{(-1)^n n!}{(1+x)^{n+1}},\quad\left(\frac{1}{2+x}\right)^{(n)}=\frac{(-1)^n n!}{(2+x)^{n+1}},$$

所以
$$f^{(n)}(x)=\frac{(-1)^n n!}{(1+x)^{n+1}}-\frac{(-1)^n n!}{(2+x)^{n+1}}.$$

习题 3.3

习题 3.3 答案与提示

1. 单项选择题：

（1）由方程 $\sin y+xe^y=0$ 确定的曲线在点 $(0,0)$ 处的切线斜率为（　　）.

（A）1　　（B）$\frac{1}{2}$

（C）-1　　（D）$-\frac{1}{2}$

（2）设 $y=x^2\ln x$，则 $\dfrac{d^2y}{dx^2}=$（　　）.

（A）$2\ln x$　　（B）$2\ln x+1$

（C）$2\ln x+2$　　（D）$2\ln x+3$

（3）若 $y=\ln(2x+3)$，则 $\dfrac{d^ny}{dx^n}=$（　　）.

（A）$\dfrac{(-1)^n n!\ 2^n}{(2x+3)^n}$　　（B）$\dfrac{(-1)^{n-1}(n-1)!\ 2^n}{(2x+3)^n}$

（C）$\dfrac{(-1)^n(n-1)!\ 2^n}{(2x+3)^n}$　　（D）$\dfrac{(-1)^{n-1}n!\ 2^n}{(2x+3)^n}$

2. 求下列方程确定的隐函数 $y=y(x)$ 的导数：

(1) $y=\cos(x+y)$；　　(2) $xy=e^{x+y}$；

(3) $\frac{1}{x}+\frac{1}{y}=2$；　　(4) $\sqrt{x}+\sqrt{y}=1$.

3. 设 $y=y(x)$ 是由方程 $xy-e^x+e^y=0$ 确定的隐函数，求 $\left.\frac{dy}{dx}\right|_{x=0}$.

4. 设 $y=y(x)$ 是由方程 $e^x-e^y=\sin(xy)$ 所确定的隐函数，求微分 dy.

5. 求曲线 $y^3+y-2x=0$ 在点 $(1,1)$ 处的切线方程与法线方程.

6. 利用对数求导法求下列函数的导数：

(1) $y=(x-1)(x-2)^2(x-3)^3$；　　(2) $y=x^2\sqrt{\frac{x+1}{x+2}}$；

(3) $y=x^{x^2}\ (x>0)$；　　(4) $y=x^{\sin x}\ (x>0)$.

7. 求下列函数的二阶导数：

(1) $y=xe^x$；　　(2) $y=xe^{x^2}$；

(3) $y=e^{\sqrt{x}}$；　　(4) $y=\sin(x^3+1)$.

8. 验证函数 $y=e^x\sin x$ 满足等式 $y''-2y'+2y=0$.

9. 设 $y=y(x)$ 是由方程 $xy+e^y=x+1$ 确定的隐函数，求 $\left.\frac{d^2y}{dx^2}\right|_{x=0}$.

本章小结

视频：第三章内容综述

1. 基本概念及性质

(1) 导数的概念与几何意义.

(2) 微分的概念与几何意义.

(3) 高阶导数的概念.

(4) 导数与左、右导数的关系.

(5) 可导与连续的关系.

(6) 可导与可微的关系.

(7) 复合函数一阶微分形式的不变性.

2. 重要的法则、定理和公式

(1) 微分计算公式.

(2) 函数和、差、积、商的可导性与导数的四则运算公式.

(3) 复合函数的可导性与复合函数的链式求导法则.

(4) 反函数的可导性与其导数公式.

(5) 隐函数的求导法.

(6) 对数求导法.

(7) 基本导数公式.

3. 考核要求

(1) 导数的定义及其几何意义，要求达到“领会”层次.

① 熟知函数在一点处的导数和左、右导数的定义及它们的关系.

② 知道函数在一点处的导数的几何意义，并会求曲线在一点处的切线方程和法线方程.

③ 知道导数作为变化率在物理中可以表示运动物体的瞬时速度.

④ 知道函数在区间上可导的含义.

(2) 函数可导与连续的关系，要求达到“领会”层次.

清楚函数在一点处连续是函数在一点处可导的必要条件.

(3) 微分的定义和微分的运算，要求达到“领会”层次.

① 理解微分作为函数增量的线性主部的含义.

② 清楚函数可微与可导的关系.

③ 熟知函数的微分与导数的关系.

(4) 函数的各种求导法则，要求达到“综合应用”层次.

① 熟练掌握可导函数和、差、积、商的求导法则.

② 准确理解复合函数的求导法则(链式法则)，并能在计算中熟练运用.

③ 清楚反函数的求导法则.

④ 会求简单隐函数的导数.

⑤ 对于由多个函数的积、商、方幂所构成的函数，会用取对数求导的方法计算其导数.

(5) 基本初等函数的导数，要求达到“综合应用”层次.

熟记基本初等函数的求导公式，并能熟练运用.

(6) 高阶导数，要求达到“简单应用”层次.

清楚高阶导数的定义，会求函数的二阶导数.

第四章　微分中值定理和导数的应用

本章主要介绍导数在研究函数性态和有关实际问题中的应用,给出利用导数解决一些具体问题的一般方法,这些应用的理论基础是微分中值定理.

本章总的要求是:能准确陈述微分中值定理;熟练掌握洛必达法则;会用导数的符号判定函数的单调性;理解函数极值的概念,并掌握其求法;清楚函数的最值及其求法,并能解决简单的应用问题;了解曲线的凹凸性和拐点的概念,会用二阶导数判定曲线的凹凸性并计算拐点的坐标;会求曲线的水平渐近线和铅直渐近线;会求相关经济函数的边际与弹性.

4.1　微分中值定理

本节主要介绍微分学的几个中值定理,它们将可导函数在两点的函数值与这两点之间某一点的导数值联系在一起,揭示了函数的整体性质与局部性质之间的关系.从几何上讲,微分中值定理给出的是整体量(割线斜率)与局部量(切线斜率)之间的关系.

视频:典型题目讲解(4.1)

4.1.1　罗尔定理

定理 4.1[罗尔(Rolle)定理]　设函数 $f(x)$ 满足条件:

(1) 在闭区间 $[a,b]$ 上连续;

(2) 在开区间 (a,b) 内可导;

(3) $f(a)=f(b)$,

则在 (a,b) 内至少存在一点 ξ,使得 $f'(\xi)=0$.

证　因为函数 $f(x)$ 在闭区间 $[a,b]$ 上连续,根据闭区间上连续函数的最值定理,函数 $f(x)$ 在 $[a,b]$ 上必取得最大值 M 和最小值 m.

当 $M=m$ 时,函数 $f(x)$ 在 $[a,b]$ 上是常数函数,故有 $f(x)=M$,从而在 (a,b) 内恒有 $f'(x)=0$,所以 (a,b) 内每一点都可取作点 ξ,使得 $f'(\xi)=0$.

当 $M>m$ 时,因为 $f(a)=f(b)$,所以 M 与 m 中至少有一个不等于端点的函数值.不妨设 $M\neq f(a)$,则在 (a,b) 内至少存在一点 ξ,使得 $f(\xi)=M$.下面证明 $f'(\xi)=0$.

由于 $f(\xi)=M$ 是 $f(x)$ 在 $[a,b]$ 上的最大值,所以只要 $\xi+\Delta x\in[a,b]$,恒有

$$f(\xi+\Delta x)-f(\xi)\leqslant 0.$$

根据函数极限的保号性,知

$$f'_+(\xi)=\lim_{\Delta x\to 0^+}\frac{f(\xi+\Delta x)-f(\xi)}{\Delta x}\leqslant 0,$$

$$f'_-(\xi)=\lim_{\Delta x\to 0^-}\frac{f(\xi+\Delta x)-f(\xi)}{\Delta x}\geqslant 0.$$

又因为 $f'(\xi)$ 存在,所以 $f'(\xi)=0$.

导数 $f'(x)$ 等于 0 的点称为函数 $f(x)$ 的**驻点**.

罗尔定理的几何意义是:如果 AB 是一条连续的曲线弧,除端点外处处具有不垂

直于 x 轴的切线，且两个端点的纵坐标相等，那么在曲线弧 AB 上至少存在一点 $C(\xi,f(\xi))$，在该点处曲线的切线平行于 x 轴，如图 4-1 所示.

注意 罗尔定理的三个条件是结论的充分条件，即如果缺少某一个条件，结论就可能不成立.但是即使三个条件都不满足，结论中的 ξ 仍可能存在.例如：

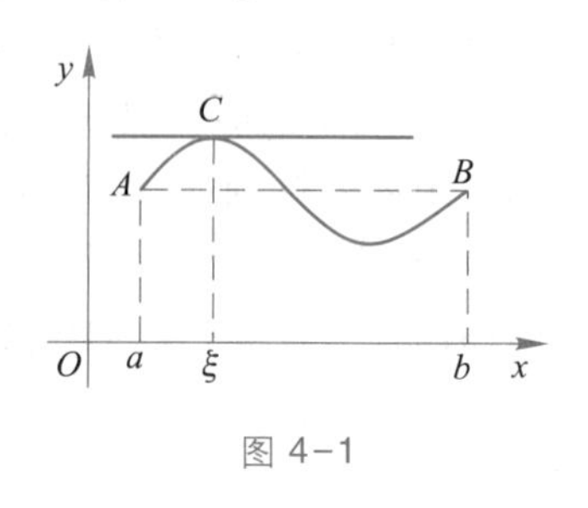

图 4-1

(1) 函数 $f(x)=|x|$ 在区间 $[-2,2]$ 上除 $f'(0)$ 不存在外，满足罗尔定理的其他条件，但在 $(-2,2)$ 内找不到一点使得 $f'(x)=0$.

(2) 函数 $f(x)=\begin{cases}1-x, & x\neq 0,\\ 0, & x=0\end{cases}$ 在区间 $[0,1]$ 上除 $x=0$ 处不连续外，满足罗尔定理的其他条件，但在 $(0,1)$ 内 $f'(x)=-1$，因此在 $(0,1)$ 内找不到一点 ξ 使得 $f'(\xi)=0$.

(3) 函数 $f(x)=x$ 在区间 $[0,1]$ 上除 $f(0)\neq f(1)$ 外，满足罗尔定理的其他条件，但在 $(0,1)$ 内 $f'(x)=1$，因此在 $(0,1)$ 内找不到一点 ξ 使得 $f'(\xi)=0$.

例 1 验证函数 $f(x)=2x^2-x-3$ 在区间 $\left[-1,\dfrac{3}{2}\right]$ 上满足罗尔定理的条件，并求定理中 ξ 的值.

解 由于 $f(x)=2x^2-x-3$ 是 $(-\infty,+\infty)$ 内的初等函数，所以 $f(x)=2x^2-x-3$ 在区间 $\left[-1,\dfrac{3}{2}\right]$ 上连续，在区间 $\left(-1,\dfrac{3}{2}\right)$ 内可导，且 $f'(x)=4x-1$.

又因为 $f(-1)=f\left(\dfrac{3}{2}\right)=0$，所以 $f(x)$ 在 $\left[-1,\dfrac{3}{2}\right]$ 上满足罗尔定理的条件.

令 $f'(x)=0$，解得 $x=\dfrac{1}{4}$，即 $\xi=\dfrac{1}{4}\in\left(-1,\dfrac{3}{2}\right)$，使 $f'(\xi)=0$.

例 2 判断函数 $f(x)=x(2x-1)(x-2)$ 的导数方程 $f'(x)=0$ 有几个不同实根.

解 由于 $f(x)$ 为多项式函数，故 $f(x)$ 在区间 $\left[0,\dfrac{1}{2}\right]$ 与 $\left[\dfrac{1}{2},2\right]$ 上连续，在区间 $\left(0,\dfrac{1}{2}\right)$ 与 $\left(\dfrac{1}{2},2\right)$ 内可导，且

$$f(0)=f\left(\frac{1}{2}\right)=f(2)=0.$$

根据罗尔定理，在 $\left(0,\dfrac{1}{2}\right)$ 内至少存在一点 ξ_1，使得 $f'(\xi_1)=0$，即 ξ_1 为 $f'(x)=0$ 的一个实根；在 $\left(\dfrac{1}{2},2\right)$ 内至少存在一点 ξ_2，使得 $f'(\xi_2)=0$，即 ξ_2 为 $f'(x)=0$ 的一个实根.

又 $f'(x)=0$ 为一元二次方程，至多有两个实根，故方程 $f'(x)=0$ 有两个不同实根.

4.1.2 拉格朗日中值定理

定理 4.2［拉格朗日(Lagrange)中值定理］ 若函数 $f(x)$ 满足条件：

(1) 在闭区间$[a,b]$上连续;

(2) 在开区间(a,b)内可导,

则在(a,b)内至少存在一点ξ,使得

$$f'(\xi)=\frac{f(b)-f(a)}{b-a}.$$

显然,罗尔定理是拉格朗日中值定理当$f(a)=f(b)$时的特殊情形,拉格朗日中值定理是罗尔定理的推广.

如图 4-2,割线 AB 的斜率为 $k_{AB}=\dfrac{f(b)-f(a)}{b-a}$,点 C 处切线的斜率为$f'(\xi)$,拉格朗日中值定理的几何意义是:如果连续曲线 $y=f(x)$ 的弧 AB 上除端点外处处具有不垂直于 x 轴的切线,那么在弧 AB 上至少有一点 $C(\xi,f(\xi))$,该点处的切线平行于割线 AB.

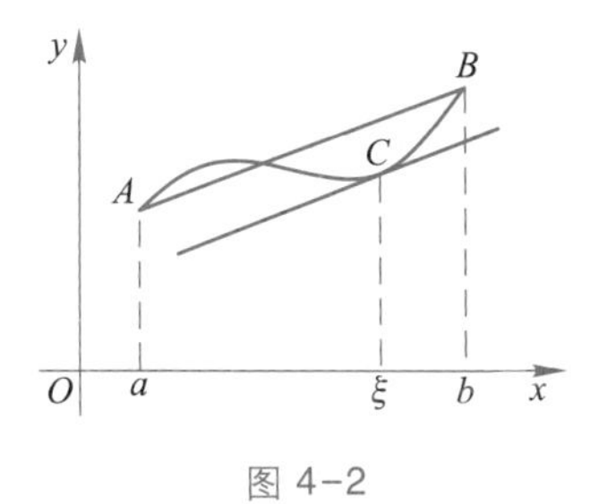

图 4-2

过 A,B 两点的直线方程为

$$y=f(a)+\frac{f(b)-f(a)}{b-a}(x-a).$$

因为曲线 $y=f(x)$ 和直线 AB 在 $x=a$ 和 $x=b$ 时相交,若令辅助函数 $F(x)$ 为曲线和直线上点的纵坐标之差,即

$$F(x)=f(x)-\left[f(a)+\frac{f(b)-f(a)}{b-a}(x-a)\right],$$

则有 $F(a)=F(b)=0$.

由上述分析可得拉格朗日中值定理的证明.

引进辅助函数

$$F(x)=f(x)-\left[f(a)+\frac{f(b)-f(a)}{b-a}(x-a)\right],$$

容易验证函数 $F(x)$在区间$[a,b]$上满足罗尔定理的条件,且

$$F'(x)=f'(x)-\frac{f(b)-f(a)}{b-a}.$$

根据罗尔定理,可知在(a,b)内至少存在一点ξ,使得 $F'(\xi)=0$,即

$$f'(\xi)=\frac{f(b)-f(a)}{b-a}.$$

推论 1 如果函数$f(x)$在区间(a,b)内任意一点的导数$f'(x)$都等于0,那么函数$f(x)$在(a,b)内是一个常数.

证 设 x_1,x_2 是区间(a,b)内的任意两点,且 $x_1<x_2$,则函数$f(x)$在区间$[x_1,x_2]$上满足拉格朗日中值定理的条件,所以在(x_1,x_2)内至少存在一点ξ,使得

$$f(x_2)-f(x_1)=f'(\xi)(x_2-x_1).$$

由假设知$f'(\xi)=0$,所以$f(x_1)=f(x_2)$.

由于 x_1,x_2 是(a,b)内的任意两点,所以函数 $f(x)$ 在(a,b)内的函数值总是相等的,即函数$f(x)$在(a,b)内是一个常数.

由此可知，函数 $f(x)$ 在 (a,b) 内是一个常数的充分必要条件是在 (a,b) 内 $f'(x)=0$.

推论 2 如果函数 $f(x)$ 与 $g(x)$ 在区间 (a,b) 内每一点的导数 $f'(x)$ 与 $g'(x)$ 都相等，则这两个函数在区间 (a,b) 内至多相差一个常数，即

$$f(x)=g(x)+C, x\in(a,b).$$

这里 C 是常数.

例 3 验证函数 $f(x)=x^3$ 在区间 $[-1,0]$ 上满足拉格朗日中值定理的条件，并求定理中 ξ 的值.

解 显然 $f(x)=x^3$ 在 $[-1,0]$ 上连续，$f'(x)=3x^2$ 在 $(-1,0)$ 内有意义，即 $f(x)$ 在 $(-1,0)$ 内可导，故 $f(x)$ 在区间 $[-1,0]$ 上满足拉格朗日中值定理的条件.

根据拉格朗日中值定理，得

$$f(0)-f(-1)=f'(\xi)[0-(-1)]=3\xi^2,$$

所以

$$\xi^2=\frac{1}{3}，可得\ \xi=-\frac{\sqrt{3}}{3}, \xi\in(-1,0).$$

例 4 证明：$\arcsin x+\arccos x=\frac{\pi}{2}, x\in[-1,1]$.

证 当 $x=\pm1$ 时，等式显然成立.

当 $x\in(-1,1)$ 时，设 $f(x)=\arcsin x+\arccos x$. 由于

$$\begin{aligned} f'(x)&=(\arcsin x)'+(\arccos x)' \\ &=\frac{1}{\sqrt{1-x^2}}+\left(-\frac{1}{\sqrt{1-x^2}}\right) \\ &=0, \end{aligned}$$

所以

$$f(x)=C, x\in(-1,1).$$

又因为 $f(0)=\arcsin 0+\arccos 0=\frac{\pi}{2}$，所以 $C=\frac{\pi}{2}$，故

$$\arcsin x+\arccos x=\frac{\pi}{2}, x\in[-1,1].$$

习题 4.1

习题 4.1 答案与提示

1. 单项选择题：

(1) 下列函数中，在区间 $[-1,1]$ 上满足罗尔定理条件的是(　　).

(A) $f(x)=\frac{1}{x^2}$　　(B) $f(x)=x^2$

(C) $f(x)=x|x|$　　(D) $f(x)=x^{\frac{1}{3}}$

(2) 在区间 $[-1,1]$ 上，下列函数中不满足罗尔定理条件的是(　　).

(A) $f(x)=e^{x^2}-1$　　(B) $f(x)=\ln(1+x^2)$

(C) $f(x)=\sqrt{x}$　　(D) $f(x)=\frac{1}{1+x^2}$

(3) 函数 $f(x)=\frac{1}{x}$ 满足拉格朗日中值定理条件的区间是(　　).

(A) $[-2,2]$　　(B) $[1,2]$

(C) $[-2,0]$　　　　　　(D) $[0,1]$

(4) 若函数 $f(x)$ 与 $g(x)$ 对于区间 (a,b) 内的每一点都有 $f'(x)=g'(x)$，则在 (a,b) 内必有(　　).

(A) $f(x)=g(x)$　　　　　　(B) $f(x)\neq g(x)$

(C) $f(x)=-g(x)$　　　　　　(D) $f(x)=g(x)+C$（C 为某常数）

2. 下列函数在给定区间上是否满足罗尔定理的条件？如果满足，求出定理中的 ξ 值.

(1) $y=\ln(\sin x)$，$x\in\left[\frac{\pi}{6},\frac{5\pi}{6}\right]$；

(2) $y=1-\sqrt[3]{x^2}$，$x\in[-1,1]$.

3. 不求导数，判断函数 $f(x)=(x+2)(x+1)x(x-1)$ 的导数有几个零点，并指出它们所在的区间.

4. 下列函数在给定区间上是否满足拉格朗日中值定理的条件？如果满足，求出定理中的 ξ 值.

(1) $y=x^3-2x$，$x\in[0,2]$；

(2) $y=\sqrt[3]{(x-1)^2}$，$x\in[-1,2]$.

5. 利用拉格朗日中值定理，证明下列不等式：

(1) $|\arctan a-\arctan b|\leqslant|a-b|$；

(2) $|\sin x-\sin y|\leqslant|x-y|$；

(3) $\frac{x}{1+x}<\ln(1+x)<x$，$x>0$.

6. 证明：$\arctan x+\operatorname{arccot} x=\frac{\pi}{2}$，$x\in(-\infty,+\infty)$.

4.2 洛必达法则

视频：典型题目讲解（4.2）

如果当 $x\to x_0$（x_0 可以为 ∞）时，两个函数 $f(x)$ 与 $g(x)$ 都趋于 0 或都趋于无穷大，那么极限 $\lim\limits_{x\to x_0}\frac{f(x)}{g(x)}$ 可能存在，也可能不存在，通常称这类极限为不定式，记为“$\frac{0}{0}$”或“$\frac{\infty}{\infty}$”. 对于这类极限，即使它存在，也不能直接使用第二章中商的极限的运算法则.

这一节我们将介绍求这类不定式极限的一种简便且有效的方法——洛必达（L'Hospital）法则.

4.2.1 基本不定式“$\frac{0}{0}$”型或“$\frac{\infty}{\infty}$”型的极限

定理 4.3 设函数 $f(x)$，$g(x)$ 满足条件：

(1) $\lim\limits_{x\to x_0}f(x)=\lim\limits_{x\to x_0}g(x)=0$；

(2) 在点 x_0 的某个去心邻域内，$f'(x)$ 与 $g'(x)$ 都存在，且 $g'(x)\neq 0$；

(3) $\lim\limits_{x\to x_0}\frac{f'(x)}{g'(x)}$ 存在或为无穷大，

则 $\lim\limits_{x\to x_0}\frac{f(x)}{g(x)}=\lim\limits_{x\to x_0}\frac{f'(x)}{g'(x)}$.

定理 4.4 设函数 $f(x)$，$g(x)$ 满足条件：

(1) $\lim\limits_{x\to x_0}f(x)=\lim\limits_{x\to x_0}g(x)=\infty$；

（2）在点 x_0 的某个去心邻域内，$f'(x)$ 与 $g'(x)$ 都存在，且 $g'(x)\neq 0$；

（3）$\lim\limits_{x\to x_0}\dfrac{f'(x)}{g'(x)}$ 存在或为无穷大，

则 $\lim\limits_{x\to x_0}\dfrac{f(x)}{g(x)}=\lim\limits_{x\to x_0}\dfrac{f'(x)}{g'(x)}$.

上面的定理中将分子、分母分别求导，再求极限的方法称为**洛必达法则**.

使用洛必达法则时必须注意：

（1）$\lim\limits_{x\to x_0}\dfrac{f(x)}{g(x)}$ 必须是“$\dfrac{0}{0}$”或“$\dfrac{\infty}{\infty}$”型不定式.

（2）若 $\lim\limits_{x\to x_0}\dfrac{f'(x)}{g'(x)}$ 还是“$\dfrac{0}{0}$”或“$\dfrac{\infty}{\infty}$”型不定式，且函数 $f'(x)$，$g'(x)$ 仍满足定理中 $f(x)$，$g(x)$ 满足的条件，则可以继续使用洛必达法则，即

$$\lim_{x\to x_0}\frac{f(x)}{g(x)}=\lim_{x\to x_0}\frac{f'(x)}{g'(x)}=\lim_{x\to x_0}\frac{f''(x)}{g''(x)}.$$

（3）若无法判定 $\dfrac{f'(x)}{g'(x)}$ 的极限状态，或能判定它的极限振荡而不存在，则洛必达法则失效.此时，需用别的方法来求 $\lim\limits_{x\to x_0}\dfrac{f(x)}{g(x)}$.

（4）若把定理中的 $x\to x_0$ 换成 $x\to x_0^-$，$x\to x_0^+$，$x\to-\infty$ 或 $x\to+\infty$，此时只要把定理中的条件(2)做相应的修改，定理仍然成立.

例 1 求下列极限：

（1）$\lim\limits_{x\to 1}\dfrac{x^m-1}{x^n-1}$；　　（2）$\lim\limits_{x\to 0}\dfrac{2^x-3^x}{x}$；

（3）$\lim\limits_{x\to 1}\dfrac{x^3-5x+4}{2x^3-x^2-3x+2}$；　　（4）$\lim\limits_{x\to 2}\dfrac{\sqrt{5+2x}-3}{\sqrt{2+x}-2}$；

（5）$\lim\limits_{x\to 0}\dfrac{\mathrm{e}^x-\mathrm{e}^{-x}}{\sin x}$；　　（6）$\lim\limits_{x\to 0}\dfrac{x-\sin x}{x^3}$；

（7）$\lim\limits_{x\to 0}\dfrac{\mathrm{e}^x-\mathrm{e}^{-x}-2x}{x-\sin x}$.

解　（1）$\lim\limits_{x\to 1}\dfrac{x^m-1}{x^n-1}\overset{\text{“}\frac{0}{0}\text{”}}{=}\lim\limits_{x\to 1}\dfrac{mx^{m-1}}{nx^{n-1}}=\dfrac{m\lim\limits_{x\to 1}x^{m-1}}{n\lim\limits_{x\to 1}x^{n-1}}=\dfrac{m}{n}$.

（2）$\lim\limits_{x\to 0}\dfrac{2^x-3^x}{x}\overset{\text{“}\frac{0}{0}\text{”}}{=}\lim\limits_{x\to 0}\dfrac{2^x\cdot\ln 2-3^x\cdot\ln 3}{1}=\ln 2-\ln 3$.

（3）$\lim\limits_{x\to 1}\dfrac{x^3-5x+4}{2x^3-x^2-3x+2}\overset{\text{“}\frac{0}{0}\text{”}}{=}\lim\limits_{x\to 1}\dfrac{3x^2-5}{6x^2-2x-3}=-2$.

（4）$\lim\limits_{x\to 2}\dfrac{\sqrt{5+2x}-3}{\sqrt{2+x}-2}\overset{\text{“}\frac{0}{0}\text{”}}{=}\lim\limits_{x\to 2}\dfrac{\dfrac{2}{2\sqrt{5+2x}}}{\dfrac{1}{2\sqrt{2+x}}}=\dfrac{4}{3}$.

(5) $\lim\limits_{x\to 0}\dfrac{e^{x}-e^{-x}}{\sin x}\overset{\text{“}\frac{0}{0}\text{”}}{=}\lim\limits_{x\to 0}\dfrac{e^{x}+e^{-x}}{\cos x}=2.$

(6) $\lim\limits_{x\to 0}\dfrac{x-\sin x}{x^{3}}\overset{\text{“}\frac{0}{0}\text{”}}{=}\lim\limits_{x\to 0}\dfrac{1-\cos x}{3x^{2}}\overset{\text{“}\frac{0}{0}\text{”}}{=}\lim\limits_{x\to 0}\dfrac{\sin x}{6x}=\dfrac{1}{6}.$

(7) $\lim\limits_{x\to 0}\dfrac{e^{x}-e^{-x}-2x}{x-\sin x}\overset{\text{“}\frac{0}{0}\text{”}}{=}\lim\limits_{x\to 0}\dfrac{e^{x}+e^{-x}-2}{1-\cos x}\overset{\text{“}\frac{0}{0}\text{”}}{=}\lim\limits_{x\to 0}\dfrac{e^{x}-e^{-x}}{\sin x}\overset{\text{“}\frac{0}{0}\text{”}}{=}\lim\limits_{x\to 0}\dfrac{e^{x}+e^{-x}}{\cos x}=2.$

例 2 求下列极限:

(1) $\lim\limits_{x\to 0^{+}}\dfrac{\ln x}{\cot x}$;　　(2) $\lim\limits_{x\to\frac{\pi}{2}}\dfrac{\tan x-6}{\sec x+5}$;

(3) $\lim\limits_{x\to 0^{+}}\dfrac{\ln(\tan 5x)}{\ln(\tan 3x)}$;　　(4) $\lim\limits_{x\to+\infty}\dfrac{xe^{x}}{x+e^{x}}$.

解 (1) $\lim\limits_{x\to 0^{+}}\dfrac{\ln x}{\cot x}\overset{\text{“}\frac{\infty}{\infty}\text{”}}{=}\lim\limits_{x\to 0^{+}}\dfrac{\frac{1}{x}}{-\csc^{2}x}=-\lim\limits_{x\to 0^{+}}\dfrac{\sin^{2}x}{x}=0.$

(2) $\lim\limits_{x\to\frac{\pi}{2}}\dfrac{\tan x-6}{\sec x+5}\overset{\text{“}\frac{\infty}{\infty}\text{”}}{=}\lim\limits_{x\to\frac{\pi}{2}}\dfrac{\sec^{2}x}{\sec x\tan x}=\lim\limits_{x\to\frac{\pi}{2}}\dfrac{1}{\sin x}=1.$

(3) $\lim\limits_{x\to 0^{+}}\dfrac{\ln(\tan 5x)}{\ln(\tan 3x)}\overset{\text{“}\frac{\infty}{\infty}\text{”}}{=}\lim\limits_{x\to 0^{+}}\dfrac{\frac{5\sec^{2}5x}{\tan 5x}}{\frac{3\sec^{2}3x}{\tan 3x}}=\dfrac{5}{3}\cdot\lim\limits_{x\to 0^{+}}\dfrac{\tan 3x}{\tan 5x}\cdot\lim\limits_{x\to 0^{+}}\dfrac{\cos^{2}3x}{\cos^{2}5x}=1.$

(4) $\lim\limits_{x\to+\infty}\dfrac{xe^{x}}{x+e^{x}}\overset{\text{“}\frac{\infty}{\infty}\text{”}}{=}\lim\limits_{x\to+\infty}\dfrac{e^{x}+xe^{x}}{1+e^{x}}\overset{\text{“}\frac{\infty}{\infty}\text{”}}{=}\lim\limits_{x\to+\infty}\dfrac{e^{x}+e^{x}+xe^{x}}{e^{x}}=\lim\limits_{x\to+\infty}(2+x)=\infty.$

例 3 求下列极限:

(1) $\lim\limits_{x\to+\infty}\dfrac{\ln x}{x^{n}}$ (n 为正整数);　　(2) $\lim\limits_{x\to+\infty}\dfrac{x^{n}}{e^{\lambda x}}$ (n 为正整数,$\lambda>0$).

解 (1) $\lim\limits_{x\to+\infty}\dfrac{\ln x}{x^{n}}\overset{\text{“}\frac{\infty}{\infty}\text{”}}{=\!=\!=}\lim\limits_{x\to+\infty}\dfrac{\frac{1}{x}}{nx^{n-1}}=\lim\limits_{x\to+\infty}\dfrac{1}{nx^{n}}=0.$

(2) $\lim\limits_{x\to+\infty}\dfrac{x^{n}}{e^{\lambda x}}\overset{\text{“}\frac{\infty}{\infty}\text{”}}{=\!=\!=}\lim\limits_{x\to+\infty}\dfrac{nx^{n-1}}{\lambda e^{\lambda x}}\overset{\text{“}\frac{\infty}{\infty}\text{”}}{=\!=\!=}\lim\limits_{x\to+\infty}\dfrac{n(n-1)x^{n-2}}{\lambda^{2}e^{\lambda x}}\overset{\text{“}\frac{\infty}{\infty}\text{”}}{=\!=\!=}\cdots\overset{\text{“}\frac{\infty}{\infty}\text{”}}{=\!=\!=}\lim\limits_{x\to+\infty}\dfrac{n!}{\lambda^{n}e^{\lambda x}}=0.$

例 3 说明:幂函数比对数函数增大得快,而指数函数又比幂函数增大得快,所以在描述一个量增长得非常快时,常常说它是“指数型”增长.

通过上面的例子我们看到,洛必达法则是求不定式极限的一种重要且简便有效的方法.使用洛必达法则时应该注意检验定理中的条件,并注意结合运用其他求极限的方法,如等价无穷小量代换,恒等变形或适当的变量代换等,以简化运算过程.此外,还应注意洛必达法则的条件是充分的,并非必要条件.如果所求极限不满足其条件,则应考虑用其他方法求解.

例 4　求$\lim\limits_{x\to 0}\dfrac{\sin x-x}{x\tan x^2}$.

解　由于当 $x\to 0$ 时，$\tan x^2\sim x^2$，故

$$\lim_{x\to 0}\frac{\sin x-x}{x\tan x^2}=\lim_{x\to 0}\frac{\sin x-x}{x^3}\overset{\text{“}\frac{0}{0}\text{”}}{=\!=}\lim_{x\to 0}\frac{\cos x-1}{3x^2}$$

$$\overset{\text{“}\frac{0}{0}\text{”}}{=\!=}\lim_{x\to 0}\frac{-\sin x}{6x}=-\frac{1}{6}.$$

例 5　求$\lim\limits_{x\to 0}\dfrac{x^2\sin\dfrac{1}{x}}{\tan x}$.

解　这个极限属于“$\dfrac{0}{0}$”型不定式，但

$$\lim_{x\to 0}\frac{\left(x^2\sin\dfrac{1}{x}\right)'}{(\tan x)'}=\lim_{x\to 0}\frac{2x\sin\dfrac{1}{x}-\cos\dfrac{1}{x}}{\sec^2 x}$$

振荡不存在，故洛必达法则失效，需用其他方法求此极限.事实上，有

$$\lim_{x\to 0}\frac{x^2\sin\dfrac{1}{x}}{\tan x}=\lim_{x\to 0}\left(\frac{x}{\tan x}\cdot x\sin\frac{1}{x}\right)=1\times 0=0.$$

4.2.2　其他不定式

不定式还有“$0\cdot\infty$”“$\infty-\infty$”“1^∞”“0^0”“∞^0”型等，它们经过适当的变形，可变为基本不定式“$\dfrac{0}{0}$”型或“$\dfrac{\infty}{\infty}$”型，然后用洛必达法则来计算.

例 6　求下列极限：

(1) $\lim\limits_{x\to+\infty}x\left(\dfrac{\pi}{2}-\arctan x\right)$；　　(2) $\lim\limits_{x\to 1}\left(\dfrac{x}{x-1}-\dfrac{1}{\ln x}\right)$；

(3) $\lim\limits_{x\to 0}(\cos x)^{\frac{1}{x^2}}$；　　(4) $\lim\limits_{x\to 0^+}(\sin x)^x$；

(5) $\lim\limits_{x\to+\infty}(1+x)^{\frac{1}{x}}$.

解　(1) $\lim\limits_{x\to+\infty}x\left(\dfrac{\pi}{2}-\arctan x\right)\overset{\text{“}0\cdot\infty\text{”}}{=\!=}\lim\limits_{x\to+\infty}\dfrac{\dfrac{\pi}{2}-\arctan x}{\dfrac{1}{x}}$

$$\overset{\text{“}\frac{0}{0}\text{”}}{=\!=}\lim_{x\to+\infty}\frac{-\dfrac{1}{1+x^2}}{-\dfrac{1}{x^2}}=\lim_{x\to+\infty}\frac{x^2}{1+x^2}=1.$$

(2) $\lim\limits_{x\to 1}\left(\dfrac{x}{x-1}-\dfrac{1}{\ln x}\right)\overset{\text{“}\infty-\infty\text{”}}{=\!=}\lim\limits_{x\to 1}\dfrac{x\ln x-x+1}{(x-1)\ln x}\overset{\text{“}\frac{0}{0}\text{”}}{=\!=}\lim\limits_{x\to 1}\dfrac{\ln x+1-1}{\ln x+\dfrac{x-1}{x}}$

$$=\lim_{x\to1}\frac{\ln x}{\ln x+1-\frac{1}{x}}\xlongequal{\text{“}\frac{0}{0}\text{”}}\lim_{x\to1}\frac{\frac{1}{x}}{\frac{1}{x}+\frac{1}{x^2}}=\frac{1}{2}.$$

(3) $\lim\limits_{x\to0}(\cos x)^{\frac{1}{x^2}}\xlongequal{\text{“}1^\infty\text{”}}e^{\lim\limits_{x\to0}\frac{\ln(\cos x)}{x^2}}\xlongequal{\text{“}\frac{0}{0}\text{”}}e^{\lim\limits_{x\to0}\frac{-\tan x}{2x}}=e^{\frac{-1}{2}}.$

(4) $\lim\limits_{x\to0^+}(\sin x)^x\xlongequal{\text{“}0^0\text{”}}e^{\lim\limits_{x\to0^+}x\ln(\sin x)}=e^{\lim\limits_{x\to0^+}\frac{\ln(\sin x)}{\frac{1}{x}}}\xlongequal{\text{“}\frac{\infty}{\infty}\text{”}}e^{\lim\limits_{x\to0^+}\frac{\cot x}{\frac{-1}{x^2}}}$

$$=e^{-\lim\limits_{x\to0^+}\frac{x^2\cos x}{\sin x}}=e^{-\lim\limits_{x\to0^+}\left(\frac{x}{\sin x}\cdot x\cos x\right)}=e^0=1.$$

(5) $\lim\limits_{x\to+\infty}(1+x)^{\frac{1}{x}}\xlongequal{\text{“}\infty^0\text{”}}e^{\lim\limits_{x\to+\infty}\frac{\ln(1+x)}{x}}\xlongequal{\text{“}\frac{\infty}{\infty}\text{”}}e^{\lim\limits_{x\to+\infty}\frac{\frac{1}{1+x}}{1}}=e^0=1.$

习题 4.2

习题 4.2 答案与提示

1. 单项选择题:

(1) $\lim\limits_{x\to a}\frac{f'(x)}{g'(x)}=A$(或$\infty$)是使用洛必达法则计算不定式$\lim\limits_{x\to a}\frac{f(x)}{g(x)}$的(　　).

(A) 必要条件　　(B) 充分条件

(C) 充要条件　　(D) 无关条件

(2) 下列极限问题中,不能使用洛必达法则的是(　　).

(A) $\lim\limits_{x\to\infty}\frac{x-\sin x}{x+\sin x}$　　(B) $\lim\limits_{x\to0}\frac{\sin 2x}{x}$

(C) $\lim\limits_{x\to1}\frac{\ln x}{x-1}$　　(D) $\lim\limits_{x\to0}\frac{x(e^x-1)}{\cos x-1}$

(3) 下列极限问题中,能够使用洛必达法则的是(　　).

(A) $\lim\limits_{x\to\infty}\frac{x-\sin x}{x+\sin x}$　　(B) $\lim\limits_{x\to0}\frac{x^2\sin\frac{1}{x}}{\sin x}$

(C) $\lim\limits_{x\to0}\frac{x-\sin x}{x\sin x}$　　(D) $\lim\limits_{x\to1}\frac{x+\ln x}{x-1}$

(4) 设$f(x)=x\ln x$,则$\lim\limits_{x\to0^+}f(x)$是(　　)型不定式的极限.

(A) “$\infty-\infty$”　　(B) “$\infty\cdot\infty$”

(C) “$\infty+\infty$”　　(D) “$\infty\cdot0$”

2. 用洛必达法则求下列极限:

(1) $\lim\limits_{x\to1}\frac{x^6-1}{x^7-1}$;　　(2) $\lim\limits_{x\to2}\frac{x^4-16}{x^2-6x+8}$;

(3) $\lim\limits_{x\to1}\frac{x^2-1}{\ln x}$;　　(4) $\lim\limits_{x\to0^+}\frac{\ln(1+2x)}{\tan 2x}$;

(5) $\lim\limits_{x\to0}\frac{e^x-e^{-x}}{\sin x}$;　　(6) $\lim\limits_{x\to\frac{\pi}{6}}\frac{1-2\sin x}{\cos 3x}$;

(7) $\lim\limits_{x\to a}\frac{x^m-a^m}{x^n-a^n}$;　　(8) $\lim\limits_{x\to0}\frac{3^x-5^x}{x}$;

(9) $\lim\limits_{x\to0}\frac{\tan x-x}{x-\sin x}$;　　(10) $\lim\limits_{x\to\frac{\pi}{2}}\frac{\ln(\sin x)}{(\pi-2x)^2}$;

(11) $\lim\limits_{x\to 0}\dfrac{e^{x}-\sin x-1}{1-\sqrt{1-x^{2}}}$;　　(12) $\lim\limits_{x\to 0}\dfrac{e^{x}+e^{-x}-2}{\sin^{2}x}$;

(13) $\lim\limits_{x\to +\infty}\dfrac{x+xe^{x}}{x+1}$;　　(14) $\lim\limits_{x\to\left(\frac{\pi}{2}\right)^{+}}\dfrac{\ln\left(x-\dfrac{\pi}{2}\right)}{\tan x}$.

3. 用洛必达法则求下列极限：

(1) $\lim\limits_{x\to 0}x\cot 2x$;　　(2) $\lim\limits_{x\to 0}x^{2}e^{\frac{1}{x^{2}}}$;

(3) $\lim\limits_{x\to 1}(1-x)\tan\dfrac{\pi}{2}x$;　　(4) $\lim\limits_{x\to\infty}x^{2}\left(1-x\sin\dfrac{1}{x}\right)$;

(5) $\lim\limits_{x\to 0}\left(\dfrac{1}{x}-\dfrac{1}{e^{x}-1}\right)$;　　(6) $\lim\limits_{x\to 0}\left(\cot x-\dfrac{1}{x}\right)$;

(7) $\lim\limits_{x\to 0}\left[\dfrac{1}{x}-\dfrac{\ln(1+x)}{x^{2}}\right]$;　　(8) $\lim\limits_{x\to 1}\left(\dfrac{x}{x-1}-\dfrac{1}{\ln x}\right)$;

(9) $\lim\limits_{x\to 0}(x+e^{x})^{\frac{2}{x}}$;　　(10) $\lim\limits_{x\to 0^{+}}x^{\sin x}$;

(11) $\lim\limits_{x\to\infty}(1+x^{2})^{\frac{1}{x}}$;　　(12) $\lim\limits_{x\to +\infty}(e^{x}+x)^{\frac{1}{x}}$.

4. 设 $f(x)=\begin{cases}(\cos x)^{\frac{1}{x}}, & x\neq 0,\\ a, & x=0\end{cases}$ 是连续函数，求 a 的值.

视频：典型题目讲解（4.3）

4.3　函数单调性的判定

在第一章中我们已经给出了函数在某个区间单调的定义，本节将讨论函数的单调性与其导函数之间的关系，从而提供一种判别函数单调性的方法.

定理 4.5（单调性判定定理）　设函数 $f(x)$ 在 $[a,b]$ 上连续，在 (a,b) 内可导.

(1) 若在 (a,b) 内 $f'(x)>0$，则 $f(x)$ 在 $[a,b]$ 上单调增加.

(2) 若在 (a,b) 内 $f'(x)<0$，则 $f(x)$ 在 $[a,b]$ 上单调减少.

定理的证明可由拉格朗日中值定理推得，这里从略.

注意　(1) 如果定理中的 $[a,b]$ 换成其他各种区间（包括无穷区间），结论仍然成立.

(2) 如果在 (a,b) 内 $f'(x)\geqslant 0$（或 $f'(x)\leqslant 0$），且等号仅在个别点处成立，结论仍然成立.

判定函数 $f(x)$ 单调性的步骤：

(1) 确定函数 $f(x)$ 的定义域.

(2) 求 $f'(x)$，找出 $f'(x)=0$ 或 $f'(x)$ 不存在的点，这些点将定义域分成若干小区间.

(3) 列表，由 $f'(x)$ 在各个小区间内的符号确定函数 $f(x)$ 的单调性.

例 1　判断函数 $y=x^{3}$ 的单调性.

解　函数 $y=x^{3}$ 的定义域为 $(-\infty,+\infty)$，它在 $(-\infty,+\infty)$ 内可导，且 $y'=3x^{2}\geqslant 0$，只有当 $x=0$ 时，$y'=0$，所以函数 $y=x^{3}$ 在 $(-\infty,+\infty)$ 内单调增加.

例 2　确定下列函数的单调区间：

(1) $f(x)=x^3-3x$;　　　　　　　(2) $f(x)=\sqrt[3]{x^2}$.

解　(1) 函数 $f(x)=x^3-3x$ 的定义域为 $(-\infty,+\infty)$,又

$$f'(x)=3x^2-3=3(x+1)(x-1),$$

令 $f'(x)=0$,得 $x=-1$ 或 $x=1$.

列表如下:

x	$(-\infty,-1)$	-1	$(-1,1)$	1	$(1,+\infty)$
$f'(x)$	+	0	−	0	+
$f(x)$	↗	2	↘	−2	↗

注:表中符号"↗"表示单调增加,"↘"表示单调减少,下同.

所以,$f(x)$ 在 $(-\infty,-1)$,$(1,+\infty)$ 内单调增加;在 $(-1,1)$ 内单调减少.

(2) 函数 $f(x)=\sqrt[3]{x^2}$ 的定义域为 $(-\infty,+\infty)$,又 $f'(x)=\dfrac{2}{3\sqrt[3]{x}}$,当 $x=0$ 时,$f'(x)$ 不存在.

列表如下:

x	$(-\infty,0)$	0	$(0,+\infty)$
$f'(x)$	−	不存在	+
$f(x)$	↘	0	↗

所以,$f(x)$ 在 $(-\infty,0)$ 内单调减少;在 $(0,+\infty)$ 内单调增加.

例 3　证明:当 $x>0$ 时,$x>\ln(1+x)$.

证　令 $f(x)=x-\ln(1+x)$,则

$$f'(x)=1-\frac{1}{1+x}=\frac{x}{1+x}.$$

当 $x>0$ 时,$f'(x)>0$,所以 $f(x)$ 在 $(0,+\infty)$ 内单调增加,故 $f(x)>f(0)$.

又因为 $f(0)=0$,所以

$$f(x)=x-\ln(1+x)>0,\text{即 } x>\ln(1+x).$$

习题 4.3

1. 单项选择题:

(1) $f'(x)>0$,$x\in(a,b)$ 是函数 $f(x)$ 在 (a,b) 内单调增加的(　　).

(A) 必要条件　　(B) 充分条件

(C) 充要条件　　(D) 无关条件

(2) 函数 $f(x)=(x+1)^3$ 在 $(-1,2)$ 内(　　).

(A) 单调增加　　(B) 单调减少

(C) 不增不减　　(D) 有增有减

(3) 下列函数中,为单调函数的是(　　).

(A) x^2-x　　(B) $|x|$

(C) e^{-x}　　(D) $\sin x$

习题 4.3 答案与提示

2. 求下列函数的单调区间：

(1) $y=2x^2-\ln x$；　　(2) $y=x-\sqrt{x}$；

(3) $y=x-e^x$；　　(4) $y=2x^3-6x^2-18x-7$；

(5) $y=x+\frac{4}{x}$；　　(6) $y=\frac{x+1}{x-1}$.

3. 证明下列不等式：

(1) 当 $x>1$ 时，$e^x>ex$；

(2) 当 $x>1$ 时，$2\sqrt{x}>3-\frac{1}{x}$；

(3) 当 $x>0$ 时，$\ln(1+x)>x-\frac{x^2}{2}$.

视频：典型题目讲解（4.4）

4.4 函数的极值及其求法

定义 4.1 设函数 $f(x)$ 在点 x_0 的某个邻域内有定义，对于邻域内异于 x_0 的任意一点 x 均有 $f(x)<f(x_0)$（或 $f(x)>f(x_0)$），则称 $f(x_0)$ 是函数 $f(x)$ 的**极大值**（或**极小值**），称 x_0 是函数 $f(x)$ 的**极大值点**（或**极小值点**）.

函数的极大值和极小值统称**极值**；函数的极大值点和极小值点统称**极值点**.

显然，函数的极值是一个局部性的概念，它只是与极值点 x_0 附近局部范围的所有点的函数值相比较而言的.极大值可能小于极小值，如图 4-3，x_1，x_3 是函数 $y=f(x)$ 的极大值点，x_2，x_4 是极小值点，$f(x_1)$，$f(x_3)$ 是函数 $y=f(x)$ 的极大值，$f(x_2)$，$f(x_4)$ 是极小值，而 $f(x_1)<f(x_4)$.

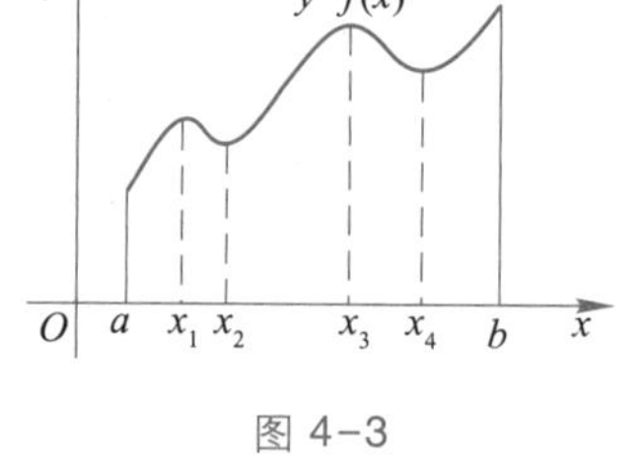

图 4-3

定理 4.6（可导函数取极值的必要条件） 设函数 $f(x)$ 在 x_0 处可导，且在 x_0 处取得极值，则函数 $f(x)$ 在 x_0 处的导数值为 0，即 $f'(x_0)=0$.

定理 4.6 说明，可导极值点一定是函数的驻点.但驻点不一定是极值点，例如，$x=0$ 是函数 $y=x^3$ 的驻点，但它并不是极值点.另外，对于导数不存在的点，函数也可能取得极值.例如，函数 $y=|x|$ 在 $x=0$ 处的导数不存在，但在该点却取得极小值 0.所以，连续函数 $f(x)$ 的可能的极值点在 $f'(x)=0$ 或 $f'(x)$ 不存在的点中取到.下面给出函数极值的判别法.

定理 4.7（第一充分条件） 设函数 $f(x)$ 在点 x_0 的某一邻域 $(x_0-\delta,x_0+\delta)$ 内连续，在去心邻域 $(x_0-\delta,x_0)\cup(x_0,x_0+\delta)$ 内可导.

(1) 若当 $x\in(x_0-\delta,x_0)$ 时，$f'(x)>0$；当 $x\in(x_0,x_0+\delta)$ 时，$f'(x)<0$，则 x_0 是函数 $f(x)$ 的极大值点.

(2) 若当 $x\in(x_0-\delta,x_0)$ 时，$f'(x)<0$；当 $x\in(x_0,x_0+\delta)$ 时，$f'(x)>0$，则 x_0 是函数 $f(x)$ 的极小值点.

(3) 若当 $x\in(x_0-\delta,x_0)\cup(x_0,x_0+\delta)$ 时，$f'(x)$ 不变号，则 x_0 不是函数 $f(x)$ 的极值点.

判别连续函数极值的一般步骤如下：

(1) 确定函数 $f(x)$ 的定义域.

(2) 求 $f'(x)$，找出定义域内 $f'(x)=0$ 或 $f'(x)$ 不存在的点，这些点将定义域分成若干区间.

(3) 列表,由 $f'(x)$ 在上述点两侧的符号,确定其是否为极值点,是极大值点还是极小值点.

(4) 求出极值.

例 1 求函数 $f(x)=(x^2-1)^3+1$ 的极值.

解 函数 $f(x)=(x^2-1)^3+1$ 的定义域是 $(-\infty,+\infty)$,且

$$f'(x)=6x(x^2-1)^2.$$

令 $f'(x)=0$,得驻点 $x_1=-1,x_2=0,x_3=1$.

列表如下:

x	$(-\infty,-1)$	-1	$(-1,0)$	0	$(0,1)$	1	$(1,+\infty)$
$f'(x)$	$-$	0	$-$	0	$+$	0	$+$
$f(x)$	↘	非极值	↘	极小值	↗	非极值	↗

所以,函数 $f(x)$ 在 $x=0$ 处取得极小值 $f(0)=0$.

例 2 求函数 $f(x)=x-\frac{3}{2}x^{\frac{2}{3}}$ 的单调区间和极值.

解 函数 $f(x)=x-\frac{3}{2}x^{\frac{2}{3}}$ 的定义域是 $(-\infty,+\infty)$,且

$$f'(x)=1-x^{-\frac{1}{3}}=\frac{\sqrt[3]{x}-1}{\sqrt[3]{x}}.$$

令 $f'(x)=0$,得驻点 $x_1=1$,$f'(x)$ 不存在的点 $x_2=0$.

列表如下:

x	$(-\infty,0)$	0	$(0,1)$	1	$(1,+\infty)$
$f'(x)$	$+$	不存在	$-$	0	$+$
$f(x)$	↗	极大值	↘	极小值	↗

所以,函数 $f(x)$ 在 $(-\infty,0)$ 和 $(1,+\infty)$ 内单调增加,在 $(0,1)$ 内单调减少;在 $x=0$ 处取得极大值 $f(0)=0$,在 $x=1$ 处取得极小值 $f(1)=-\frac{1}{2}$.

当函数 $f(x)$ 在驻点处有不等于 0 的二阶导数时,我们往往利用二阶导数来判断函数 $f(x)$ 的驻点是否为极值点,即有下面的判定定理.

定理 4.8(第二充分条件) 设函数 $f(x)$ 在点 x_0 处有二阶导数,且 $f'(x_0)=0$,$f''(x_0)\neq 0$.

(1) 若 $f''(x_0)<0$,则函数 $f(x)$ 在 x_0 处取得极大值.

(2) 若 $f''(x_0)>0$,则函数 $f(x)$ 在 x_0 处取得极小值.

例 3 求函数 $f(x)=x^3-3x$ 的极值.

解 $f'(x)=3x^2-3=3(x+1)(x-1)$,$f''(x)=6x$.

令 $f'(x)=0$,得驻点 $x_1=-1,x_2=1$.

因为 $f''(-1)=-6<0$，所以函数 $f(x)$ 在 $x=-1$ 处取得极大值 $f(-1)=2$；

因为 $f''(1)=6>0$，所以函数 $f(x)$ 在 $x=1$ 处取得极小值 $f(1)=-2$.

例 4 试问 a 为何值时，函数 $f(x)=a\sin x+\frac{1}{3}\sin 3x$ 在 $x=\frac{\pi}{3}$ 处取得极值？并求此极值.

解 $f'(x)=a\cos x+\cos 3x$. 令 $f'\left(\frac{\pi}{3}\right)=0$，即 $\frac{a}{2}-1=0$，得 $a=2$.

又当 $a=2$ 时，$f''(x)=-2\sin x-3\sin 3x$，$f''\left(\frac{\pi}{3}\right)=-\sqrt{3}<0$，所以 $f(x)$ 在 $x=\frac{\pi}{3}$ 处取得极大值 $f\left(\frac{\pi}{3}\right)=\sqrt{3}$.

习题 4.4

习题 4.4 答案与提示

1. 单项选择题：

(1) 如果 $f'(x_0)=0$，则 x_0 一定是(　　).

(A) 极小值点　　(B) 极大值点

(C) 驻点　　(D) 都不是

(2) $f'(x_0)=0$ 是函数 $y=f(x)$ 在点 $x=x_0$ 处有极值的(　　).

(A) 必要条件　　(B) 充分条件

(C) 充要条件　　(D) 既不充分也不必要条件

(3) $f'(x_0)=0$，$f''(x_0)>0$ 是函数 $y=f(x)$ 在点 $x=x_0$ 处有极值的(　　).

(A) 必要条件　　(B) 充分条件

(C) 充要条件　　(D) 既不充分也不必要条件

(4) 若 $f'(x_0)=0$，$f''(x_0)=0$，则函数 $y=f(x)$ 在点 $x=x_0$ 处(　　).

(A) 一定有极大值　　(B) 一定有极小值

(C) 不一定有极值　　(D) 一定没有极值

(5) 函数 $y=f(x)$ 在点 $x=x_0$ 处取极值，则必有(　　).

(A) $f''(x_0)<0$　　(B) $f''(x_0)>0$

(C) $f''(x_0)=0$　　(D) $f'(x_0)=0$ 或 $f'(x_0)$ 不存在

2. 求下列函数的极值：

(1) $y=x^3-9x^2-27$；　　(2) $y=x-\ln(1+x)$；

(3) $y=x+\sqrt{1-x}$；　　(4) $y=\frac{2x}{1+x^2}$；

(5) $y=-x^4+2x^2$；　　(6) $y=\frac{1}{3}x-x^{\frac{1}{3}}$；

(7) $y=e^x+e^{-x}$；　　(8) $y=x^2e^{-x}$；

(9) $y=\sqrt{2+x-x^2}$；　　(10) $y=3-2(x+1)^{\frac{1}{3}}$.

3. 已知函数 $y=a\ln x+bx^2+3x$ 在 $x=1$ 及 $x=2$ 处有极值，求常数 a,b 的值.

视频：典型题目讲解（4.5）

4.5 函数的最值及其应用

函数的最值是指其在某区间上的最大值和最小值，最值是整体性概念. 若函数 $f(x)$ 在闭区间 $[a,b]$ 上连续，则根据闭区间上连续函数的性质，它一定能取得最大值和最小值.对于可导函数$f(x)$而言,其在区间$[a,b]$上的最值要么在区间端点取得,要么在区间(a,b)内的点x_0取得,这时有$f'(x_0)=0$.

求连续函数$f(x)$在闭区间$[a,b]$上的最值的步骤如下:

(1) 求出$f(x)$在(a,b)内$f'(x)=0$和$f'(x)$不存在的点,记为$x_1,x_2,\cdots,x_n$.

(2) 计算函数值$f(a),f(x_1),f(x_2),\cdots,f(x_n),f(b)$.

(3) 函数值$f(a),f(x_1),f(x_2),\cdots,f(x_n),f(b)$中的最大者为最大值,最小者为最小值.

例1 求$y=3\sqrt[3]{x^2}-2x$在区间$\left[-1,\frac{1}{2}\right]$上的最值.

解 由

$$y'=2x^{-\frac{1}{3}}-2=\frac{2(1-\sqrt[3]{x})}{\sqrt[3]{x}},$$

令$y'=0$,得$x=1\notin\left[-1,\frac{1}{2}\right]$.

又y'不存在的点为$x=0$.

列表如下:

x	-1	0	$\frac{1}{2}$
y	5	0	$\frac{3}{\sqrt[3]{4}}-1$

所以$y_{\max}=5,y_{\min}=0$.

若函数$f(x)$在$[a,b]$上连续,且在(a,b)内存在唯一极值点,则此极值点即为函数$f(x)$在$[a,b]$上的最值点.

在求解实际问题中的最小值和最大值时,应建立目标函数(即欲求其最值的那个函数),并确定其定义区间,将原问题转化为函数的最值问题.特别地,如果所考虑的实际问题存在最小值或最大值,并且所建立的目标函数$f(x)$导数存在且有唯一的驻点x_0,则$f(x_0)$即为所求的最小值或最大值.

例2 设有一块边长为a的正方形薄铁皮,从其四角截去同样的小正方形,做成一个无盖的方盒,问截去的小正方形边长为多少时,做成的盒子的容积最大?

解 设截去的小正方形边长为x,则所做成的盒子的容积为

$$V=(a-2x)^2\cdot x\quad\left(0<x<\frac{a}{2}\right).$$

由$V'=(a-2x)(a-6x)$,令$V'=0$,得$\left(0,\frac{a}{2}\right)$内的唯一驻点$x=\frac{a}{6}$.

由$V''=24x-8a$,知$V''\left(\frac{a}{6}\right)=-4a<0$,所以当$x=\frac{a}{6}$时,容积$V$取得最大值.

例3 从半径为R的圆形铁片上截下圆心角为θ的扇形,做成一个圆锥形的漏斗.问θ取多大时,漏斗的容积最大?

解　设所做漏斗的底面半径为 r，高为 h，则

$$2\pi r=R\theta,\ r=\sqrt{R^2-h^2},$$

漏斗的容积 V 为

$$V=\frac{1}{3}\pi r^2h=\frac{1}{3}\pi(R^2-h^2)h\ (0<h<R).$$

由 $V'=\frac{1}{3}\pi R^2-\pi h^2$，令 $V'=0$，得唯一驻点 $h=\frac{R}{\sqrt{3}}$.

由 $V''=-2\pi h$，知 $V''\left(\frac{R}{\sqrt{3}}\right)<0$. 故当 $h=\frac{R}{\sqrt{3}}$时，$V(h)$取得最大值，此时

$$\theta=\left.\frac{2\pi\sqrt{R^2-h^2}}{R}\right|_{h=\frac{R}{\sqrt{3}}}=\frac{2}{3}\sqrt{6}\pi.$$

因此，当 $\theta=\frac{2}{3}\sqrt{6}\pi$ 时，漏斗的容积最大.

例 4　设某企业每周生产某产品 x 件的总成本为(单位：千元)

$$C(x)=\frac{1}{9}x^2+3x+96,$$

需求函数 $x=81-3P$，其中 P 是产品的单价. 问每周生产多少件该产品时，该企业获利最大？最大利润为多少？

解　设产量为 x 件的总收益函数为 $R(x)$，总利润函数为 $L(x)$，则

$$R(x)=Px=\frac{81-x}{3}\cdot x=-\frac{1}{3}x^2+27x,$$

$$L(x)=R(x)-C(x)=-\frac{4}{9}x^2+24x-96.$$

由 $L'(x)=-\frac{8}{9}x+24$，令 $L'(x)=0$，得唯一驻点 $x=27$.

因为 $L''(27)=-\frac{8}{9}<0$，所以当 $x=27$ 时，$L(x)$取得最大值.

最大利润为 $L(27)=228$(千元).

习题 4.5

习题 4.5 答案与提示

1. 单项选择题：

(1) 若 $f(x_0)$是连续函数 $f(x)$在$[a,b]$上的最小值，则(　　).

(A) $f(x_0)$一定是 $f(x)$的极小值　　(B) $f'(x_0)=0$

(C) $f(x_0)$一定是区间端点的函数值　　(D) x_0 或是极值点，或是区间端点

(2) 函数 $y=|x-1|+2$ 的最小值点 $x=$(　　).

(A) 0　　(B) 1

(C) 2　　(D) 3

2. 求下列函数的最大值和最小值：

(1) $y=x^4-2x^2+5, x\in[-2,2]$；　　(2) $y=\ln(1+x^2), x\in[-1,2]$；

(3) $y=xe^x, x\in[0,4]$；　　(4) $y=\frac{x-1}{x+1}, x\in[0,5]$；

(5) $y=4e^{x}+e^{-x}, x\in[-1,1]$;　　(6) $y=x+\sqrt{1-x}, x\in[-5,1]$;

(7) $y=\dfrac{x}{x^{2}+1}, x\geqslant 0$;　　(8) $y=x^{2}-\dfrac{54}{x}, x<0$.

3. 要造一圆柱形油罐，体积为 V，问底面半径 r 和高 h 取何值时能使表面积最小？此时底面半径与高的比为多少？

4. 某产品的总成本函数为 $C(x)=\dfrac{x^{2}}{4}+3x+400$，其中 x 是产量，当产量为何水平时，其单位平均成本最小？并求此最小值.

5. 设某产品的需求函数为 $p=10-3Q$，其中 p 为价格，Q 为需求量，且平均成本 $\overline{C}=Q$. 问当产品的需求量为多少时，可使利润最大？并求此最大利润.

6. 某工厂生产某产品，日总成本为 c 元，其中固定成本为 50 元，每天多生产一个单位产品，成本增加 10 元，该产品的需求函数为 $Q=50-2p$，求当 Q 为多少时，工厂日总利润最大？

7. 某厂生产某种商品，其年产量为 100 万件，每批生产需增加准备费 1 000 元，而每件的年库存费为 0.05 元. 如果均匀销售，且上批销售完后，立即生产下一批（此时商品库存数为批量的一半），试问应分几批生产，能使生产准备费与库存费之和最小？

4.6　曲线的凹凸性和拐点

视频：典型题目讲解（4.6）

在本章 4.3 中，我们研究了函数的单调性. 但同样是上升（或下降）的曲线弧却有不同的弯曲状况，如图 4-4，弧 ACB 向上弯曲，弧 ADB 却向下弯曲. 本节主要研究曲线的弯曲状况，即曲线的凹凸性.

在一些曲线弧上，如果任取两点，则连接这两点间的弦总位于这两点间的弧段上方（如图4-5(a)）；而有的曲线弧则正好相反（如图 4-5(b)）. 曲线的这种性质就是曲线的凹凸性.

定义 4.2　设函数 $f(x)$ 在区间 (a,b) 内连续. 若对任意 $x_1, x_2\in(a,b)$，恒有

$$f\left(\frac{x_1+x_2}{2}\right)\leqslant\frac{f(x_1)+f(x_2)}{2},$$

则称 **$f(x)$ 在区间 (a,b) 内是凹的**；

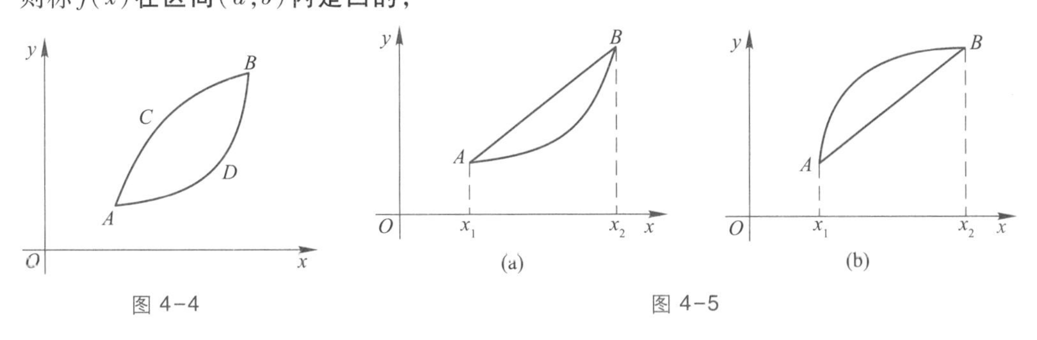

图 4-4　　图 4-5

若对任意 $x_1, x_2\in(a,b)$，恒有

$$f\left(\frac{x_1+x_2}{2}\right)\geqslant\frac{f(x_1)+f(x_2)}{2},$$

则称 **$f(x)$ 在区间 (a,b) 内是凸的**.

如果 $f(x)$ 在区间 (a,b) 内具有一阶导数，则有下面的性质：

性质 4.1 设函数 $f(x)$ 在区间 (a,b) 内具有一阶导数，若曲线 $y=f(x)$ 位于其每一点处切线的上方，则函数 $f(x)$ 在区间 (a,b) 内是凹的；若曲线 $y=f(x)$ 位于其每一点处切线的下方，则函数 $f(x)$ 在区间 (a,b) 内是凸的.

如果函数 $f(x)$ 在区间 (a,b) 内具有二阶导数，那么可以利用二阶导数的符号来判定曲线的凹凸性.

定理 4.9 设函数 $f(x)$ 在区间 (a,b) 内具有二阶导数.

(1) 若当 $x\in(a,b)$ 时 $f''(x)>0$，则曲线 $y=f(x)$ 在 (a,b) 内是凹的.

(2) 若当 $x\in(a,b)$ 时 $f''(x)<0$，则曲线 $y=f(x)$ 在 (a,b) 内是凸的.

定义 4.3 设 M 为曲线 $y=f(x)$ 上一点，若曲线在点 M 的两侧有不同的凹凸性，则点 M 称为曲线 $y=f(x)$ 的**拐点**.

定理 4.10(拐点的必要条件) 若函数 $f(x)$ 在 x_0 的某个邻域 $U(x_0)$ 内具有二阶导数，且 $(x_0,f(x_0))$ 为曲线 $y=f(x)$ 的拐点，则 $f''(x_0)=0$.

$f''(x_0)=0$ 仅仅是拐点的必要条件，对于函数 $y=x^4$，由于 $y''=12x^2\geqslant 0$，因此曲线 $y=x^4$ 在 $(-\infty,+\infty)$ 内是凹的，这时虽然有 $y''(0)=0$，但 $(0,0)$ 并不是该曲线的拐点.

下面给出判别拐点的两个充分条件：

定理 4.11 设函数 $f(x)$ 在 x_0 的某个邻域内具有二阶导数，且 $f''(x_0)=0$. 若 $f''(x)$ 在 x_0 的左、右两侧异号，则 $(x_0,f(x_0))$ 是曲线 $y=f(x)$ 的拐点；若 $f''(x)$ 在 x_0 的左、右两侧同号，则 $(x_0,f(x_0))$ 不是曲线 $y=f(x)$ 的拐点.

对于 $f''(x)$ 不存在的点 x_0，$(x_0,f(x_0))$ 也可能是曲线 $y=f(x)$ 的拐点.

注意 极值点、驻点是指 x 轴上的点，而拐点是指曲线上的点.

判别曲线的凹凸性与拐点的一般步骤如下：

(1) 确定函数的定义域.

(2) 求 $f''(x)$，并找出 $f''(x)=0$ 和 $f''(x)$ 不存在的点，这些点将定义域分成若干小区间.

(3) 列表，由 $f''(x)$ 在上述点两侧的符号确定曲线的凹凸性与拐点.

例 1 求曲线 $y=x^4-2x^3+1$ 的凹凸区间与拐点.

解 曲线对应函数的定义域为 $(-\infty,+\infty)$，且

$$y'=4x^3-6x^2,$$

$$y''=12x^2-12x=12x(x-1).$$

令 $y''=0$，得 $x_1=0$，$x_2=1$.

列表如下：

x	$(-\infty,0)$	0	$(0,1)$	1	$(1,+\infty)$
y''	+	0	−	0	+
y	∪	拐点	∩	拐点	∪

注：表中符号“∪”表示凹，“∩”表示凸，下同.

所以，曲线 $y=x^4-2x^3+1$ 在 $(-\infty,0)$ 和 $(1,+\infty)$ 内是凹的，在 $(0,1)$ 内是凸的；曲线的拐点为 $(0,1)$ 和 $(1,0)$.

例 2 求曲线 $y=\frac{3}{5}x^{\frac{5}{3}}-\frac{3}{2}x^{\frac{2}{3}}+1$ 的凹凸区间与拐点.

解 曲线对应函数的定义域为$(-\infty,+\infty)$，且

$$y'=x^{\frac{2}{3}}-x^{-\frac{1}{3}},$$

$$y''=\frac{2}{3}x^{-\frac{1}{3}}+\frac{1}{3}x^{-\frac{4}{3}}=\frac{1}{3\sqrt[3]{x^4}}(2x+1).$$

令 $y''=0$，得 $x=-\frac{1}{2}$；y''不存在的点为 $x=0$.

列表如下：

x	$\left(-\infty,-\frac{1}{2}\right)$	$-\frac{1}{2}$	$\left(-\frac{1}{2},0\right)$	0	$(0,+\infty)$
y''	$-$	0	$+$	不存在	$+$
y	$\cap$	拐点	$\cup$	非拐点	$\cup$

所以，曲线 $y=\frac{3}{5}x^{\frac{5}{3}}-\frac{3}{2}x^{\frac{2}{3}}+1$ 在$\left(-\frac{1}{2},0\right)$和$(0,+\infty)$内是凹的，在$\left(-\infty,-\frac{1}{2}\right)$内是凸的；曲线的拐点为$\left(-\frac{1}{2},1-\frac{9}{10}\sqrt[3]{2}\right)$.

习题 4.6

习题 4.6 答案与提示

1. 单项选择题：

(1) 下列函数中，对应的曲线在定义域内为凹的是(　　).

(A) $y=e^{-x}$　　(B) $y=\ln(1+x^2)$

(C) $y=x^2-x^3$　　(D) $y=\sin x$

(2) 如果函数 $f(x)$ 在区间 (a,b) 内恒有 $f'(x)<0, f''(x)>0$，则曲线 $f(x)$ 的弧为(　　).

(A) 上升且凸的　　(B) 下降且凸的

(C) 上升且凹的　　(D) 下降且凹的

(3) 曲线 $y=e^{-x^2}$(　　).

(A) 没有拐点　　(B) 有一个拐点

(C) 有两个拐点　　(D) 有三个拐点

(4) 图 4-6 中曲线 $P=f(t)$ 表示某工厂 10 年来的产值变化情况. 设 $f(t)$ 是可导函数，从图形上大致可以判断，该厂产值的增长速度(　　).

(A) 前两年越来越快，后 5 年越来越慢

(B) 前两年越来越慢，后 5 年越来越快

(C) 前两年越来越快，以后越来越慢

(D) 前两年越来越慢，以后越来越快

图 4-6

2. 确定下列曲线的凹凸区间，并求拐点：

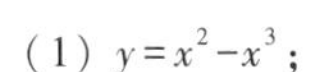

(1) $y=x^2-x^3$；　　(2) $y=x+\frac{1}{x}$；

(3) $y=xe^{-x}$；　　(4) $y=\ln(x^2+1)$；

(5) $y=x^4-2x^3+1$；　　(6) $y=x-\ln(1+x)$.

3. 当 a,b 为何值时，点 $(1,3)$ 为曲线 $y=ax^3+bx^2$ 的拐点？

4. 确定 a,b,c，使曲线 $y=x^3+ax^2+bx+c$ 有一个拐点 $(1,-1)$，且在 $x=0$ 处有极大值 1.

视频：典型题目讲解（4.7）

4.7 曲线的渐近线

利用函数的一阶导数和二阶导数,可以判定函数的单调性和曲线的凹凸性,从而对函数所表示的曲线的升降和弯曲情况有定性的认识.但当函数的定义域为无穷区间或函数有无穷个间断点时,如何刻画曲线向无穷远处延伸的趋势变化?为此,就需要引进曲线渐近线的概念.

定义 4.4 当曲线 $y=f(x)$ 上的一个动点 P 沿着曲线趋于无穷远时,如果动点 P 与某定直线 l 的距离趋于 0,那么直线 l 称为曲线 $y=f(x)$ 的**渐近线**.

一般地,曲线的渐近线分为水平渐近线、铅直渐近线和斜渐近线三种.我们只讨论前面两种.

4.7.1 水平渐近线

设有曲线 $y=f(x)$.如果 $\lim\limits_{x\to+\infty}f(x)=a$,则称直线 $y=a$ 是曲线 $y=f(x)$ 在 $x\to+\infty$ 时的**水平渐近线**;如果 $\lim\limits_{x\to-\infty}f(x)=b$,则称直线 $y=b$ 是曲线 $y=f(x)$ 在 $x\to-\infty$ 时的**水平渐近线**;如果 $\lim\limits_{x\to\infty}f(x)=a$,则称直线 $y=a$ 是曲线 $y=f(x)$ 在 $x\to\infty$ 时的**水平渐近线**.

例 1 求曲线 $y=\dfrac{x^2}{1+x+x^2}$ 的水平渐近线.

解 因为 $\lim\limits_{x\to\infty}\dfrac{x^2}{1+x+x^2}=1$,所以直线 $y=1$ 为曲线 $y=\dfrac{x^2}{1+x+x^2}$ 的水平渐近线.

例 2 求曲线 $y=\arctan x$ 的水平渐近线.

解 因为

$$\lim_{x\to+\infty}\arctan x=\frac{\pi}{2},$$

所以直线 $y=\dfrac{\pi}{2}$ 是曲线 $y=\arctan x$ 在 $x\to+\infty$ 时的水平渐近线.

又因为

$$\lim_{x\to-\infty}\arctan x=-\frac{\pi}{2},$$

所以直线 $y=-\dfrac{\pi}{2}$ 是曲线 $y=\arctan x$ 在 $x\to-\infty$ 时的水平渐近线.

例 3 求曲线 $y=xe^{-x}$ 的水平渐近线.

解 因为

$$\lim_{x\to+\infty}xe^{-x}=\lim_{x\to+\infty}\frac{x}{e^x}=\lim_{x\to+\infty}\frac{1}{e^x}=0,$$

所以直线 $y=0$ 为曲线 $y=xe^{-x}$ 在 $x\to+\infty$ 时的水平渐近线.

因为 $\lim\limits_{x\to-\infty}xe^{-x}=-\infty$,所以曲线 $y=xe^{-x}$ 在 $x\to-\infty$ 时不存在水平渐近线.

4.7.2 铅直渐近线

设有曲线 $y=f(x)$.如果存在常数 c,使得 $\lim\limits_{x\to c^+}f(x)=\infty$ 或 $\lim\limits_{x\to c^-}f(x)=\infty$ 或 $\lim\limits_{x\to c}f(x)=\infty$,那么直线 $x=c$ 称为曲线 $y=f(x)$ 的**铅直渐近线**.

铅直渐近线又叫垂直渐近线.

例 4 求曲线 $y=\ln x$ 的铅直渐近线.

解 因为

$$\lim_{x\to 0^+}\ln x=\infty,$$

所以直线 $x=0$ 为曲线 $y=\ln x$ 的铅直渐近线.

例 5 求曲线 $y=\dfrac{x}{x-2}+3$ 的水平渐近线和铅直渐近线.

解 因为

$$\lim_{x\to\infty}\left(\frac{x}{x-2}+3\right)=4,\ \lim_{x\to 2}\left(\frac{x}{x-2}+3\right)=\infty,$$

所以直线 $y=4$ 为曲线 $y=\dfrac{x}{x-2}+3$ 的水平渐近线,直线 $x=2$ 为曲线 $y=\dfrac{x}{x-2}+3$ 的铅直渐近线.

习题 4.7

习题 4.7 答案与提示

1. 单项选择题:

(1) 曲线 $y=e^x$( ).

(A) 仅有铅直渐近线　　(B) 仅有水平渐近线

(C) 既有铅直渐近线又有水平渐近线　　(D) 无渐近线

(2) 曲线 $y=\dfrac{4x-1}{(x-2)^2}$( ).

(A) 只有水平渐近线　　(B) 只有铅直渐近线

(C) 既有铅直渐近线又有水平渐近线　　(D) 没有渐近线

(3) 曲线 $y=\dfrac{4}{x^2+2x-3}$的铅直渐近线( ).

(A) 仅为 $x=-3$　　(B) 仅为 $x=1$

(C) 为 $x=-3$ 和 $x=1$　　(D) 不存在

(4) 曲线 $y=\dfrac{x|x|}{(x-1)(x-2)}$ 在 $(-\infty,+\infty)$ 内有( ).

(A) 1 条铅直渐近线,1 条水平渐近线

(B) 1 条铅直渐近线,2 条水平渐近线

(C) 2 条铅直渐近线,1 条水平渐近线

(D) 2 条铅直渐近线,2 条水平渐近线

2. 求下列曲线的渐近线:

(1) $y=x^2+\dfrac{1}{x-1}$;　　(2) $y=\dfrac{x}{1+x^2}+2$;

(3) $y=\dfrac{x^3}{2(x+1)^3}$;　　(4) $y=e^{-\frac{1}{x}}$;

(5) $y=\dfrac{x}{x^2-1}$;　　(6) $y=\dfrac{x-1}{x^2-1}$.

视频:典型题目讲解(4.8)

4.8 导数在经济分析中的应用

4.8.1 导数的经济意义

若函数 $y=f(x)$ 可导,则称 $f'(x)$ 为 $f(x)$ 的**边际函数**,$f'(x_0)$ 称为 $f(x)$ 在 x_0 处的

边际函数值.在经济学中,边际概念是反映一种经济变量 y 相对于另一种经济变量 x 的变化率$\frac{\Delta y}{\Delta x}$或$\lim\limits_{\Delta x\to 0}\frac{\Delta y}{\Delta x}$.

1. 边际成本

设 $C(q)$ 表示生产某种产品 q 个单位的总成本.平均成本 $\overline{C}(q)=\frac{C(q)}{q}$表示生产 q 个单位产品时,平均每单位产品的成本.$C'(q)$表示产量为 q 时的边际成本.

根据微分定义,当 $|\Delta q|$ 很小时,有

$$C(q+\Delta q)-C(q)\approx C'(q)\Delta q.$$

在经济上对大量产品而言,$\Delta q=1$ 认为很小,不妨令 $\Delta q=1$,得

$$C(q+1)-C(q)\approx C'(q),$$

因此边际成本 $C'(q)$表示产量从 q 个单位时再生产 1 个单位产品所需的成本,即表示生产第 $q+1$ 个单位产品的成本.

2. 边际收益

设 $R(q)$表示销售某种商品 q 个单位的总收益.平均收益 $\overline{R}(q)=\frac{R(q)}{q}$表示销售 q 个单位商品时,平均每单位商品的收益.$R'(q)$表示销量为 q 时的边际收益.

根据微分定义,得

$$R(q+1)-R(q)\approx R'(q),$$

因此边际收益 $R'(q)$表示销量从 q 个单位时再销售 1 个单位商品所得的收益,即表示销售第 $q+1$ 个单位商品的收益.

3. 边际利润

设 $L(q)=R(q)-C(q)$表示生产或销售 q 个单位某种商品的总利润.

平均利润 $\overline{L}(q)=\frac{L(q)}{q}$表示生产或销售 q 个单位商品时,平均每单位商品的利润.

$L'(q)$表示产量或销量为 q 时的边际利润.

根据微分定义,得

$$L(q+1)-L(q)\approx L'(q),$$

因此边际利润 $L'(q)$表示产量或销量从 q 个单位时再生产或销售 1 个单位商品所得的利润,即表示生产或销售第 $q+1$ 个单位商品的利润.

例 1 设生产某商品的固定成本为 20 000 元,每生产 1 个单位产品,成本增加 100 元,总收益函数为 $R(q)=400q-\frac{1}{2}q^2$.设产销平衡,试求边际成本、边际收益及边际利润.

解 总成本函数 $C(q)=20\ 000+100q$,

边际成本 $C'(q)=100$;

总收益函数 $R(q)=400q-\frac{1}{2}q^2$,

边际收益 $R'(q)=400-q$;

总利润函数 $L(q)=R(q)-C(q)=-\frac{1}{2}q^2+300q-20\ 000$,

边际利润 $L'(q)=R'(q)-C'(q)=-q+300$.

4.8.2 弹性

在经济理论(特别是计量经济学)中,还需要研究一种经济量 y 对于另一种经济量 x 的微小百分比变动关系,这就是弹性的概念.

1. 函数弹性的定义

定义 4.5 设函数 $y=f(x)$ 在点 x_0 处可导,函数的相对改变量 $\frac{\Delta y}{y_0}=\frac{f(x_0+\Delta x)-f(x_0)}{y_0}$ 与自变量的相对改变量 $\frac{\Delta x}{x_0}$ 之比 $\frac{\Delta y}{y_0}\Big/\frac{\Delta x}{x_0}$ 称为函数 $y=f(x)$ 在点 x_0 与 $x_0+\Delta x$ **两点间的弹性**.当 $\Delta x\to 0$ 时,$\frac{\Delta y}{y_0}\Big/\frac{\Delta x}{x_0}$ 的极限值 $\frac{x_0}{f(x_0)}f'(x_0)$ 称为函数 $y=f(x)$ **在点 x_0 处的弹性**,记作

$$\left.\frac{Ey}{Ex}\right|_{x=x_0} \text{或} \left.\frac{E}{Ex}f(x)\right|_{x=x_0},$$

即

$$\left.\frac{Ey}{Ex}\right|_{x=x_0}=\frac{x_0}{f(x_0)}f'(x_0).$$

弹性又叫**相对变化率**.当函数 $y=f(x)$ 在区间 (a,b) 内可导时,$\frac{Ey}{Ex}=\frac{x}{f(x)}f'(x)$ 也叫作 $y=f(x)$ 在区间 (a,b) 内的**弹性函数**.

由 $\lim\limits_{\Delta x\to 0}\frac{\Delta y}{y_0}\Big/\frac{\Delta x}{x_0}=\left.\frac{Ey}{Ex}\right|_{x=x_0}$,得

$$\frac{\Delta y}{y_0}\Big/\frac{\Delta x}{x_0}=\left.\frac{Ey}{Ex}\right|_{x=x_0}+\alpha,$$

其中 $\lim\limits_{\Delta x\to 0}\alpha=0$,整理得

$$\frac{\Delta y}{y_0}=\left.\frac{Ey}{Ex}\right|_{x=x_0}\cdot\frac{\Delta x}{x_0}+\alpha\cdot\frac{\Delta x}{x_0},$$

所以,当 $|\Delta x|$ 很小时,有

$$\frac{\Delta y}{y_0}\approx\left.\frac{Ey}{Ex}\right|_{x=x_0}\cdot\frac{\Delta x}{x_0}.$$

上式表示当 x 从 x_0 改变 1%时,$f(x)$ 从 $f(x_0)$ 近似地改变 $\left.\frac{Ey}{Ex}\right|_{x=x_0}$%.实际问题中解释弹性意义时,略去“近似”.

例 2 求函数 $y=2e^{-3x}$ 的弹性函数 $\frac{Ey}{Ex}$ 及 $\left.\frac{Ey}{Ex}\right|_{x=2}$.

解 $\frac{Ey}{Ex}=\frac{x}{y}y'=\frac{x}{2e^{-3x}}(2e^{-3x})'=\frac{x}{2e^{-3x}}(-6e^{-3x})=-3x$,

$$\left.\frac{Ey}{Ex}\right|_{x=2}=-3x\Big|_{x=2}=-6.$$

例 3 求幂函数 $y=x^a$ （a 为常数）的弹性函数.

解 $\frac{Ey}{Ex}=\frac{x}{y}y'=\frac{x}{x^a}(x^a)'=\frac{x}{x^a}(ax^{a-1})=a$.

由此可见,幂函数的弹性函数为常数,所以也称幂函数为不变弹性函数.

2. 需求弹性

定义 4.6 已知某商品的需求函数 $Q=f(p)$ 在点 p_0 处可导,其中 p 表示价格,Q 表示需求量. $\frac{\Delta Q}{Q_0}\Big/\frac{\Delta p}{p_0}$ 称为该商品在 p_0 与 $p_0+\Delta p$ **两点间的需求弹性**,$\lim\limits_{\Delta p\to 0}\frac{\Delta Q}{Q_0}\Big/\frac{\Delta p}{p_0}=\frac{p_0}{f(p_0)}f'(p_0)$ 称为该商品**在 p_0 处的需求弹性**,记作

$$\eta(p)\Big|_{p=p_0}=\eta(p_0)=\frac{p_0}{f(p_0)}f'(p_0).$$

一般而言,需求量 Q 是价格 p 的减函数,因此 $\eta(p_0)$ 一般为负值.

由
$$\frac{\Delta Q}{Q_0}\approx\eta(p_0)\cdot\frac{\Delta p}{p_0},$$
可知当价格 p 从 p_0 上涨(或下跌)1%时,需求量 Q 从 $Q(p_0)$ 减少(或增加) $|\eta(p_0)|$%.

例 4 设某商品的需求函数 $Q=e^{-\frac{p}{5}}$,分别求 $p=3$,$p=5$ 和 $p=6$ 时的需求弹性.

解 因为
$$\begin{aligned}\eta(p)&=\frac{EQ}{Ep}=\frac{p}{f(p)}f'(p)\\&=\frac{p}{e^{-\frac{p}{5}}}(e^{-\frac{p}{5}})'=\frac{p}{e^{-\frac{p}{5}}}\left(-\frac{1}{5}e^{-\frac{p}{5}}\right)=-\frac{p}{5},\end{aligned}$$

所以
$$\eta(3)=-\frac{3}{5},\ \eta(5)=-1,\ \eta(6)=-\frac{6}{5}.$$

对该例题中的需求函数来说:

当 $p=3$ 时,价格 p 从 3 上涨(或下跌)1%,需求量 Q 相应减少(或增加) $\frac{3}{5}$%;

当 $p=5$ 时,价格 p 从 5 上涨(或下跌)1%,需求量 Q 相应减少(或增加)1%;

当 $p=6$ 时,价格 p 从 6 上涨(或下跌)1%,需求量 Q 相应减少(或增加) $\frac{6}{5}$%.

若 $|\eta(p_0)|<1$,表示需求变动幅度小于价格变动幅度,此时称低弹性;
若 $|\eta(p_0)|=1$,表示需求变动幅度与价格变动幅度相同,此时称单位弹性;
若 $|\eta(p_0)|>1$,表示需求变动幅度大于价格变动幅度,此时称高弹性.

3. 用需求弹性分析总收益的变化

总收益 R 是商品价格 p 与销售量 Q 的乘积,即 $R(p)=pQ(p)$,所以

$$
\begin{aligned}
R'(p)&=Q(p)+pQ'(p)\\
&=Q(p)\left[1+\frac{p}{Q(p)}Q'(p)\right]\\
&=Q(p)(1+\eta).
\end{aligned}
$$

(1) 若 $|\eta|<1$,即低弹性,则 $R'(p)>0$,即 $R(p)$ 单调增加.价格上涨,总收益增加;价格下跌,总收益减少.

(2) 若 $|\eta|>1$,即高弹性,则 $R'(p)<0$,即 $R(p)$ 单调减少.价格上涨,总收益减少;价格下跌,总收益增加.

(3) 若 $|\eta|=1$,即单位弹性,则 $R'(p)=0$.此时价格的改变对总收益的影响不大.

例 5 设某商品的需求函数为 $Q=100-2p$,讨论其弹性的变化.

解 由 $Q=100-2p$,令 $Q=0$,得 $p=50$,即 50 是需求函数 $Q=100-2p$ 的最高价格.

因为

$$
\begin{aligned}
\eta&=\frac{EQ}{Ep}=\frac{p}{Q(p)}Q'(p)\\
&=\frac{p}{100-2p}(100-2p)'=\frac{-p}{50-p},
\end{aligned}
$$

所以 $|\eta|=\dfrac{p}{50-p}$.

当 $p=25$ 时,$|\eta|=1$,此时为单位弹性;

当 $25<p<50$ 时,$|\eta|>1$,此时为高弹性;

当 $0<p<25$ 时,$|\eta|<1$,此时为低弹性.

4. 供给弹性

定义 4.7 已知某商品的供给函数 $Q=g(p)$ 在点 p_0 处可导,其中 p 表示价格,Q 表示供应量.$\dfrac{\Delta Q}{Q_0}\Big/\dfrac{\Delta p}{p_0}$ 称为该商品在 p_0 与 $p_0+\Delta p$ **两点间的供给弹性**,$\lim\limits_{\Delta p\to 0}\dfrac{\Delta Q}{Q_0}\Big/\dfrac{\Delta p}{p_0}=\dfrac{p_0}{g(p_0)}g'(p_0)$ 称为该商品**在 p_0 处的供给弹性**,记作

$$
\varepsilon(p)\Big|_{p=p_0}=\varepsilon(p_0)=\frac{p_0}{g(p_0)}g'(p_0).
$$

一般而言,供应量 Q 是价格 p 的增函数,因此 $\varepsilon(p_0)$ 一般为正值.

例 6 设某商品的供给函数 $Q=3e^{2p}$,求供给弹性函数及 $p=1$ 时的供给弹性.

解

$$
\begin{aligned}
\varepsilon&=\frac{EQ}{Ep}=\frac{p}{Q(p)}Q'(p)\\
&=\frac{p}{3e^{2p}}(3e^{2p})'=\frac{p}{3e^{2p}}6e^{2p}=2p,
\end{aligned}
$$

$$
\varepsilon(1)=2p\Big|_{p=1}=2.
$$

例 7 已知某厂生产一种产品 q 件的总成本函数为 $C(q)=1\,200+2q$(万元),需求函数为 $p=\dfrac{100}{\sqrt{q}}$,其中 p 为产品的价格.设需求量等于产量.

(1) 求需求对价格的弹性;

(2) 产量 q 为多少时总利润最大? 并求最大总利润.

解 (1) 需求对价格的弹性为

$$\frac{Eq}{Ep}=\frac{p}{f(p)}f'(p)=\frac{p}{\frac{10\ 000}{p^2}}\left(\frac{10\ 000}{p^2}\right)'$$

$$=\frac{p}{\frac{10\ 000}{p^2}}\cdot\frac{-2\times10\ 000}{p^3}=-2.$$

(2) 总利润

$$L(q)=R(q)-C(q)=pq-C(q)$$

$$=\frac{100}{\sqrt{q}}q-1\ 200-2q=100\sqrt{q}-1\ 200-2q,$$

$$L'(q)=\frac{100}{2\sqrt{q}}-2.$$

令 $L'(q)=0$,得 $q=625$(件),$L(625)=50$(万元).

因为 $L''(625)<0$,所以当产量为 625 件时总利润最大,最大总利润为 50 万元.

习题 4.8

习题 4.8 答案与提示

1. 设生产某商品 x 个单位的总成本函数为 $C(x)=1\ 100+\frac{x^2}{1\ 200}$.试求:

(1) 生产 900 个单位产品时的总成本和平均单位成本;

(2) 生产 900 个单位到 1 000 个单位产品时的成本平均变化率;

(3) 生产 900 个单位和 1 000 个单位产品时的边际成本.

2. 设某产品生产 x 个单位的总收入 R 为 x 的函数,$R(x)=200x-0.01x^2$.求生产 50 个单位产品时的总收入及平均单位收入和边际收入.

3. 设某商品的需求函数为 $p=\frac{b}{a+Q}+c$(其中 $Q\geqslant0,a,b,c$ 为常数),p 表示该商品的价格,Q 表示该商品的需求量.试求:

(1) 总收益函数;

(2) 边际收益函数.

4. 求下列函数的弹性:

(1) $y=ax^2+bx+c$; (2) $y=xe^x$;

(3) $y=a^{bx}$; (4) $y=\ln x$.

5. 设某商品的需求量 y 是价格 x 的函数,$y=1\ 000-100x$.求当价格 x 为 8 时的需求弹性,并解释其经济意义.

6. 设某商品的需求函数为 $Q=e^{-\frac{p}{4}}$,求需求弹性函数和收益弹性函数,并求当 $p=3,p=4,p=5$ 时的需求弹性和收益弹性,并解释其经济意义.

7. 设某商品的供给函数为 $Q=2+3p$,求供给弹性函数及当 $p=3$ 时的供给弹性,并解释其经济意义.

8. 设某商品的需求函数为 $Q(p)=75-p^2$.

(1) 求当 $p=4$ 时的边际需求,并说明其经济意义;

(2) 求当 $p=4$ 时的需求弹性,并说明其经济意义;

(3) 当 $p=4$ 及 $p=6$ 时,若价格 p 上涨 1%,总收益将分别变化百分之几?是增加还是减少?

(4) 当 p 为何值时,总收益最大?

本章小结

视频:第四章内容综述

1. 基本概念及性质

(1) 极限的不定式.

(2) 函数的单调性.

(3) 函数的驻点.

(4) 函数的极值和极值点.

(5) 函数的最值和最值点.

(6) 曲线的凹凸性和拐点.

(7) 曲线的水平渐近线和铅直渐近线.

2. 重要的法则、定理和公式

(1) 罗尔定理.

(2) 拉格朗日微分中值定理.

(3) 洛必达法则.

(4) 函数单调性的判定.

(5) 函数极值的判定(必要条件和充分条件).

(6) 曲线的凹凸性和拐点的判定.

3. 考核要求

(1) 微分中值定理,要求达到"领会"层次.

① 能准确陈述罗尔定理,并清楚其几何意义.

② 能准确陈述拉格朗日微分中值定理,并清楚其几何意义.

③ 知道导数恒等于 0 的函数必为常数,导数处处相等的两个函数只能相差一个常数.

(2) 洛必达法则,要求达到"综合应用"层次.

① 准确理解洛必达法则.

② 能识别各种类型的未定式,并会运用洛必达法则求极限.

(3) 函数单调性的判定,要求达到"简单应用"层次.

① 清楚导数的符号与函数单调性之间的关系.

② 会判别函数在给定区间上的单调性,并会求函数的单调区间.

③ 会用函数的单调性证明简单的不等式.

(4) 函数的极值及其求法,要求达到"综合应用"层次.

① 清楚函数极值的定义,知道这是函数的一种局部性态.

② 知道什么叫函数的驻点,清楚函数的极值点与驻点之间的关系.

③ 掌握函数在一点取极值的两种判别法,并会求函数的极值.

(5) 函数的最值及其应用,要求达到"综合应用"层次.

① 知道函数最值的定义及其与极值的区别.

② 清楚最值的求法.

③ 能用最值解决简单的应用问题.

(6) 曲线的凹凸性和拐点,要求达到“简单应用”层次.

① 清楚曲线在给定区间上“凹”“凸”的定义.

② 会判别曲线在给定区间上的凹凸性并求出曲线的凹凸区间.

③ 知道曲线拐点的定义,会求曲线的拐点或判定一个点是否是拐点.

(7) 曲线的渐近线,要求达到“领会”层次.

知道曲线的水平渐近线和铅直渐近线的定义,会求曲线的水平渐近线和铅直渐近线.

(8) 经济学中的边际函数和弹性函数,要求达到“简单应用”层次.

① 清楚边际函数的概念及其实际意义.

② 清楚弹性函数的概念,会求经济函数的弹性,并说明其实际意义.

第五章　一元函数积分学

一元函数积分学是一元函数微积分的另一个重要组成部分.不定积分可看成是微分的逆运算,而定积分则源于曲边图形的面积计算和已知物体运动的速度求移动的路程等实际问题.微分方程的理论和方法是与微积分同时发展起来的,具有广泛的实际应用.

本章将从原函数概念入手,介绍不定积分的概念与性质及其计算方法;随后简单地介绍微分方程的基本概念和两类最基本的一阶微分方程的解法;最后从实例出发,引出定积分的概念,讨论它的性质,揭示定积分与不定积分的关系,寻求定积分的计算方法,并说明定积分在几何及经济上的应用.

本章总的要求是:理解原函数和不定积分的概念;清楚定积分的概念及其几何意义;熟悉不定积分和定积分的基本性质;理解变上限积分所确定的函数的求导公式;掌握牛顿-莱布尼茨公式;熟记基本积分公式;熟练掌握不定积分与定积分的换元积分法和分部积分法;能熟练地求不定积分和定积分;掌握微分方程的基本概念;能求解可分离变量的微分方程和一阶线性微分方程;清楚无穷限反常积分的概念,在比较简单的情况下会依据定义判别其是否收敛,并在收敛时求出其值;会用定积分解决比较简单的几何及经济问题.

5.1　原函数与不定积分的概念

视频:典型题目讲解(5.1)

正如加法有其逆运算(减法),乘法有其逆运算(除法)一样,函数的不定积分运算是函数的微分运算的逆运算.求一个未知函数,使其导函数恰好是某个已知函数,在许多实际应用中都会遇到此类问题.例如:已知曲线上每一点处的切线斜率,求该曲线方程;已知某种产品的边际成本,求该产品的总成本函数等.

5.1.1　原函数与不定积分

1. 原函数的定义

定义 5.1　设 $f(x)$ 是定义在区间 I 上的一个函数,如果存在函数 $F(x)$,对于任意的 $x\in I$,都有

$$F'(x)=f(x),$$

则称 $F(x)$ 是 $f(x)$ 在 I 上的一个**原函数**.

例 1　在 $(-\infty,+\infty)$ 内求 $f(x)=\cos x$ 的一个原函数.

解　因为在 $(-\infty,+\infty)$ 内,有 $(\sin x)'=\cos x$,所以 $F(x)=\sin x$ 是 $f(x)=\cos x$ 在 $(-\infty,+\infty)$ 内的一个原函数.

显然 $\sin x+1$, $\sin x+C$(C 为任意常数)也是 $f(x)=\cos x$ 的原函数.

关于原函数,有以下几个问题需要讨论:

(1) 给定的函数 $f(x)$ 是否一定有原函数?或满足何种条件的函数必定存在原函数?

(2) 如果函数 $f(x)$ 存在原函数,那么原函数有多少个?它们之间有什么关系?

(3) 若函数 $f(x)$ 的原函数存在，能否将它求出？

前两个问题，我们有以下两个定理.后面几节中介绍的各种积分法则可以部分地回答第(3)个问题.

定理 5.1 若函数 $f(x)$ 在区间 I 上连续，则 $f(x)$ 在 I 上具有原函数，即存在函数 $F(x)$，使得 $F'(x)=f(x), x\in I$.

本定理的证明在本章 5.7 中给出.由于初等函数为连续函数，所以每个初等函数都有原函数.

定理 5.2 设 $F(x)$ 是 $f(x)$ 在区间 I 上的一个原函数，则：

(1) $F(x)+C$ 也是 $f(x)$ 在区间 I 上的原函数，其中 C 为任意常数；

(2) $f(x)$ 在区间 I 上的任意两个原函数之间至多相差一个常数.

证 (1) 因为 $F'(x)=f(x), x\in I$，所以

$$[F(x)+C]'=F'(x)=f(x), x\in I,$$

故 $F(x)+C$ 是 $f(x)$ 在区间 I 上的原函数.

(2) 设 $G(x)$ 也是 $f(x)$ 在区间 I 上的原函数，则有

$$[F(x)-G(x)]'=F'(x)-G'(x)=f(x)-f(x)=0, x\in I,$$

所以 $F(x)-G(x)=C_0, x\in I$，其中 C_0 为常数，故 $f(x)$ 在区间 I 上的任意两个原函数之间至多相差一个常数.

定理 5.2 说明，若 $f(x)$ 在区间 I 上有一个原函数 $F(x)$，则必有无穷多个原函数，且其在 I 上的全体原函数可以表示为 $F(x)+C$，其中 C 为任意常数.

例 2 设 $F(x)$ 是 $\frac{\sin x}{x}$ 的一个原函数，求 $\mathrm{d}F(5x)$.

解 因为 $F(x)$ 是 $\frac{\sin x}{x}$ 的一个原函数，所以 $F'(x)=\frac{\sin x}{x}$，从而

$$\mathrm{d}F(5x)=5F'(5x)\,\mathrm{d}x=\frac{\sin 5x}{x}\mathrm{d}x.$$

2. 不定积分的定义

定义 5.2 设 $F(x)$ 是函数 $f(x)$ 在区间 I 上的一个原函数，则称 $F(x)+C$（C 为任意常数）为 $f(x)$ 的**不定积分**，记作 $\int f(x)\,\mathrm{d}x$，即

$$\int f(x)\,\mathrm{d}x=F(x)+C \quad (C \text{ 为任意常数}).$$

其中 $\int$ 称为**不定积分号**，$f(x)$ 称为**被积函数**，$f(x)\,\mathrm{d}x$ 称为**被积表达式**，x 称为**积分变量**，C 称为**积分常数**.

若 $F(x)$ 是函数 $f(x)$ 的一个原函数，也称 $y=F(x)$ 的图像为 $f(x)$ 的一条**积分曲线**.将这条积分曲线沿 y 轴方向任意平移，就得到 $f(x)$ 的无穷多条积分曲线，它们构成一个曲线族 $y=F(x)+C$，称为 $f(x)$ 的**积分曲线族**.

例 3 求 $\int \cos x\mathrm{d}x$.

解 因为 $(\sin x)'=\cos x$，所以

$$\int \cos x \mathrm{d}x = \sin x + C.$$

例 4 求 $\int x^{\alpha} \mathrm{d}x\ (\alpha \neq -1)$.

解 因为$\left(\frac{1}{\alpha+1}x^{\alpha+1}\right)' = \frac{1}{\alpha+1}(\alpha+1)x^{\alpha} = x^{\alpha}$,所以

$$\int x^{\alpha} \mathrm{d}x = \frac{1}{\alpha+1}x^{\alpha+1} + C\ (\alpha \neq -1).$$

例 5 设曲线 $y=f(x)$上任意一点(x,y)处的切线斜率为 $3x^2$,且曲线过点$(1,2)$,求 $f(x)$.

解 由题设及导数的几何意义,得

$$f'(x) = 3x^2,$$

所以

$$f(x) = \int 3x^2 \mathrm{d}x = x^3 + C.$$

由于曲线 $y=f(x)$过点$(1,2)$,所以 $f(1)=2$,即 $1+C=2$,得 $C=1$,所以 $f(x)=x^3+1$.

5.1.2 不定积分的基本性质

由不定积分的定义及导数或微分的运算法则,可以得到不定积分的以下基本性质:

(1) 设 k 是不为 0 的常数,则 $\int kf(x)\mathrm{d}x = k\int f(x)\mathrm{d}x$.

(2) $\int \left[f(x) \pm g(x)\right]\mathrm{d}x = \int f(x)\mathrm{d}x \pm \int g(x)\mathrm{d}x$.

(3) $\left[\int f(x)\mathrm{d}x\right]' = f(x)$ 或 $\mathrm{d}\left[\int f(x)\mathrm{d}x\right] = f(x)\mathrm{d}x$.

(4) $\int F'(x)\mathrm{d}x = F(x) + C$.

性质(3)与(4)说明不定积分与导数(或微分)互为逆运算.

例 6 求 $\int (3\cos x - 2x)\mathrm{d}x$.

解

$$\begin{aligned}\int (3\cos x - 2x)\mathrm{d}x &= 3\int \cos x \mathrm{d}x - 2\int x \mathrm{d}x \\ &= 3\sin x - 2\left(\frac{1}{2}x^2\right) + C \\ &= 3\sin x - x^2 + C.\end{aligned}$$

例 7 已知 $\int f(x)\mathrm{e}^{x^2}\mathrm{d}x = -\mathrm{e}^{x^2} + C$,求 $f(x)$.

解 因为 $\int f(x)\mathrm{e}^{x^2}\mathrm{d}x = -\mathrm{e}^{x^2} + C$,所以

$$\frac{\mathrm{d}}{\mathrm{d}x}\int f(x)\mathrm{e}^{x^2}\mathrm{d}x = \frac{\mathrm{d}}{\mathrm{d}x}(-\mathrm{e}^{x^2} + C),$$

故 $f(x)\mathrm{e}^{x^2} = -2x\mathrm{e}^{x^2}$,所以 $f(x) = -2x$.

习题 5.1

习题 5.1 答案与提示

1. 单项选择题：

（1）若 $F(x)$ 是 $f(x)$ 的一个原函数，则（　　）.

（A）$\int F(x)\mathrm{d}x=f(x)+C$　　（B）$\int f(x)\mathrm{d}x=F(x)+C$

（C）$\int f'(x)\mathrm{d}x=F(x)+C$　　（D）$\int F'(x)\mathrm{d}x=f(x)+C$

（2）在区间 (a,b) 内，如果 $f'(x)=g'(x)$，则下列式子一定成立的是（　　）.

（A）$\left[\int f(x)\mathrm{d}x\right]'=\left[\int g(x)\mathrm{d}x\right]'$　　（B）$f(x)=g(x)+1$

（C）$\int f'(x)\mathrm{d}x=\int g'(x)\mathrm{d}x$　　（D）$f(x)=g(x)$

（3）下列等式成立的是（　　）.

（A）$\mathrm{d}\int f(x)\mathrm{d}x=f(x)$　　（B）$\frac{\mathrm{d}}{\mathrm{d}x}\int f(x)\mathrm{d}x=f(x)\mathrm{d}x$

（C）$\frac{\mathrm{d}}{\mathrm{d}x}\int f(x)\mathrm{d}x=f(x)+C$　　（D）$\mathrm{d}\int f(x)\mathrm{d}x=f(x)\mathrm{d}x$

（4）设 $\sin x$ 是 $f(x)$ 的一个原函数，则 $\int f(x)\mathrm{d}x=$（　　）.

（A）$\sin x+C$　　（B）$\cos x+C$

（C）$-\cos x+C$　　（D）$-\sin x+C$

（5）若 $f'(x^2)=\frac{1}{x}$ $(x>0)$，则 $f(x)=$（　　）.

（A）$2x+C$　　（B）$\frac{1}{\sqrt{x}}+C$

（C）$2\sqrt{x}+C$　　（D）x^2+C

2. 求：

（1）$\left(\int \mathrm{e}^{x^2}\mathrm{d}x\right)'$；　　（2）$\mathrm{d}\int \arcsin\sqrt{x}\,\mathrm{d}x$.

3. 已知曲线上任一点处的切线斜率为 $\sin x$，并且曲线经过点 $(0,5)$，求此曲线的方程.

视频：典型题目讲解(5.2)

5.2 基本积分公式

由于积分运算是微分运算的逆运算，所以从导数基本公式可以得到下面的基本积分公式.

（1）$\int 0\mathrm{d}x=C.$

（2）$\int x^{\alpha}\mathrm{d}x=\frac{1}{\alpha+1}x^{\alpha+1}+C\ (\alpha\neq-1)$，

$$\int\frac{1}{x}\mathrm{d}x=\ln|x|+C.$$

（3）$\int a^{x}\mathrm{d}x=\frac{a^{x}}{\ln a}+C\ (a>0,a\neq1)$，

$$\int \mathrm{e}^{x}\mathrm{d}x=\mathrm{e}^{x}+C.$$

（4）$\int \sin x\mathrm{d}x=-\cos x+C.$

(5) $\int \cos x\mathrm{d}x = \sin x + C$.

(6) $\int \sec^2 x\mathrm{d}x = \int \frac{1}{\cos^2 x}\mathrm{d}x = \tan x + C$.

(7) $\int \csc^2 x\mathrm{d}x = \int \frac{1}{\sin^2 x}\mathrm{d}x = -\cot x + C$.

(8) $\int \sec x\tan x\mathrm{d}x = \sec x + C$.

(9) $\int \csc x\cot x\mathrm{d}x = -\csc x + C$.

(10) $\int \frac{1}{1+x^2}\mathrm{d}x = \arctan x + C$.

(11) $\int \frac{1}{\sqrt{1-x^2}}\mathrm{d}x = \arcsin x + C$.

基本积分公式是计算不定积分的基础,必须熟记.

运用不定积分的性质及基本积分公式,通过对被积函数作适当的代数或三角恒等变形,就可以求一些简单函数的不定积分.

例 1 求下列不定积分:

(1) $\int\left(\frac{1}{x} - \sin x + 3\sqrt{x} - x + 2\,012\right)\mathrm{d}x$; (2) $\int 5^x(\mathrm{e}^x - 1)\mathrm{d}x$;

(3) $\int \frac{x^2}{1+x^2}\mathrm{d}x$; (4) $\int \frac{(x-1)^2}{\sqrt{x}}\mathrm{d}x$.

解 (1) $\int\left(\frac{1}{x} - \sin x + 3\sqrt{x} - x + 2\,012\right)\mathrm{d}x$

$$= \int \frac{1}{x}\mathrm{d}x - \int \sin x\mathrm{d}x + 3\int \sqrt{x}\mathrm{d}x - \int x\mathrm{d}x + 2\,012\int \mathrm{d}x$$

$$= \ln|x| - (-\cos x) + 3\cdot\frac{2}{3}x^{\frac{3}{2}} - \frac{x^2}{2} + 2\,012x + C$$

$$= \ln|x| + \cos x + 2x^{\frac{3}{2}} - \frac{x^2}{2} + 2\,012x + C.$$

(2) $\int 5^x(\mathrm{e}^x - 1)\mathrm{d}x = \int 5^x\mathrm{e}^x\mathrm{d}x - \int 5^x\mathrm{d}x$

$$= \int (5\mathrm{e})^x\mathrm{d}x - \int 5^x\mathrm{d}x$$

$$= \frac{(5\mathrm{e})^x}{\ln(5\mathrm{e})} - \frac{5^x}{\ln 5} + C$$

$$= \frac{(5\mathrm{e})^x}{\ln 5 + 1} - \frac{5^x}{\ln 5} + C.$$

(3) $\int \frac{x^2}{1+x^2}\mathrm{d}x = \int \frac{(x^2+1)-1}{1+x^2}\mathrm{d}x$

$$= \int \mathrm{d}x - \int \frac{1}{1+x^2}\mathrm{d}x$$

$$= x - \arctan x + C.$$

(4) $\int \frac{(x-1)^2}{\sqrt{x}}\mathrm{d}x = \int \frac{x^2-2x+1}{x^{\frac{1}{2}}}\mathrm{d}x$

$$= \int \left(x^{\frac{3}{2}} - 2x^{\frac{1}{2}} + x^{-\frac{1}{2}}\right)\mathrm{d}x$$

$$= \frac{2}{5}x^{\frac{5}{2}} - 2\cdot\frac{2}{3}x^{\frac{3}{2}} + 2x^{\frac{1}{2}} + C$$

$$= \frac{2}{5}x^{\frac{5}{2}} - \frac{4}{3}x^{\frac{3}{2}} + 2x^{\frac{1}{2}} + C.$$

一般地,如果被积函数为代数函数,则通过适当的代数恒等变形求不定积分.

例 2 求下列不定积分:

(1) $\int \cos^2\frac{x}{2}\mathrm{d}x$;　　(2) $\int \tan x(\tan x + \sec x)\mathrm{d}x$;

(3) $\int \frac{\cos 2x}{\sin^2 x\cos^2 x}\mathrm{d}x$.

解 (1) $\int \cos^2\frac{x}{2}\mathrm{d}x = \frac{1}{2}\int(1+\cos x)\mathrm{d}x$

$$= \frac{1}{2}\int\mathrm{d}x + \frac{1}{2}\int\cos x\mathrm{d}x$$

$$= \frac{1}{2}x + \frac{1}{2}\sin x + C.$$

(2) $\int \tan x(\tan x + \sec x)\mathrm{d}x = \int(\tan^2 x + \tan x\sec x)\mathrm{d}x$

$$= \int(\sec^2 x - 1 + \tan x\sec x)\mathrm{d}x$$

$$= \int\sec^2 x\mathrm{d}x - \int\mathrm{d}x + \int\tan x\sec x\mathrm{d}x$$

$$= \tan x - x + \sec x + C.$$

(3) $\int \frac{\cos 2x}{\sin^2 x\cos^2 x}\mathrm{d}x = \int\frac{\cos^2 x - \sin^2 x}{\sin^2 x\cos^2 x}\mathrm{d}x$

$$= \int\left(\frac{1}{\sin^2 x} - \frac{1}{\cos^2 x}\right)\mathrm{d}x = \int\csc^2 x\mathrm{d}x - \int\sec^2 x\mathrm{d}x$$

$$= -\cot x - \tan x + C.$$

一般地,如果被积函数为三角函数,则通过适当的三角恒等变形求不定积分.

例 3 设生产 x 个单位产品时的边际成本 $C'(x)=9x^2-4x+1$,固定成本为 50,求总成本函数 $C(x)$.

解 总成本函数为

$$C(x) = \int C'(x)\mathrm{d}x = \int(9x^2 - 4x + 1)\mathrm{d}x = 3x^3 - 2x^2 + x + C_1.$$

由于固定成本为 50,所以 $C(0)=50$,得 $C_1=50$,故总成本函数为

$$C(x)=3x^3-2x^2+x+50.$$

习题 5.2

习题 5.2 答案与提示

1. 单项选择题：

(1) $\int 3^x e^x dx = (\quad)$.

(A) $(3e)^x(1+\ln 3)+C$　　(B) $\dfrac{(3e)^x}{1+\ln 3}+C$

(C) $3e^x\ln 3+C$　　(D) $\dfrac{3e^x}{\ln 3}+C$

(2) 设 $a \neq 0$，则不定积分 $\int \dfrac{1}{a}dx = (\quad)$.

(A) $\dfrac{x}{a}+C$　　(B) $ax+C$

(C) $\ln|a|+C$　　(D) $\ln a+C$

(3) 若 $f'(\ln x)=1+x$，则 $f(x)=(\quad)$.

(A) $\dfrac{\ln x}{2}(2+\ln x)+C$　　(B) $x+\dfrac{x^2}{2}+C$

(C) $x+e^x+C$　　(D) $e^x+\dfrac{e^{2x}}{2}+C$

2. 求下列不定积分：

(1) $\int(1-2x)dx$；　　(2) $\int(\cos x+2^x)dx$；

(3) $\int \dfrac{x^4}{x^2+1}dx$；　　(4) $\int \dfrac{1+2x^2}{x^2(x^2+1)}dx$；

(5) $\int \sqrt{x}(\sqrt[3]{x}-x+1)dx$；　　(6) $\int(2^x+3^x)^2dx$；

(7) $\int \sqrt{x\sqrt{x\sqrt{x}}}\,dx$；　　(8) $\int \dfrac{e^x(x-e^{-x})}{x}dx$.

3. 求下列不定积分：

(1) $\int \cot^2 x dx$；　　(2) $\int \dfrac{\cos 2x}{\sin x-\cos x}dx$；

(3) $\int \dfrac{1+\sin 2x}{\sin x+\cos x}dx$；　　(4) $\int \dfrac{1}{1+\cos 2x}dx$.

4. 设某商品的边际成本 $C'(Q)=15e^Q$，且固定成本为 235，求总成本函数 $C(Q)$.

5. 设生产某产品的固定成本为 4 万元，每多生产 1 千台，成本增加 2 万元，已知边际收益$R'(Q)=10-Q$(万元/千台).

(1) 求总成本函数 $C(Q)$ 和总收益函数 $R(Q)$；

(2) 当销售量 Q 为多少时，才能获得最大利润？最大利润是多少？

5.3 换元积分法

视频：典型题目讲解(5.3)

从上一节的例题中我们可以看出，求不定积分是一种技巧性较高的运算，而且很多不定积分不能直接利用积分公式求解.本节与下一节将介绍两种基本的积分方法：换元积分法和分部积分法.

5.3.1 第一换元积分法

定理 5.3 设函数 $f(u)$ 有原函数 $F(u)$，$u=\varphi(x)$ 可导，则

$$\int f(\varphi(x))\varphi'(x)\mathrm{d}x = F(\varphi(x)) + C.$$

我们称上述公式为**第一换元积分公式**,利用此公式求不定积分的方法又叫**第一换元积分法**.

证 由于 $F(u)$ 是函数 $f(u)$ 的原函数,所以

$$F'(u)=f(u).$$

又因为 $u=\varphi(x)$ 可导,根据复合函数求导法则,有

$$\frac{\mathrm{d}}{\mathrm{d}x}F(\varphi(x)) = F'(\varphi(x))\varphi'(x) = f(\varphi(x))\varphi'(x),$$

故

$$\int f(\varphi(x))\varphi'(x)\mathrm{d}x = F(\varphi(x)) + C.$$

第一换元积分法的基本思路是:

$$\int f(\varphi(x))\varphi'(x)\mathrm{d}x = \int f(\varphi(x))\mathrm{d}\varphi(x) \xlongequal{u=\varphi(x)} \int f(u)\mathrm{d}u = F(u) + C = F(\varphi(x)) + C.$$

由于第一换元积分法的关键是将被积函数凑成微分形式,即通过凑微分使变量一致,然后用积分公式计算,故通常又称第一换元积分法为凑微分法.利用凑微分法解题的关键是将被积表达式写成 $\int f(\varphi(x))\varphi'(x)\mathrm{d}x$, 进而凑成 $\int f(\varphi(x))\mathrm{d}\varphi(x)$ 的形式,然后利用积分公式求出原函数 $F(\varphi(x))+C$.

若 $\int f(u)\mathrm{d}u = F(u) + C$, 则在用第一换元积分法求不定积分时,以下的凑微分情形经常遇到:

(1) $\int f(ax+b)\mathrm{d}x = \frac{1}{a}\int f(ax+b)\mathrm{d}(ax+b) = \frac{1}{a}F(ax+b) + C\ (a \neq 0).$

(2) $\int f(x^\alpha)x^{\alpha-1}\mathrm{d}x = \frac{1}{\alpha}\int f(x^\alpha)\mathrm{d}(x^\alpha) = \frac{1}{\alpha}F(x^\alpha) + C\ (\alpha \neq 0).$

(3) $\int f(\mathrm{e}^x)\mathrm{e}^x\mathrm{d}x = \int f(\mathrm{e}^x)\mathrm{d}(\mathrm{e}^x) = F(\mathrm{e}^x) + C.$

(4) $\int f(\ln x)\frac{1}{x}\mathrm{d}x = \int f(\ln x)\mathrm{d}(\ln x) = F(\ln x) + C.$

(5) $\int f(\sin x)\cos x\mathrm{d}x = \int f(\sin x)\mathrm{d}(\sin x) = F(\sin x) + C.$

(6) $\int f(\cos x)\sin x\mathrm{d}x = -\int f(\cos x)\mathrm{d}(\cos x) = -F(\cos x) + C.$

(7) $\int f(\tan x)\sec^2 x\mathrm{d}x = \int f(\tan x)\mathrm{d}(\tan x) = F(\tan x) + C.$

(8) $\int f(\cot x)\csc^2 x\mathrm{d}x = -\int f(\cot x)\mathrm{d}(\cot x) = -F(\cot x) + C.$

(9) $\int f(\arctan x)\frac{1}{1+x^2}\mathrm{d}x = \int f(\arctan x)\mathrm{d}(\arctan x) = F(\arctan x) + C.$

(10) $\int f(\arcsin x)\frac{1}{\sqrt{1-x^2}}\mathrm{d}x = \int f(\arcsin x)\mathrm{d}(\arcsin x) = F(\arcsin x) + C.$

例 1 求下列不定积分：

(1) $\int\cos 5x\mathrm{d}x$； (2) $\int\frac{1}{2-3x}\mathrm{d}x$； (3) $\int\frac{1}{\sqrt[3]{5x-4}}\mathrm{d}x$.

解 (1) 因为 $(5x)'=5$，所以 $\mathrm{d}x=\frac{1}{5}\mathrm{d}(5x)$，从而

$$\int\cos 5x\mathrm{d}x=\frac{1}{5}\int\cos 5x\mathrm{d}(5x)\xlongequal{u=5x}\frac{1}{5}\int\cos u\mathrm{d}u$$

$$=\frac{1}{5}\sin u+C=\frac{1}{5}\sin 5x+C.$$

(2) 因为 $(2-3x)'=-3$，所以 $\mathrm{d}x=-\frac{1}{3}\mathrm{d}(2-3x)$，从而

$$\int\frac{1}{2-3x}\mathrm{d}x=-\frac{1}{3}\int\frac{1}{2-3x}\mathrm{d}(2-3x)$$

$$\xlongequal{u=2-3x}-\frac{1}{3}\int\frac{1}{u}\mathrm{d}u$$

$$=-\frac{1}{3}\ln|u|+C$$

$$=-\frac{1}{3}\ln|2-3x|+C.$$

在对此法熟悉后，换元变量 u 可以不设出，即可以省略运算过程中的“作变换”和“代换回原自变量 $u=\varphi(x)$”的步骤.

(3) $$\int\frac{1}{\sqrt[3]{5x-4}}\mathrm{d}x=\frac{1}{5}\int(5x-4)^{-\frac{1}{3}}\mathrm{d}(5x-4)$$

$$=\frac{1}{5}\cdot\frac{3}{2}(5x-4)^{\frac{2}{3}}+C$$

$$=\frac{3}{10}(5x-4)^{\frac{2}{3}}+C.$$

以上不定积分是通过凑常数（即将常数凑到微分号内）使变量一致，然后用积分公式计算.

例 2 求下列不定积分：

(1) $\int e^{x}\sin e^{x}\mathrm{d}x$； (2) $\int x^{2}\sqrt{1+x^{3}}\mathrm{d}x$；

(3) $\int\frac{1}{x(1+\ln^{2}x)}\mathrm{d}x$； (4) $\int\frac{1}{x^{2}}\cos\frac{1}{x}\mathrm{d}x$；

(5) $\int\cos^{3}x\mathrm{d}x$.

解 (1) $\int e^{x}\sin e^{x}\mathrm{d}x=\int\sin e^{x}\mathrm{d}(e^{x})=-\cos e^{x}+C.$

(2) $$\int x^{2}\sqrt{1+x^{3}}\mathrm{d}x=\frac{1}{3}\int(1+x^{3})^{\frac{1}{2}}\mathrm{d}(x^{3})$$

$$=\frac{1}{3}\int(1+x^3)^{\frac{1}{2}}\mathrm{d}(1+x^3)$$

$$=\frac{2}{9}(1+x^3)^{\frac{3}{2}}+C.$$

(3) $\int\frac{1}{x(1+\ln^2x)}\mathrm{d}x=\int\frac{1}{1+\ln^2x}\mathrm{d}(\ln x)=\arctan(\ln x)+C.$

(4) $\int\frac{1}{x^2}\cos\frac{1}{x}\mathrm{d}x=-\int\cos\frac{1}{x}\mathrm{d}\frac{1}{x}=-\sin\frac{1}{x}+C.$

(5) $\int\cos^3x\mathrm{d}x=\int\cos^2x\mathrm{d}(\sin x)$

$$=\int(1-\sin^2x)\mathrm{d}(\sin x)$$

$$=\int\mathrm{d}(\sin x)-\int\sin^2x\mathrm{d}(\sin x)$$

$$=\sin x-\frac{1}{3}\sin^3x+C.$$

以上不定积分是通过凑函数(即将有导数联系的函数凑到微分号内)使变量一致,然后用积分公式计算.

例 3 求下列不定积分(其中 $a>0$):

(1) $\int\frac{1}{a^2+x^2}\mathrm{d}x$;　　(2) $\int\frac{1}{\sqrt{a^2-x^2}}\mathrm{d}x$;　　(3) $\int\frac{1}{a^2-x^2}\mathrm{d}x$.

解 (1) $\int\frac{1}{a^2+x^2}\mathrm{d}x=\frac{1}{a^2}\int\frac{1}{1+\frac{x^2}{a^2}}\mathrm{d}x$

$$=\frac{1}{a}\int\frac{1}{1+\left(\frac{x}{a}\right)^2}\mathrm{d}\left(\frac{x}{a}\right)$$

$$=\frac{1}{a}\arctan\frac{x}{a}+C.$$

(2) $\int\frac{1}{\sqrt{a^2-x^2}}\mathrm{d}x=\frac{1}{a}\int\frac{1}{\sqrt{1-\frac{x^2}{a^2}}}\mathrm{d}x$

$$=\int\frac{1}{\sqrt{1-\left(\frac{x}{a}\right)^2}}\mathrm{d}\left(\frac{x}{a}\right)$$

$$=\arcsin\frac{x}{a}+C.$$

(3) $\int\frac{1}{a^2-x^2}\mathrm{d}x=\frac{1}{2a}\int\left(\frac{1}{a+x}+\frac{1}{a-x}\right)\mathrm{d}x$

$$=\frac{1}{2a}\left[\int\frac{1}{a+x}\mathrm{d}(a+x)-\int\frac{1}{a-x}\mathrm{d}(a-x)\right]$$

$$=\frac{1}{2a}(\ln|a+x|-\ln|a-x|)+C$$

$$=\frac{1}{2a}\ln\left|\frac{a+x}{a-x}\right|+C.$$

例 4 求下列不定积分：

(1) $\int\tan x\mathrm{d}x$;　　(2) $\int\cot x\mathrm{d}x$;

(3) $\int\sec x\mathrm{d}x$;　　(4) $\int\csc x\mathrm{d}x$.

解 (1) $\int\tan x\mathrm{d}x=\int\frac{\sin x}{\cos x}\mathrm{d}x$

$$=-\int\frac{1}{\cos x}\mathrm{d}(\cos x)$$

$$=-\ln|\cos x|+C.$$

(2) $\int\cot x\mathrm{d}x=\int\frac{\cos x}{\sin x}\mathrm{d}x$

$$=\int\frac{1}{\sin x}\mathrm{d}(\sin x)$$

$$=\ln|\sin x|+C.$$

(3) $\int\sec x\mathrm{d}x=\int\frac{1}{\cos x}\mathrm{d}x=\int\frac{\cos x}{\cos^2x}\mathrm{d}x$

$$=\int\frac{1}{1-\sin^2x}\mathrm{d}(\sin x)$$

$$=\frac{1}{2}\ln\left|\frac{1+\sin x}{1-\sin x}\right|+C$$

$$=\frac{1}{2}\ln\left|\frac{(1+\sin x)^2}{1-\sin^2x}\right|+C$$

$$=\ln\left|\frac{1+\sin x}{\cos x}\right|+C$$

$$=\ln|\sec x+\tan x|+C.$$

(4) $\int\csc x\mathrm{d}x=\int\frac{1}{\sin x}\mathrm{d}x=\int\frac{\sin x}{\sin^2x}\mathrm{d}x$

$$=-\int\frac{1}{1-\cos^2x}\mathrm{d}(\cos x)$$

$$=\frac{1}{2}\ln\left|\frac{1-\cos x}{1+\cos x}\right|+C$$

$$=\frac{1}{2}\ln\left|\frac{(1-\cos x)^2}{1-\cos^2x}\right|+C$$

$$=\ln\left|\frac{1-\cos x}{\sin x}\right|+C$$

$$=\ln|\csc x-\cot x|+C.$$

例 5 求下列不定积分:

(1) $\int \frac{\tan x}{\cos^3 x}dx$; (2) $\int \sin^2 x\cos^2 x dx$.

解 (1) $\int \frac{\tan x}{\cos^3 x}dx=\int \frac{\sin x}{\cos^4 x}dx$

$$=-\int \frac{1}{\cos^4 x}d(\cos x)$$

$$=\frac{1}{3\cos^3 x}+C.$$

(2) $\int \sin^2 x\cos^2 x dx=\frac{1}{4}\int \sin^2 2x dx$

$$=\frac{1}{8}\int(1-\cos 4x)dx$$

$$=\frac{1}{8}\left(x-\frac{1}{4}\sin 4x\right)+C.$$

例 6 求下列不定积分:

(1) $\int \frac{e^x}{1+e^x}dx$; (2) $\int \frac{1}{1+e^x}dx$.

解 (1) $\int \frac{e^x}{1+e^x}dx=\int \frac{1}{1+e^x}d(e^x)$

$$=\int \frac{1}{1+e^x}d(e^x+1)$$

$$=\ln(e^x+1)+C.$$

(2) $\int \frac{1}{1+e^x}dx=\int \frac{(1+e^x)-e^x}{1+e^x}dx$

$$=\int\left(1-\frac{e^x}{1+e^x}\right)dx$$

$$=x-\int \frac{1}{1+e^x}d(1+e^x)$$

$$=x-\ln(1+e^x)+C.$$

例 7 求下列不定积分:

(1) $\int \frac{2x^2-x}{x+1}dx$; (2) $\int \frac{x}{x^2+5x+6}dx$; (3) $\int \frac{x}{x^2+2x+3}dx$.

解 (1) $\int \frac{2x^2-x}{x+1}dx=\int\left(2x-3+\frac{3}{x+1}\right)dx$

$$=2\int x dx-3\int dx+3\int \frac{1}{x+1}d(x+1)$$

$$=x^2-3x+3\ln|x+1|+C.$$

(2) $\int \frac{x}{x^2+5x+6}\mathrm{d}x = \int \frac{x}{(x+2)(x+3)}\mathrm{d}x$

$$= \int\left(\frac{3}{x+3}-\frac{2}{x+2}\right)\mathrm{d}x$$

$$= 3\int\frac{1}{x+3}\mathrm{d}(x+3) - 2\int\frac{1}{x+2}\mathrm{d}(x+2)$$

$$= 3\ln|x+3| - 2\ln|x+2| + C.$$

(3) $\int \frac{x}{x^2+2x+3}\mathrm{d}x = \frac{1}{2}\int\frac{2x+2}{x^2+2x+3}\mathrm{d}x - \int\frac{1}{(x+1)^2+2}\mathrm{d}x$

$$= \frac{1}{2}\int\frac{1}{x^2+2x+3}\mathrm{d}(x^2+2x+3)$$

$$-\frac{1}{\sqrt{2}}\int\frac{1}{1+\left(\frac{x+1}{\sqrt{2}}\right)^2}\mathrm{d}\frac{x+1}{\sqrt{2}}$$

$$= \frac{1}{2}\ln(x^2+2x+3) - \frac{1}{\sqrt{2}}\arctan\frac{x+1}{\sqrt{2}} + C.$$

一般地,若遇到被积函数为有理函数(多项式之比),如果是假分式,则将其化为多项式与真分式之和.对于真分式,如其分母能分解因式,则通过分解因式后再拆项;如其分母不能分解因式,则通过配方、凑微分等方法求不定积分.

5.3.2 第二换元积分法

定理 5.4 设函数 $x=\psi(t)$ 单调、可导,且 $\psi'(t)\neq 0$. 又设 $g(\psi(t))\psi'(t)$ 具有原函数 $G(t)$,则

$$\int g(x)\mathrm{d}x = G(\psi^{-1}(x)) + C.$$

我们称上述公式为**第二换元积分公式**,利用此公式求不定积分的方法又叫**第二换元积分法**.

证 由于 $G(t)$ 是 $g(\psi(t))\psi'(t)$ 的原函数,所以

$$G'(t)=g(\psi(t))\psi'(t).$$

因为 $x=\psi(t)$ 可导,且 $\psi'(t)\neq 0$,所以 $t=\psi^{-1}(x)$ 可导,且 $\frac{\mathrm{d}t}{\mathrm{d}x}=\frac{1}{\psi'(t)}$.

根据复合函数的链式求导法则,得

$$\frac{\mathrm{d}}{\mathrm{d}x}G(\psi^{-1}(x))=\frac{\mathrm{d}G(t)}{\mathrm{d}t}\cdot\frac{\mathrm{d}t}{\mathrm{d}x}=G'(t)\cdot\frac{1}{\psi'(t)}=g(\psi(t))=g(x),$$

即 $G(\psi^{-1}(x))$ 是 $g(x)$ 的原函数,从而

$$\int g(x)\mathrm{d}x = G(\psi^{-1}(x)) + C.$$

第二换元积分法的基本思路是:

$$\int g(x)\mathrm{d}x \xlongequal{x=\psi(t)} \int g(\psi(t))\psi'(t)\mathrm{d}t = G(t)+C$$

$$=G(\psi^{-1}(x))+C(\text{其中 } C \text{ 为任意常数}).$$

例如，当被积函数含有根式$\sqrt[n]{ax+b}$时，通过换元，令$\sqrt[n]{ax+b}=t$，可将根号去掉.

例 8　求下列不定积分：

(1) $\displaystyle\int \frac{1}{x\sqrt{2x-1}}\mathrm{d}x$；　　(2) $\displaystyle\int \frac{1}{1+\sqrt[3]{1+2x}}\mathrm{d}x$.

解　(1) 设$\sqrt{2x-1}=t$，则

$$x=\frac{1}{2}(t^2+1),\mathrm{d}x=t\mathrm{d}t,$$

故

$$\int \frac{1}{x\sqrt{2x-1}}\mathrm{d}x = \int \frac{1}{\frac{t^2+1}{2}\cdot t}\cdot t\mathrm{d}t = 2\int \frac{1}{1+t^2}\mathrm{d}t$$

$$=2\arctan t+C=2\arctan\sqrt{2x-1}+C.$$

(2) 设$\sqrt[3]{1+2x}=t$，则

$$x=\frac{1}{2}(t^3-1),\mathrm{d}x=\frac{3}{2}t^2\mathrm{d}t,$$

故

$$\int \frac{1}{1+\sqrt[3]{1+2x}}\mathrm{d}x = \int \frac{1}{1+t}\cdot\frac{3}{2}t^2\mathrm{d}t = \frac{3}{2}\int\left(t-1+\frac{1}{1+t}\right)\mathrm{d}t$$

$$=\frac{3}{2}\left(\frac{t^2}{2}-t+\ln|1+t|\right)+C$$

$$=\frac{3}{2}\left[\frac{(\sqrt[3]{1+2x})^2}{2}-\sqrt[3]{1+2x}+\ln\left|1+\sqrt[3]{1+2x}\right|\right]+C.$$

例 9　求不定积分$\displaystyle\int \frac{1}{\sqrt{1+\mathrm{e}^x}}\mathrm{d}x$.

解　设$\sqrt{1+\mathrm{e}^x}=t$，则

$$\mathrm{e}^x=t^2-1,\ x=\ln(t^2-1),\ \mathrm{d}x=\frac{2t}{t^2-1}\mathrm{d}t,$$

故

$$\int \frac{1}{\sqrt{1+\mathrm{e}^x}}\mathrm{d}x = \int \frac{2}{t^2-1}\mathrm{d}t = \int\left(\frac{1}{t-1}-\frac{1}{t+1}\right)\mathrm{d}t$$

$$=\int \frac{1}{t-1}\mathrm{d}(t-1) - \int \frac{1}{t+1}\mathrm{d}(t+1)$$

$$=\ln\left|\frac{t-1}{t+1}\right|+C=\ln\left|\frac{\sqrt{1+\mathrm{e}^x}-1}{\sqrt{1+\mathrm{e}^x}+1}\right|+C$$

$$=2\ln(\sqrt{1+\mathrm{e}^x}-1)-x+C.$$

习题 5.3

习题 5.3 答案与提示

1. 单项选择题:

(1) $\int \sin \frac{2}{3}x\mathrm{d}x = ($　　$)$.

(A) $\frac{2}{3}\cos \frac{2}{3}x+C$　　(B) $\frac{3}{2}\cos \frac{2}{3}x+C$

(C) $-\frac{2}{3}\cos \frac{2}{3}x+C$　　(D) $-\frac{3}{2}\cos \frac{2}{3}x+C$

(2) 若 $\int f(x)\mathrm{d}x = x^2 + C$,则 $\int xf(1-x^2)\mathrm{d}x = ($　　$)$.

(A) $(1-x^2)^2+C$　　(B) $-(1-x^2)^2+C$

(C) $\frac{1}{2}(1-x^2)^2+C$　　(D) $-\frac{1}{2}(1-x^2)^2+C$

(3) 若 $f(x) = \mathrm{e}^{-x}$,则 $\int \frac{f'(\ln x)}{x}\mathrm{d}x = ($　　$)$.

(A) $\frac{1}{x}+C$　　(B) $-\frac{1}{x}+C$

(C) $-\ln x+C$　　(D) $\ln x+C$

(4) $\int \sin x\cos^2 x\mathrm{d}x = ($　　$)$.

(A) $\cos x-\frac{1}{3}\cos^2 x+C$　　(B) $-\frac{1}{3}\cos^3 x+C$

(C) $-\frac{1}{3}\sin^2 x+C$　　(D) $\frac{1}{3}\cos^3 x+C$

(5) 经过变量代换 $x = \tan t$,$\int \sqrt{1+x^2}\mathrm{d}x = ($　　$)$.

(A) $\int \sec t\mathrm{d}t$　　(B) $\int \sec^2 t\mathrm{d}t$

(C) $\int \frac{\sec t}{1+t^2}\mathrm{d}t$　　(D) $\int \sec^3 t\mathrm{d}t$

2. 求下列不定积分:

(1) $\int \frac{1}{9+x^2}\mathrm{d}x$;　　(2) $\int \frac{1}{\sqrt{4-x^2}}\mathrm{d}x$;

(3) $\int \frac{1}{\sqrt{2x+1}}\mathrm{d}x$;　　(4) $\int \frac{\mathrm{d}x}{4-x^2}$.

3. 求下列不定积分:

(1) $\int \frac{x}{3+x^2}\mathrm{d}x$;　　(2) $\int \left(\frac{x}{\sqrt{x^2+1}} - x\sqrt{x^2+1}\right)\mathrm{d}x$;

(3) $\int x^2\mathrm{e}^{3x^3}\mathrm{d}x$;　　(4) $\int \frac{1}{x^2}\cdot\sqrt[3]{1+\frac{1}{x}}\mathrm{d}x$;

(5) $\int \frac{\mathrm{d}x}{x\ln x}$;　　(6) $\int \frac{\sqrt[3]{1+2\ln x}\,\mathrm{d}x}{x}$;

(7) $\int \frac{\mathrm{e}^x\mathrm{d}x}{\sqrt{1-\mathrm{e}^{2x}}}$;　　(8) $\int \frac{\mathrm{d}x}{\mathrm{e}^x(1+\mathrm{e}^{-2x})}$;

(9) $\int \frac{1}{\sqrt{1-x^2}}(\arcsin x)^2\mathrm{d}x$;　　(10) $\int \frac{1}{1+x^2}\mathrm{e}^{\arctan x}\mathrm{d}x$.

4. 求下列不定积分：

(1) $\int \sin^2 x\cos x\mathrm{d}x$； (2) $\int \sin^3 x\mathrm{d}x$；

(3) $\int \frac{\sin 2x}{\sqrt{1-\cos^4 x}}\mathrm{d}x$ ； (4) $\int \sin^2 x\mathrm{d}x$；

(5) $\int \tan^3 x\mathrm{d}x$； (6) $\int \tan^2 x\cdot\sec^2 x\mathrm{d}x$.

5. 求下列不定积分：

(1) $\int \frac{1+2x}{x^2+x}\mathrm{d}x$； (2) $\int \frac{x+1}{x^2+1}\mathrm{d}x$；

(3) $\int \frac{x+3}{x^2+2x+5}\mathrm{d}x$； (4) $\int \frac{x^3}{x^8-4}\mathrm{d}x$.

6. 求下列不定积分：

(1) $\int \frac{\mathrm{d}x}{2+\sqrt{x+1}}$； (2) $\int \frac{1}{\sqrt{x}(1+x)}\mathrm{d}x$；

(3) $\int x\sqrt{2x+1}\mathrm{d}x$； (4) $\int \sqrt{\mathrm{e}^x-1}\mathrm{d}x$.

视频：典型题目讲解(5.4)

5.4 分部积分法

上一节我们利用复合函数的求导法则得到了不定积分的换元积分公式，本节我们将利用两个函数乘积的求导法则，得到另一个基本积分公式——分部积分公式.

定理 5.5 设函数 $u=u(x)$，$v=v(x)$的导数都存在且连续，则

$$\int u(x)v'(x)\mathrm{d}x=u(x)v(x)-\int u'(x)v(x)\mathrm{d}x.$$

证 由两个函数乘积的求导法则

$$[u(x)v(x)]'=u'(x)v(x)+u(x)v'(x),$$

移项，得

$$u(x)v'(x)=[u(x)v(x)]'-u'(x)v(x).$$

两边求不定积分，得

$$\int u(x)v'(x)\mathrm{d}x=u(x)v(x)-\int u'(x)v(x)\mathrm{d}x.$$

上述公式称为**分部积分公式**.这个公式也可表示成如下形式

$$\int u(x)\mathrm{d}v(x)=u(x)v(x)-\int v(x)\mathrm{d}u(x).$$

利用分部积分公式求不定积分的方法称为**分部积分法**.

分部积分法是将被积函数看成两个因式的乘积 $u(x)v'(x)$，利用分部积分公式将求不定积分 $\int u(x)v'(x)\mathrm{d}x$ 的问题转化为求不定积分 $\int u'(x)v(x)\mathrm{d}x$ 的问题.例如，形如 $\int x^k\mathrm{e}^{ax}\mathrm{d}x$，$\int x^k\sin bx\mathrm{d}x$，$\int x^k\cos bx\mathrm{d}x$ 的不定积分，可以选 $u(x)=x^k$；形如 $\int x^k\ln^m x\mathrm{d}x$，$\int x^k\arcsin bx\mathrm{d}x$，$\int x^k\arccos bx\mathrm{d}x$，$\int x^k\arctan bx\mathrm{d}x$，$\int x^k\operatorname{arccot} bx\mathrm{d}x$ 的不定积分，可以选 $v'(x)=x^k$；而形如 $\int\mathrm{e}^{ax}\sin bx\mathrm{d}x$，$\int\mathrm{e}^{ax}\cos bx\mathrm{d}x$ 的不定积分，一般可以将 $\sin bx$，$\cos bx$ 看成 $u(x)$，经过两次分部积分，得到它们满足的一个等式.

用分部积分公式时，一般先用凑微分法，把积分改写成$\int u\mathrm{d}v$ 的形式.

例 1 求下列不定积分：

(1) $\int x\cos x\mathrm{d}x$； (2) $\int x\mathrm{e}^{x}\mathrm{d}x$；

(3) $\int x\sin 2x\mathrm{d}x$； (4) $\int x\mathrm{e}^{-x}\mathrm{d}x$.

解 (1) 设 $u=x$，$\mathrm{d}v=\cos x\mathrm{d}x=\mathrm{d}(\sin x)$，则 $v=\sin x$.利用分部积分公式，得

$$\int x\cos x\mathrm{d}x=\int x\mathrm{d}(\sin x)=x\sin x-\int\sin x\mathrm{d}x$$
$$=x\sin x-(-\cos x)+C=x\sin x+\cos x+C.$$

(2) 设 $u=x$，$\mathrm{d}v=\mathrm{e}^{x}\mathrm{d}x=\mathrm{d}(\mathrm{e}^{x})$，则 $v=\mathrm{e}^{x}$.利用分部积分公式，得

$$\int x\mathrm{e}^{x}\mathrm{d}x=\int x\,\mathrm{d}(\mathrm{e}^{x})=x\mathrm{e}^{x}-\int\mathrm{e}^{x}\mathrm{d}x$$
$$=x\mathrm{e}^{x}-\mathrm{e}^{x}+C.$$

(3) 设 $u=x$，$\mathrm{d}v=\sin 2x\mathrm{d}x=\mathrm{d}\left(-\frac{1}{2}\cos 2x\right)$，则 $v=-\frac{1}{2}\cos 2x$.利用分部积分公式，得

$$\int x\sin 2x\mathrm{d}x=\int x\mathrm{d}\left(-\frac{1}{2}\cos 2x\right)=-\frac{1}{2}x\cos 2x+\frac{1}{2}\int\cos 2x\mathrm{d}x$$
$$=-\frac{1}{2}x\cos 2x+\frac{1}{2}\cdot\frac{1}{2}\int\cos 2x\mathrm{d}(2x)$$
$$=-\frac{1}{2}x\cos 2x+\frac{1}{4}\sin 2x+C.$$

(4) 设 $u=x$，$\mathrm{d}v=\mathrm{e}^{-x}\mathrm{d}x=\mathrm{d}(-\mathrm{e}^{-x})$，则 $v=-\mathrm{e}^{-x}$.利用分部积分公式，得

$$\int x\mathrm{e}^{-x}\mathrm{d}x=\int x\mathrm{d}(-\mathrm{e}^{-x})=-x\mathrm{e}^{-x}+\int\mathrm{e}^{-x}\mathrm{d}x$$
$$=-x\mathrm{e}^{-x}-\mathrm{e}^{-x}+C.$$

当对分部积分公式熟悉后，可以凑成$\int u\mathrm{d}v$ 的形式后直接利用分部积分公式，不一定要先指明 $u(x)$ 与 $v(x)$.

例 2 求下列不定积分：

(1) $\int\ln x\mathrm{d}x$； (2) $\int\arcsin x\mathrm{d}x$；

(3) $\int x^{2}\ln x\mathrm{d}x$； (4) $\int x\arctan x\mathrm{d}x$.

解 (1) $\int\ln x\mathrm{d}x=x\ln x-\int x\mathrm{d}(\ln x)$

$$=x\ln x-\int x\cdot\frac{1}{x}\mathrm{d}x$$
$$=x\ln x-x+C.$$

(2) $\int\arcsin x\mathrm{d}x=x\arcsin x-\int x\mathrm{d}(\arcsin x)$

$$= x\arcsin x - \int x \cdot \frac{1}{\sqrt{1-x^2}} dx$$

$$= x\arcsin x + \frac{1}{2}\int (1-x^2)^{-\frac{1}{2}} d(1-x^2)$$

$$= x\arcsin x + \sqrt{1-x^2} + C.$$

(3) $\int x^2 \ln x dx = \frac{1}{3}\int \ln x d(x^3)$

$$= \frac{1}{3}\left[x^3 \ln x - \int x^3 d(\ln x)\right]$$

$$= \frac{1}{3}\left(x^3 \ln x - \int x^3 \cdot \frac{1}{x} dx\right)$$

$$= \frac{1}{3}\left(x^3 \ln x - \frac{1}{3}x^3\right) + C$$

$$= \frac{1}{3}x^3 \ln x - \frac{1}{9}x^3 + C.$$

(4) $\int x\arctan x dx = \frac{1}{2}\int \arctan x d(x^2)$

$$= \frac{1}{2}\left[x^2 \arctan x - \int x^2 d(\arctan x)\right]$$

$$= \frac{1}{2}\left(x^2 \arctan x - \int \frac{x^2}{1+x^2} dx\right)$$

$$= \frac{1}{2}\left(x^2 \arctan x - \int \frac{x^2+1-1}{1+x^2} dx\right)$$

$$= \frac{1}{2}\left[x^2 \arctan x - \int\left(1 - \frac{1}{1+x^2}\right) dx\right]$$

$$= \frac{1}{2}(x^2 \arctan x - x + \arctan x) + C.$$

例 3 求下列不定积分：

(1) $\int x^2 e^x dx$；　　　　　　(2) $\int e^x \cos x dx$.

解 有些不定积分要经过两次分部积分，且两次要将同一类函数放到微分号内.

(1) $\int x^2 e^x dx = \int x^2 d(e^x) = x^2 e^x - \int e^x d(x^2)$

$$= x^2 e^x - 2\int x e^x dx = x^2 e^x - 2\int x d(e^x)$$

$$= x^2 e^x - 2\left(x e^x - \int e^x dx\right) = x^2 e^x - 2x e^x + 2e^x + C.$$

(2) $\int e^x \cos x dx = \int \cos x d(e^x) = \cos x \cdot e^x - \int e^x d(\cos x)$

$$= \cos x \cdot e^x + \int \sin x \cdot e^x dx = \cos x \cdot e^x + \int \sin x d(e^x)$$

$$=\cos x\cdot e^x+\sin x\cdot e^x-\int e^x d(\sin x)$$

$$=\cos x\cdot e^x+\sin x\cdot e^x-\int \cos x\cdot e^x dx,$$

移项,得

$$\int e^x\cos x dx=\frac{1}{2}(\cos x+\sin x)e^x+C.$$

例 4 求下列不定积分:

(1) $\int \sin\sqrt{2x+1}\,dx$; (2) $\int e^{\sqrt{x+1}}dx$.

解 (1) 令 $\sqrt{2x+1}=t$,则

$$x=\frac{1}{2}(t^2-1),\ dx=tdt,$$

故

$$\int \sin\sqrt{2x+1}\,dx=\int \sin t\cdot tdt=-\int td(\cos t)$$

$$=-\left(t\cos t-\int \cos tdt\right)$$

$$=-(t\cos t-\sin t)+C$$

$$=-\sqrt{2x+1}\cos\sqrt{2x+1}+\sin\sqrt{2x+1}+C.$$

(2) 令 $\sqrt{x+1}=t$,则

$$x=t^2-1,\ dx=2tdt,$$

故

$$\int e^{\sqrt{x+1}}dx=2\int e^t\cdot tdt=2\int t\,d(e^t)$$

$$=2\left(te^t-\int e^t dt\right)=2(te^t-e^t)+C$$

$$=2(\sqrt{x+1}-1)e^{\sqrt{x+1}}+C.$$

例 5 设 $f(x)$ 的一个原函数为 $x\ln x$,求:

(1) $\int xf(x)dx$; (2) $\int xf''(x)dx$.

解 (1) 因为 $f(x)$ 的一个原函数为 $x\ln x$,所以 $f(x)=(x\ln x)'$,故

$$\int xf(x)dx=\int x(x\ln x)'dx=x\cdot x\ln x-\int x\ln xdx$$

$$=x^2\ln x-\frac{1}{2}\int \ln xd(x^2)$$

$$=x^2\ln x-\frac{1}{2}x^2\ln x+\frac{1}{2}\int x^2\cdot\frac{1}{x}dx$$

$$=\frac{1}{2}x^2\ln x+\frac{1}{4}x^2+C.$$

(2) $\int xf''(x)dx=xf'(x)-\int f'(x)dx$

$$=xf'(x)-f(x)+C$$

$$=x(x\ln x)''-(x\ln x)'+C$$

$$= -\ln x + C.$$

换元积分法与分部积分法只是求简单不定积分的常用方法,对于具体的不定积分,要分析被积函数的特点,灵活运用这些方法.在求不定积分时,应注意同一个不定积分,用不同方法会得到不同的表达形式,但只要它们的导数是被积函数,结果就是正确的.

例 6 求不定积分 $\int \sin 2x\mathrm{d}x$.

解法 1 $\int \sin 2x\mathrm{d}x = \frac{1}{2}\int \sin 2x\mathrm{d}(2x) = -\frac{1}{2}\cos 2x + C.$

解法 2 $\int \sin 2x\mathrm{d}x = 2\int \sin x\cos x\mathrm{d}x = 2\int \sin x\mathrm{d}(\sin x)$

$= \sin^2 x + C.$

习题 5.4

习题 5.4 答案与提示

1. 单项选择题:

(1) $\int \cos x\mathrm{d}(\mathrm{e}^{\cos x}) = ($ $)$.

(A) $\mathrm{e}^{\cos x}+C$ (B) $\mathrm{e}^{\cos x}\cos x+C$

(C) $(\cos x-1)\mathrm{e}^{\cos x}+C$ (D) $(\cos x+1)\mathrm{e}^{\cos x}+C$

(2) 若函数 $F(x)$ 为 $f(x)$ 的一个原函数,则不定积分 $\int xf'(x)\mathrm{d}x = ($ $)$.

(A) $xf(x)-F(x)+C$ (B) $xf(x)+F(x)+C$

(C) $xF(x)-f(x)+C$ (D) $xF(x)+f(x)+C$

2. 用分部积分法求下列不定积分:

(1) $\int x\sin x\mathrm{d}x$; (2) $\int x\sec^2 x\mathrm{d}x$;

(3) $\int x\cos 2x\mathrm{d}x$; (4) $\int x\mathrm{e}^{2x}\mathrm{d}x$;

(5) $\int \ln(x+1)\mathrm{d}x$; (6) $\int \frac{\ln x}{\sqrt{x}}\mathrm{d}x$;

(7) $\int x^3\ln x\mathrm{d}x$; (8) $\int \frac{\ln x}{x^2}\mathrm{d}x$;

(9) $\int \arctan x\mathrm{d}x$; (10) $\int x^2\arctan x\mathrm{d}x$;

(11) $\int x^2\cos x\mathrm{d}x$; (12) $\int \mathrm{e}^x\sin x\mathrm{d}x$.

3. 求下列不定积分:

(1) $\int \mathrm{e}^{\sqrt{x}}\mathrm{d}x$; (2) $\int \cos\sqrt{x+1}\mathrm{d}x$;

(3) $\int x\tan^2 x\mathrm{d}x$; (4) $\int \frac{\arcsin x}{(1-x^2)^{\frac{3}{2}}}\mathrm{d}x$.

4. 设 $\ln(1+x^2)$ 为 $f(x)$ 的一个原函数,求 $\int xf'(x)\mathrm{d}x$.

5. 设 e^{-x} 是 $f(x)$ 的一个原函数,求 $\int xf(x)\mathrm{d}x$.

5.5 微分方程初步

视频：典型题目详解(5.5)

函数是客观事物的内部联系在数量方面的反映,利用函数关系可以研究客观事物的变化规律.因此如何寻找函数关系,具有重要意义.在大量的实际问题中,反映变量与变量之间的函数关系往往不能直接建立,但是能够建立这些变量和它们的变化率的关系.

当自变量的变化可以认为是连续的或瞬时发生时,变化率可以用导数来表示.含有未知函数的导数或微分的方程称为微分方程.

本节主要介绍微分方程的一些基本概念和几种简单的一阶微分方程的解法.

5.5.1 微分方程的基本概念

1. 引例

例 1 假设某人以本金 A_0 进行一项投资,投资的年利率为 r,若以连续复利计算,试求 t 年末的本利和.

解 设 t 年末的本利和为 $A(t)$,则 t 年末资金总额的变化率等于 t 年末资金总额获取的利息,即$\frac{\mathrm{d}A(t)}{\mathrm{d}t}=rA(t)$.

由于$\frac{\mathrm{d}A(t)}{\mathrm{d}t}-rA(t)=0$,所以$\frac{\mathrm{d}[A(t)\mathrm{e}^{-rt}]}{\mathrm{d}t}=0$,从而 $A(t)=C\mathrm{e}^{rt}$,C 为任意常数.

由 $A(t)\big|_{t=0}=A_0$ 得 $C=A_0$,所以 $A(t)=A_0\mathrm{e}^{rt}$.

例 2 在 xOy 平面上,确定过点$(0,2)$的曲线 $y=y(x)$,使曲线上任一点(x,y)处的切线与坐标原点 O 到点(x,y)的连线垂直.

解 根据导数的几何意义,曲线 $y=y(x)$ 在点(x,y)处切线的斜率为$\frac{\mathrm{d}y(x)}{\mathrm{d}x}$,而坐标原点 O 到点(x,y)的连线的斜率为$\frac{y}{x}$,依题意得

$$\frac{\mathrm{d}y(x)}{\mathrm{d}x}=-\frac{x}{y},\text{即 } x\mathrm{d}x+y\mathrm{d}y=0,\text{也即 } \mathrm{d}(x^2+y^2)=0,$$

故 $x^2+y^2=C$,C 为任意常数.

由于曲线过点$(0,2)$,即 $y\big|_{x=0}=2$,得 $C=4$,即所求曲线方程为

$$x^2+y^2=4.$$

2. 微分方程的一般概念

定义 5.3 含有自变量、未知函数及未知函数的导数或微分的方程称为**微分方程**.

这里讲的未知函数都是一元函数,这种微分方程称为常微分方程,简称为微分方程.

定义 5.4 微分方程中出现的未知函数的最高阶导数的阶数称为**微分方程的阶**.

如上面例子中的$\frac{\mathrm{d}A(t)}{\mathrm{d}t}=rA(t)$与$\frac{\mathrm{d}y(x)}{\mathrm{d}x}=-\frac{x}{y}$均是一阶微分方程,而方程

$$\frac{d^2y}{dx^2}-2y=e^{-x},\ y'''-4y''+6y'=5$$

则分别是二阶微分方程和三阶微分方程.

定义 5.5　满足微分方程的函数,称为**微分方程的解**.

定义 5.6　如果微分方程的解中所含独立任意常数的个数等于微分方程的阶数,则此解称为**微分方程的通解**.

定义 5.7　用来确定微分方程通解中任意常数的条件称为**定解条件**(或**初始条件**).

定义 5.8　不含任意常数的解称为**微分方程的特解**.

例如,$A(t)=Ce^{rt}$是微分方程$\frac{dA(t)}{dt}=rA(t)$的通解,而$A(t)=A_0e^{rt}$是该方程满足定解条件$A(t)\big|_{t=0}=A_0$的特解.

定义 5.9　求微分方程满足初始条件的问题,称为**初值问题**.

如初值问题

$$\begin{cases}\frac{dA(t)}{dt}=rA(t),\\ A(0)=A_0\end{cases}\quad 与\begin{cases}\frac{dy(x)}{dx}=-\frac{x}{y},\\ y\big|_{x=0}=2.\end{cases}$$

定义 5.10　微分方程通解的图形称为该方程的**积分曲线族**,微分方程特解的图形称为该方程的**积分曲线**.

例 3　函数$y=x^2$,$y=Cx^2$,$y=Cx^2+x$(其中C为任意常数)是否为微分方程$xy'-2y=0$的解?是通解还是特解?

解　将$y=x^2$,$y'=2x$代入方程$xy'-2y=0$,得

$$左边=xy'-2y=2x^2-2x^2=0=右边,$$

这是一个恒等式,且函数中不含任意常数,故$y=x^2$为方程的特解.

将$y=Cx^2$,$y'=2Cx$代入方程$xy'-2y=0$,得

$$左边=xy'-2y=2Cx^2-2Cx^2=0=右边,$$

这是一个恒等式,且函数中含任意常数的个数(1个)等于方程的阶数(1阶),故$y=Cx^2$为方程的通解.

将$y=Cx^2+x$,$y'=2Cx+1$代入方程$xy'-2y=0$,得

$$左边=xy'-2y=2Cx^2+x-2Cx^2-2x=-x\neq 右边,$$

所以$y=Cx^2+x$不是方程的解.

5.5.2　可分离变量的微分方程

形如$g(y)dy=f(x)dx$的微分方程称为**可分离变量的微分方程**.

对$g(y)dy=f(x)dx$两边不定积分,得

$$\int g(y)dy=\int f(x)dx.$$

设$G(y)$,$F(x)$分别是$g(y)$,$f(x)$的一个原函数,那么微分方程$g(y)dy=f(x)dx$的通解为

$$G(y)=F(x)+C,$$

其中 C 为任意常数.

这种将微分方程中的变量分离开来,然后求解的方法称为**分离变量法**.

例 4　求微分方程$\frac{dy}{dx}=-\frac{x}{y}$的通解.

解　分离变量,得

$$y dy=-x dx.$$

两边不定积分
$$\int y dy=-\int x dx,$$

得
$$\frac{1}{2}y^2=-\frac{1}{2}x^2+C_1,$$

故通解为
$$x^2+y^2=C,$$

其中 $C=2C_1$ 为任意常数.

例 5　求微分方程$\frac{dy}{dx}=2(x-1)(1+y^2)$的通解.

解　分离变量,得

$$\frac{1}{1+y^2}dy=2(x-1)dx.$$

两边不定积分
$$\int\frac{1}{1+y^2}dy=2\int(x-1)dx,$$

得通解
$$\arctan y=(x-1)^2+C,$$

或
$$y=\tan[(x-1)^2+C],$$

其中 C 为任意常数.

例 6　求微分方程$\frac{dy}{dx}=\frac{x(1+y^2)}{y(1+x^2)}$的通解.

解　分离变量,得

$$\frac{y dy}{1+y^2}=\frac{x dx}{1+x^2}.$$

两边不定积分
$$\int\frac{y}{1+y^2}dy=\int\frac{x}{1+x^2}dx,$$

得
$$\frac{1}{2}\ln(1+y^2)=\frac{1}{2}\ln(1+x^2)+\frac{1}{2}\ln C,$$

故通解
$$1+y^2=C(1+x^2),$$

其中 C 为任意常数.

注意　这里把积分常数 C 写成$\frac{1}{2}\ln C$ 是为了便于化简.

例 7　求微分方程$\frac{dy}{dx}=2xy$ 的通解.

解　当 $y\neq0$ 时,分离变量,得

$$\frac{dy}{y}=2xdx.$$

两边不定积分 $$\int\frac{dy}{y}=\int 2xdx,$$

即得通解 $$\ln|y|=x^2+C_1,$$

从而 $$|y|=e^{x^2+C_1}=e^{C_1}e^{x^2},$$

即 $$y=\pm e^{C_1}e^{x^2},$$

而$\pm e^{C_1}$是任意非零常数,把它记作 C.

当 $y=0$ 时,微分方程成立,即 $y=0$ 也是微分方程的解,而这个解恰好对应 $C=0$ 的情形,于是便得方程的通解

$$y=Ce^{x^2},$$

其中 C 为任意常数.

例 8 解初值问题$\begin{cases}\dfrac{dy}{dx}=\dfrac{y}{x},\\ y|_{x=1}=2.\end{cases}$

解 分离变量,得

$$\frac{dy}{y}=\frac{dx}{x}.$$

两边不定积分 $$\int\frac{dy}{y}=\int\frac{dx}{x},$$

得 $$\ln|y|=\ln|x|+\ln|C|,$$

其中 C 为任意常数,所以 $y=Cx$.将初始条件 $y|_{x=1}=2$ 代入得 $C=2$,故 $y=2x$.

5.5.3 一阶线性微分方程

定义 5.11 形如 $a(x)y'+b(x)y=c(x)$ 的微分方程称为**一阶线性微分方程**,其中 $a(x)$,$b(x)$与 $c(x)$是已知函数.

当 $c(x)$恒为 0 时,$a(x)y'+b(x)y=0$ 称为**一阶齐次线性微分方程**;当 $c(x)$不恒为 0 时,$a(x)y'+b(x)y=c(x)$称为**一阶非齐次线性微分方程**.

一般地,一阶齐次线性微分方程表示为

$$y'+P(x)y=0,$$

一阶非齐次线性微分方程表示为

$$y'+P(x)y=Q(x),$$

其中 $P(x)$,$Q(x)$是已知函数.

下面先讨论一阶齐次线性微分方程 $y'+P(x)y=0$ 的通解.

首先,将 $y'+P(x)y=0$ 分离变量,得

$$\frac{dy}{y}=-P(x)dx.$$

上式两边不定积分 $$\int\frac{dy}{y}=\int -P(x)dx,$$

得
$$\ln|y| = -\int P(x)\mathrm{d}x + \ln C_1,$$
即
$$y = C\mathrm{e}^{-\int P(x)\mathrm{d}x},$$
其中 $C=\pm C_1$ 为任意常数(因为 $y=0$ 也是微分方程的解,所以 C 可为 0).

这就是 $y'+P(x)y=0$ 的通解公式.这里$\int P(x)\mathrm{d}x$ 表示 $P(x)$ 的一个原函数.

对于一阶非齐次线性微分方程 $y'+P(x)y=Q(x)$ 的通解可用下述方法求得.

设一阶非齐次线性微分方程 $y'+P(x)y=Q(x)$ 具有如下形式的解:
$$y = C(x)\mathrm{e}^{-\int P(x)\mathrm{d}x},$$
求导得
$$y' = C'(x)\mathrm{e}^{-\int P(x)\mathrm{d}x} - C(x)P(x)\mathrm{e}^{-\int P(x)\mathrm{d}x},$$
将上述两式代入方程 $y'+P(x)y=Q(x)$,并整理得
$$C'(x) = Q(x)\mathrm{e}^{\int P(x)\mathrm{d}x},$$
对上式两端积分,得
$$C(x) = \int Q(x)\mathrm{e}^{\int P(x)\mathrm{d}x}\mathrm{d}x + C,$$
其中 C 为任意常数.

所以,一阶非齐次线性微分方程 $y'+P(x)y=Q(x)$ 的通解为
$$y = \mathrm{e}^{-\int P(x)\mathrm{d}x}\left[\int Q(x)\mathrm{e}^{\int P(x)\mathrm{d}x}\mathrm{d}x + C\right].$$

例 9 求微分方程$\dfrac{\mathrm{d}y}{\mathrm{d}x}+2xy=2x\mathrm{e}^{-x^2}$的通解.

解 这是一阶非齐次线性微分方程,其中 $P(x)=2x$,$Q(x)=2x\mathrm{e}^{-x^2}$.

由通解公式得
$$\begin{aligned}y &= \mathrm{e}^{-\int P(x)\mathrm{d}x}\left[\int Q(x)\mathrm{e}^{\int P(x)\mathrm{d}x}\mathrm{d}x + C\right],\\ &= \mathrm{e}^{-\int 2x\mathrm{d}x}\left(\int 2x\mathrm{e}^{-x^2}\mathrm{e}^{\int 2x\mathrm{d}x}\mathrm{d}x + C\right)\\ &= \mathrm{e}^{-x^2}\left(\int 2x\mathrm{e}^{-x^2}\mathrm{e}^{x^2}\mathrm{d}x + C\right)\\ &= \mathrm{e}^{-x^2}(x^2+C),\end{aligned}$$
故通解为 $y=\mathrm{e}^{-x^2}(x^2+C)$,其中 C 为任意常数.

例 10 求微分方程 $y'+y=x$ 满足初始条件$y|_{x=0}=1$ 的解.

解 这是一阶非齐次线性微分方程,$P(x)=1$,$Q(x)=x$.

由通解公式得
$$\begin{aligned}y &= \mathrm{e}^{-\int P(x)\mathrm{d}x}\left[\int Q(x)\mathrm{e}^{\int P(x)\mathrm{d}x}\mathrm{d}x + C\right]\\ &= \mathrm{e}^{-\int \mathrm{d}x}\left(\int x\mathrm{e}^{\int \mathrm{d}x}\mathrm{d}x + C\right) = \mathrm{e}^{-x}\left(\int x\mathrm{e}^{x}\mathrm{d}x + C\right)\\ &= \mathrm{e}^{-x}\left(x\mathrm{e}^{x} - \mathrm{e}^{x} + C\right) = x - 1 + C\mathrm{e}^{-x}.\end{aligned}$$

由初始条件 $y|_{x=0}=1$,代入上式,得 $C=2$.

于是此方程满足初始条件的解为

$$y=x-1+2e^{-x}.$$

例 11 求微分方程 $y'=\frac{1}{x\cos y+\sin 2y}$ 的通解.

解 若将 y 看作是 x 的函数，则此方程不是线性微分方程，但若将 x 看作是 y 的函数，方程可改写成

$$\frac{dx}{dy}-\cos y\cdot x=\sin 2y,$$

其中 $P(y)=-\cos y, Q(y)=\sin 2y$，它是关于 x 的一阶线性微分方程.

由通解公式得

$$\begin{aligned}x&=e^{-\int P(y)dy}\left[\int Q(y)e^{\int P(y)dy}dy+C\right]\\&=e^{-\int -\cos ydy}\left(\int \sin 2ye^{\int -\cos ydy}dy+C\right)\\&=e^{\sin y}\left(\int 2\sin y\cos ye^{-\sin y}dy+C\right)\\&=e^{\sin y}\left[-2\int \sin y\,d(e^{-\sin y})+C\right]\\&=e^{\sin y}\left[-2\left(\sin ye^{-\sin y}+e^{-\sin y}\right)+C\right]\\&=-2\sin y-2+Ce^{\sin y},\end{aligned}$$

故通解为 $x=-2\sin y-2+Ce^{\sin y}$，其中 C 为任意常数.

习题 5.5

习题 5.5 答案与提示

1. 单项选择题：

(1) 微分方程 $3y^2dy+x^3dx=0$ 的阶数是(　　).

(A) 0　　(B) 1　　(C) 2　　(D) 3

(2) 下列微分方程中，属于可分离变量方程的是(　　).

(A) $x\sin(xy)dx+ydy=0$　　(B) $y'=\ln(x+y)$

(C) $\frac{dy}{dx}=x\sin y$　　(D) $y'+\frac{1}{x}y=e^x\cdot e^y$

(3) 下列微分方程中，为一阶线性微分方程的是(　　).

(A) $xy'+y^2=x$　　(B) $(y')^2+xy=1$

(C) $yy'=x$　　(D) $y'+xy=\sin x$

(4) 下列函数中，为微分方程 $ydy+xdx=0$ 的通解的是(　　).

(A) $x+y=C$　　(B) $x^2+y^2=C$

(C) $Cx+y=0$　　(D) $Cx^2+y^2=0$

2. 指出下列微分方程的阶数：

(1) $x(y')^3+yy'-x=0$；　　(2) $y''+(y')^3+xy-1=0$；

(3) $(x-2y)dx+(3y-x)dy=0$；　　(4) $xy'''-2y'+xy^4=0$.

3. 验证下列各题中的函数是否是所给微分方程的解，若是，指出是特解还是通解(其中 C 为任意常数)：

(1) $xy'=3y, y=Cx^3$；

(2) $\dfrac{dy}{dx}+y=x, y=e^{-x}+x-1$；

(3) $x^2dy-\sin y dx=0, y=\cos x+C$；

(4) $(x-2y)y'=2x-y, x^2-xy+y^2=C$.

4. 求下列各微分方程的通解或在给定初始条件下的特解：

(1) $\dfrac{dy}{dx}=4xy^2$；

(2) $xydx+\sqrt{1-x^2}dy=0$；

(3) $\dfrac{dy}{dx}=e^{x-y}$；

(4) $y\ln x dx-x\ln y dy=0$；

(5) $\dfrac{dy}{dx}=\dfrac{6x^2}{2y-\sin y}$；

(6) $(x+2xy)dx+(1+x^2)dy=0$；

(7) $\dfrac{dy}{dx}=4x\sqrt{y}, y\big|_{x=1}=1$；

(8) $\dfrac{x}{1+y}dx-\dfrac{y}{1+x}dy=0, y\big|_{x=0}=1$.

5. 求下列各微分方程的通解或在给定初始条件下的特解：

(1) $\dfrac{dy}{dx}+y=e^{2x}$；

(2) $y'-\dfrac{y}{x+1}=(x+1)^4$；

(3) $xy'+y=3x^2+2x$；

(4) $(x^2+1)\dfrac{dy}{dx}+2xy=3x^2$；

(5) $xy'-2y=x^3e^x, y\big|_{x=1}=0$；

(6) $y'+y\cos x=\sin x\cos x, y\big|_{x=0}=1$.

6. 某商品的需求量 Q 对价格 p 的弹性为 $-p\ln 3$，已知该商品的最大需求量为1 200(即当 $p=0$ 时，$Q=1\ 200$)，求需求量 Q 与价格 p 的关系式.

7. 已知生产某产品的固定成本为 $a\ (a>0)$，生产 x 个单位的边际成本与平均成本之差为 $\dfrac{x}{a}-\dfrac{a}{x}$，且当产量的数值等于 a 时，相应的总成本为 $2a$，求总成本 C 与产量 x 的函数关系式.

5.6 定积分的概念及其基本性质

视频：典型题目讲解(5.6)

定积分是积分学中的重要概念，它在科学技术和经济分析中具有广泛的应用，下面通过两个例子来引入定积分的概念.

5.6.1 引例

例 1 曲边梯形的面积.

如图 5-1(a)所示，由连续曲线 $y=f(x)\ (f(x)\geqslant 0)$ 与直线 $x=a, x=b$ 及 x 轴所围成的平面图形，称为**曲边梯形**.

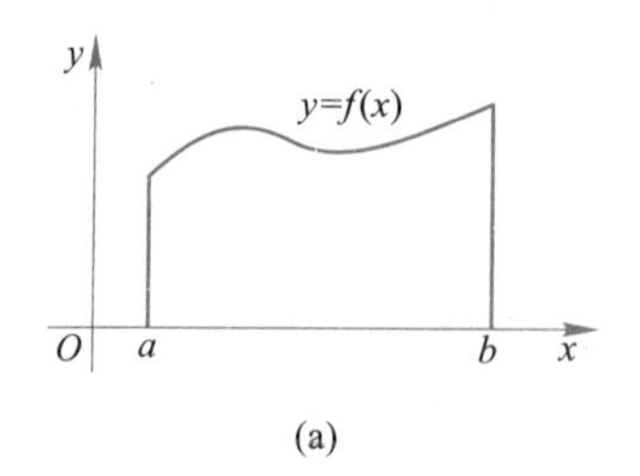

(a)

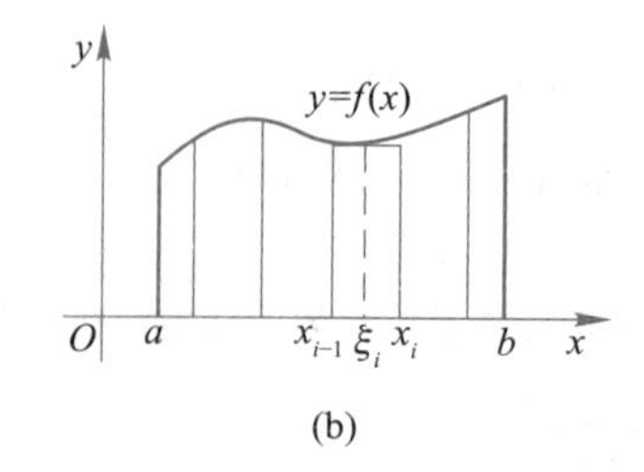

(b)

图 5-1

下面讨论如何求出此曲边梯形的面积:

(1) 分割:如图 5-1(b)所示,在区间(a,b)内任意插入 $n-1$ 个分点 $x_1,x_2,\cdots,x_{n-1}$,设 $a=x_0<x_1<x_2<\cdots<x_{n-1}<x_n=b$,则区间$[a,b]$被分割成了 n 个小区间$[x_0,x_1]$,$[x_1,x_2]$,$\cdots$,$[x_{n-1},x_n]$,其长度记为 $\Delta x_i=x_i-x_{i-1}(i=1,2,\cdots,n)$,最大小区间的长度记为

$$\lambda=\max\{\Delta x_1,\Delta x_2,\cdots,\Delta x_n\}.$$

(2) 作近似:过每个分点 $x_i(i=1,2,\cdots,n-1)$作垂直于 x 轴的直线,将曲边梯形分成 n 个小曲边梯形,见图 5-1(b),记它们的面积分别为 $\Delta A_1,\Delta A_2,\cdots,\Delta A_n$.当 Δx_i 很小时,面积 ΔA_i 用小矩形面积近似代替,即

$$\Delta A_i\approx f(\xi_i)\Delta x_i,i=1,2,\cdots,n,$$

其中 ξ_i 是$[x_{i-1},x_i]$上任取的一点.

(3) 求和:曲边梯形面积 $A=\sum_{i=1}^{n}\Delta A_i$,所以

$$A\approx f(\xi_1)\Delta x_1+f(\xi_2)\Delta x_2+\cdots+f(\xi_n)\Delta x_n=\sum_{i=1}^{n}f(\xi_i)\Delta x_i.$$

(4) 求极限:当 $\lambda\to 0$ 时,如果$\lim\limits_{\lambda\to 0}\sum_{i=1}^{n}f(\xi_i)\Delta x_i$ 存在,则此极限值就是曲边梯形的面积,即

$$A=\lim_{\lambda\to 0}\sum_{i=1}^{n}f(\xi_i)\Delta x_i.$$

例 2　由边际成本求可变成本.

设边际成本函数为$f(q)$(其中 q 为产量)是定义在$[0,Q]$上的连续函数,计算可变成本 C_v.

(1) 分割:设 $0=q_0<q_1<\cdots<q_n=Q$,则区间$[0,Q]$被分割成 n 个小区间$[q_{i-1},q_i]$ $(i=1,2,\cdots,n)$,最大的产量区间的长度记为

$$\lambda=\max\{\Delta q_1,\Delta q_2,\cdots,\Delta q_n\}.$$

(2) 作近似:在每个小区间$[q_{i-1},q_i]$ $(i=1,2,\cdots,n)$上任取一点 η_i,成本的增长速度(即边际成本)可近似认为不变,于是成本的增加额 ΔC_{vi}近似为$f(\eta_i)\Delta q_i$,即

$$\Delta C_{vi}\approx f(\eta_i)\Delta q_i\quad(i=1,2,\cdots,n).$$

(3) 求和:可变成本 C_v 是各个小区间对应的成本增加额之和,于是

$$C_v\approx f(\eta_1)\Delta q_1+f(\eta_2)\Delta q_2+\cdots+f(\eta_n)\Delta q_n=\sum_{i=1}^{n}f(\eta_i)\Delta q_i.$$

（4）求极限：当 $\lambda \to 0$ 时，若 $\lim\limits_{\lambda\to 0}\sum\limits_{i=1}^{n} f(\eta_i)\Delta q_i$ 存在，则 C_v 可表示为

$$C_v = \lim_{\lambda\to 0}\sum_{i=1}^{n} f(\eta_i)\Delta q_i.$$

以上讨论的虽然是两个背景不同的实际问题，但从数学的角度看，其解决问题的思路是一样的，最后都归结为求某种具有相同结构的和式极限.将这一方法加以概括抽象，就得到了定积分的概念.

5.6.2 定积分的概念

定义 5.12 设函数 $f(x)$ 在区间 $[a,b]$ 上有定义，用区间 (a,b) 内任意 $n-1$ 个分点

$$a=x_0<x_1<x_2<\cdots<x_{n-1}<x_n=b$$

将区间 $[a,b]$ 分成 n 个小区间，小区间的长度为

$$\Delta x_i=x_i-x_{i-1}\quad (i=1,2,\cdots,n),$$

在每个小区间上任取一点 $\xi_i\in[x_{i-1},x_i]$，作和

$$I_n - \sum_{i=1}^{n} f(\xi_i)\Delta x_i.$$

记 $\lambda=\max\{\Delta x_1,\Delta x_2,\cdots,\Delta x_n\}$，令 $\lambda\to 0$，若极限

$$\lim_{\lambda\to 0}\sum_{i=1}^{n} f(\xi_i)\Delta x_i$$

存在，则称此极限值为函数 $f(x)$ 在区间 $[a,b]$ 上的**定积分**，记作 $\int_a^b f(x)\,\mathrm{d}x$，即

$$\int_a^b f(x)\,\mathrm{d}x = \lim_{\lambda\to 0}\sum_{i=1}^{n} f(\xi_i)\Delta x_i.$$

这时称函数 $f(x)$ 在区间 $[a,b]$ 上**可积**，其中 $f(x)$ 称为**被积函数**，x 称为**积分变量**，$f(x)\,\mathrm{d}x$ 称为**被积表达式**，b 称为**积分上限**，a 称为**积分下限**.

由定积分的定义，上面引例中的两个具体问题可以用定积分表示为：

（1）曲边梯形面积 A 是函数 $y=f(x)$ $(f(x)\geqslant 0)$ 在 $[a,b]$ 上的定积分，即

$$A=\int_a^b f(x)\,\mathrm{d}x.$$

（2）产量从 0 到 Q 的可变成本，是边际成本函数 $f(q)$ 在产量区间 $[0,Q]$ 上的定积分，即

$$C_v=\int_0^Q f(q)\,\mathrm{d}q.$$

对于定积分的定义，应注意以下几点：

（1）定积分 $\int_a^b f(x)\,\mathrm{d}x$ 的值是一个常数，其大小只与被积函数 $f(x)$ 及积分区间 $[a,b]$ 有关，而与积分变量的符号 x 无关，所以改变函数自变量的字母不改变定积分的值，即

$$\int_a^b f(x)\,\mathrm{d}x=\int_a^b f(t)\,\mathrm{d}t=\int_a^b f(u)\,\mathrm{d}u.$$

（2）如果函数 $y=f(x)$ 在区间 $[a,b]$ 上恒等于 1，那么

$$\int_a^b f(x)\,\mathrm{d}x = \int_a^b 1\,\mathrm{d}x = b - a.$$

（3）由定积分定义，可知积分下限 a 小于积分上限 b.我们规定：

$$当\ a > b\ 时，\int_a^b f(x)\,\mathrm{d}x = -\int_b^a f(x)\,\mathrm{d}x；当\ a = b\ 时，\int_a^a f(x)\,\mathrm{d}x = 0.$$

（4）极限过程是 $\lambda \to 0$，而不仅仅只是 $n \to \infty$：前者是无限细分的过程，后者是分点无限增加的过程.无限细分，分点必然要无限增加，但分点无限增加，并不能保证无限细分.

（5）关于函数的可积性，我们要知道有下面几个重要结论：

① 可积函数必有界.

② 有限闭区间 $[a,b]$ 上的连续函数可积.

③ 有限闭区间 $[a,b]$ 上的单调函数可积.

④ 在有限闭区间 $[a,b]$ 上只有有限个间断点的有界函数可积.

5.6.3 定积分的几何意义

根据被积函数的不同情况，定积分的几何意义分别为：

（1）若 $y=f(x)$ 在 $[a,b]$ 上连续且非负，即 $f(x) \geqslant 0$，此时 $\int_a^b f(x)\,\mathrm{d}x$ 是由曲线 $y=f(x)$ 与直线 $x=a$，$x=b$ 及 x 轴所围成的曲边梯形的面积 A，即

$$\int_a^b f(x)\,\mathrm{d}x = A.$$

（2）若 $y=f(x)$ 在 $[a,b]$ 上连续且非正，即 $f(x) \leqslant 0$，此时 $\int_a^b f(x)\,\mathrm{d}x$ 是由曲线 $y=f(x)$ 与直线 $x=a$，$x=b$ 及 x 轴所围成的曲边梯形面积 A 的相反数 $-A$（见图 5-2），即

$$\int_a^b f(x)\,\mathrm{d}x = -A.$$

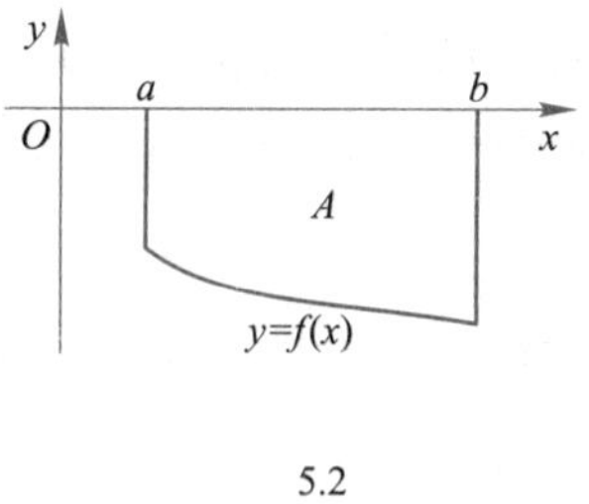

5.2

图 5-2

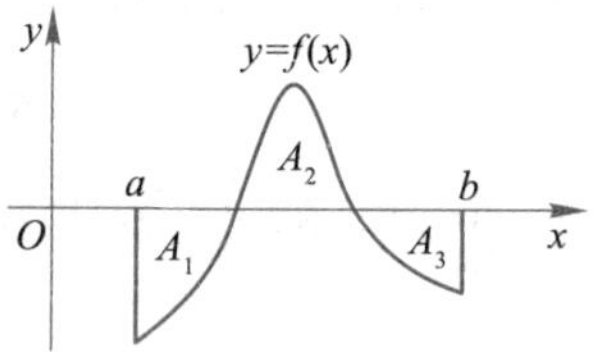

图 5-3

（3）若 $y=f(x)$ 在 $[a,b]$ 上连续，其值既有正值又有负值（见图 5-3），此时 $\int_a^b f(x)\,\mathrm{d}x$ 是由曲线 $y=f(x)$，直线 $x=a$，$x=b$ 及 x 轴所围成的曲边梯形面积（分别记为 A_1，A_2，A_3）的代数和，即

$$\int_a^b f(x)\,\mathrm{d}x = -A_1 + A_2 - A_3.$$

例 3 计算定积分 $\int_0^2 \sqrt{4 - x^2}\,\mathrm{d}x$.

解　在区间 $[0,2]$ 上，曲线 $y=\sqrt{4-x^2}$ 是圆周 $x^2+y^2=4$ 的 $\frac{1}{4}$ 部分（见图 5-4），所以定积分 $\int_0^2\sqrt{4-x^2}\,dx$ 是半径为 2 的圆面积的 $\frac{1}{4}$，即

$$\int_0^2\sqrt{4-x^2}\,dx=\frac{1}{4}\pi\cdot 2^2=\pi.$$

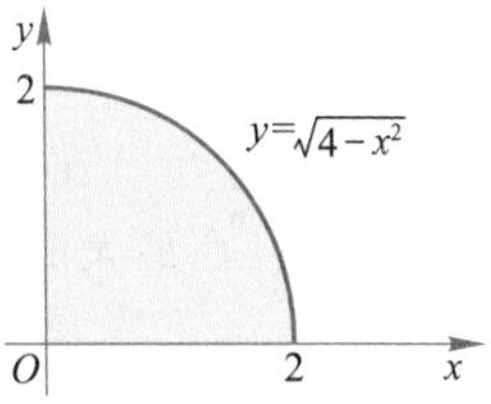

图 5-4

5.6.4　定积分的基本性质

由定积分的定义和极限运算的法则、性质，可以得到定积分具有下列基本性质：

性质 1　$\int_a^b[f(x)\pm g(x)]\,dx=\int_a^b f(x)\,dx\pm\int_a^b g(x)\,dx.$

性质 2　$\int_a^b kf(x)\,dx=k\int_a^b f(x)\,dx$（$k$ 为常数）.

性质 3（积分区间的可加性）

$$\int_a^b f(x)\,dx=\int_a^c f(x)\,dx+\int_c^b f(x)\,dx.$$

性质 4（比较定理）　设在区间 $[a,b]$ 上有 $f(x)\leqslant g(x)$，则

$$\int_a^b f(x)\,dx\leqslant\int_a^b g(x)\,dx.$$

推论 1　设在区间 $[a,b]$ 上有 $f(x)\geqslant 0$，则

$$\int_a^b f(x)\,dx\geqslant 0.$$

推论 2　$\left|\int_a^b f(x)\,dx\right|\leqslant\int_a^b|f(x)|\,dx.$

证　因为对于任意 $x\in[a,b]$，有 $-|f(x)|\leqslant f(x)\leqslant|f(x)|$，由性质 4，得

$$-\int_a^b|f(x)|\,dx\leqslant\int_a^b f(x)\,dx\leqslant\int_a^b|f(x)|\,dx,$$

所以

$$\left|\int_a^b f(x)\,dx\right|\leqslant\int_a^b|f(x)|\,dx.$$

性质 5（估值定理）　设函数 $f(x)$ 在 $[a,b]$ 上有最大值 M 和最小值 m，则

$$m(b-a)\leqslant\int_a^b f(x)\,dx\leqslant M(b-a).$$

证　因为 $m\leqslant f(x)\leqslant M$，由性质 4 得

$$\int_a^b m\,dx\leqslant\int_a^b f(x)\,dx\leqslant\int_a^b M\,dx.$$

由于　$\int_a^b m\,dx=m\int_a^b dx=m(b-a)$，$\int_a^b M\,dx=M\int_a^b dx=M(b-a)$，

所以

$$m(b-a)\leqslant\int_a^b f(x)\,dx\leqslant M(b-a).$$

性质 6（积分中值定理）　设函数 $f(x)$ 在闭区间 $[a,b]$ 上连续，则至少存在一点 $\xi\ (a\leqslant\xi\leqslant b)$，使得

$$\int_a^b f(x)\,dx = f(\xi)(b-a).$$

证　因为 $f(x)$ 在 $[a,b]$ 上连续，由闭区间上连续函数的性质可知，函数 $f(x)$ 在 $[a,b]$ 上必存在最大值 M 和最小值 m. 由性质 5 可知，

$$m(b-a) \leqslant \int_a^b f(x)\,dx \leqslant M(b-a),$$

从而

$$m \leqslant \frac{1}{b-a}\int_a^b f(x)\,dx \leqslant M.$$

根据闭区间上连续函数的介值定理，在 $[a,b]$ 上至少存在一点 ξ，使得

$$f(\xi) = \frac{1}{b-a}\int_a^b f(x)\,dx,$$

即

$$\int_a^b f(x)\,dx = f(\xi)(b-a).$$

积分中值定理的几何意义是在曲边梯形底边上至少存在一点 ξ，使得该曲边梯形面积等于同一底边、高为 $f(\xi)$ 的矩形面积，其中 $f(\xi) = \frac{1}{b-a}\int_a^b f(x)\,dx$ 又称为函数 $f(x)$ 在区间 $[a,b]$ 上的平均值.

例 4　比较定积分 $\int_0^1 e^{x^2}dx$ 与 $\int_0^1 e^x dx$ 的大小.

解　在区间 $[0,1]$ 上，有 $0 \leqslant x^2 \leqslant x$，故 $0 < e^{x^2} \leqslant e^x$，由定积分的性质 4，可知

$$\int_0^1 e^{x^2}dx \leqslant \int_0^1 e^x dx.$$

例 5　估计定积分 $\int_0^{\frac{\pi}{2}} e^{-\sin x}dx$ 的取值范围.

解　设 $f(x) = e^{-\sin x}$，则 $f'(x) = -e^{-\sin x}\cos x$.

在区间 $\left(0,\frac{\pi}{2}\right)$ 内，$f'(x) < 0$，函数 $f(x) = e^{-\sin x}$ 单调减少，故其最大、最小值分别为

$$M = f(0) = e^{-\sin 0} = 1,\ m = f\left(\frac{\pi}{2}\right) = e^{-\sin\frac{\pi}{2}} = \frac{1}{e}.$$

由定积分的性质 5，得

$$\frac{\pi}{2e} \leqslant \int_0^{\frac{\pi}{2}} e^{-\sin x}dx \leqslant \frac{\pi}{2}.$$

习题 5.6

习题 5.6 答案与提示

1. 单项选择题：

(1) 设 $f(x)$ 在 $[a,b]$ 上连续，则 $\int_a^b f(x)\,dx$ 是(　　).

(A) $f(x)$ 的一个原函数　　(B) $f(x)$ 的全体原函数

(C) 确定的常数　　(D) 任意的常数

(2) 根据定积分的几何意义，下列各式中正确的是(　　).

(A) $\int_0^{\frac{\pi}{2}} \sin x\,dx = 0$　　(B) $\int_0^{\frac{\pi}{2}} \cos x\,dx = 0$

(C) $\int_0^{\pi} \sin x\,dx = 0$　　(D) $\int_0^{\pi} \sin 2x\,dx = 0$

(3) 设函数 $f(x)$ 仅在区间 $[0,4]$ 上可积,则必有 $\int_0^3 f(x)\mathrm{d}x=($　　$)$.

(A) $\int_0^2 f(x)\mathrm{d}x+\int_2^3 f(x)\mathrm{d}x$　　(B) $\int_0^{-1} f(x)\mathrm{d}x+\int_{-1}^3 f(x)\mathrm{d}x$

(C) $\int_0^5 f(x)\mathrm{d}x+\int_5^3 f(x)\mathrm{d}x$　　(D) $\int_0^{10} f(x)\mathrm{d}x+\int_{10}^3 f(x)\mathrm{d}x$

(4) $\int_1^2 \ln x\mathrm{d}x$ 与 $\int_1^2 (\ln x)^2\mathrm{d}x$ 相比,有关系式(　　).

(A) $\int_1^2 \ln x\mathrm{d}x<\int_1^2(\ln x)^2\mathrm{d}x$　　(B) $\int_1^2 \ln x\mathrm{d}x>\int_1^2(\ln x)^2\mathrm{d}x$

(C) $\int_1^2 \ln x\mathrm{d}x=\int_1^2(\ln x)^2\mathrm{d}x$　　(D) $\left(\int_1^2 \ln x\mathrm{d}x\right)^2=\int_1^2(\ln x)^2\mathrm{d}x$

(5) 若 $\sqrt{1-x^2}$ 是 $xf(x)$ 的一个原函数,则 $\int_0^1 \frac{1}{f(x)}\mathrm{d}x=($　　$)$.

(A) -1　　(B) $\frac{\pi}{4}$

(C) $-\frac{\pi}{4}$　　(D) 1

2. 利用定积分性质确定下列各组值的大小:

(1) $I_1=\int_1^2 \mathrm{e}^x\mathrm{d}x, I_2=\int_1^2 \mathrm{e}^{x^2}\mathrm{d}x$;　　(2) $I_1=\int_4^3 \ln^2 x\mathrm{d}x, I_2=\int_4^3 \ln^3 x\mathrm{d}x$.

3. 利用定积分性质估计下列积分的值:

(1) $I=\int_0^2 \mathrm{e}^{x^2}\mathrm{d}x$;　　(2) $I=\int_0^3 \sqrt{4+x^2}\mathrm{d}x$.

5.7 微积分基本定理

视频:典型题目讲解(5.7)

定积分与不定积分虽然看起来是两个完全不同的概念,但它们之间有密切的联系.这个联系为定积分的计算提供了一个有效的方法.

5.7.1 变上限积分及其导数公式

定义 5.13　设函数 $f(x)$ 在 $[a,b]$ 上可积,则任给 $x\in[a,b]$,定积分 $\int_a^x f(t)\mathrm{d}t$ 在 $[a,b]$ 上定义了一个函数,称为**积分上限函数**(或**变上限积分**),记作 $\Phi(x)$,即

$$\Phi(x)=\int_a^x f(t)\mathrm{d}t\ \ (a\leqslant x\leqslant b).$$

如果 $f(t)\geqslant 0\ (t\in[a,b])$,那么 $\Phi(x)$ 表示区间 $[a,x]$ 上以 $y=f(t)$ 为曲边的曲边梯形的面积(如图 5-5 所示).

定理 5.6　设函数 $f(x)$ 在 $[a,b]$ 上可积,则积分上限函数 $\Phi(x)=\int_a^x f(t)\mathrm{d}t$ 是 $[a,b]$ 上的连续函数.

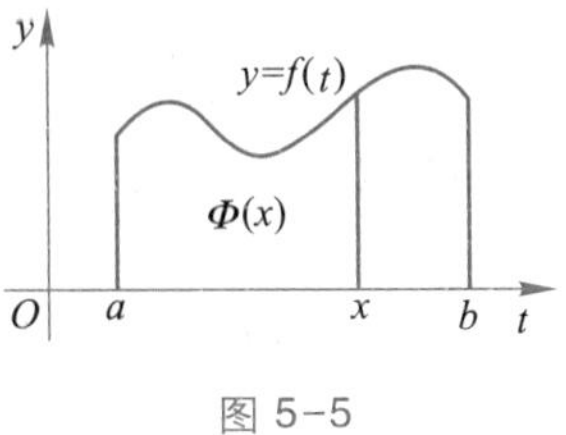

图 5-5

定理 5.7(微积分基本定理)　设函数 $f(x)$ 在 $[a,b]$ 上连续,则积分上限函数 $\Phi(x)=\int_a^x f(t)\mathrm{d}t$ 在 $[a,b]$ 上可导,且导数为

$$\Phi'(x)=\frac{\mathrm{d}}{\mathrm{d}x}\int_a^x f(t)\,\mathrm{d}t=f(x)\quad(a\leqslant x\leqslant b),$$

即 $\Phi(x)$ 是 $f(x)$ 在 $[a,b]$ 上的一个原函数.

证　设 $x\in(a,b)$，自变量 x 的改变量为 Δx，且 $x+\Delta x\in(a,b)$，则函数 $\Phi(x)$ 的改变量为

$$\Delta\Phi=\Phi(x+\Delta x)-\Phi(x)=\int_a^{x+\Delta x}f(t)\,\mathrm{d}t-\int_a^x f(t)\,\mathrm{d}t.$$

由定积分的积分区间的可加性，有

$$\Delta\Phi=\left[\int_a^x f(t)\,\mathrm{d}t+\int_x^{x+\Delta x}f(t)\,\mathrm{d}t\right]-\int_a^x f(t)\,\mathrm{d}t=\int_x^{x+\Delta x}f(t)\,\mathrm{d}t.$$

由积分中值定理可知，存在 ξ，它介于 x 和 $x+\Delta x$ 之间，使得

$$\int_x^{x+\Delta x}f(t)\,\mathrm{d}t=f(\xi)\Delta x,$$

所以

$$\lim_{\Delta x\to 0}\frac{\Delta\Phi}{\Delta x}=\lim_{\xi\to x}f(\xi)=f(x),$$

即 $\Phi(x)$ 可导，且 $\Phi'(x)=f(x)$.

若 $x=a$，取 $\Delta x>0$，$a+\Delta x\in(a,b)$，同上可证 $\Phi'_+(a)=f(a)$.

若 $x=b$，取 $\Delta x<0$，$b+\Delta x\in(a,b)$，同上可证 $\Phi'_-(b)=f(b)$.

推论 1　设 $f(x)$ 是 $[a,b]$ 上的连续函数，则 $f(x)$ 在 $[a,b]$ 上必存在原函数.

事实上，积分上限函数 $\Phi(x)=\int_a^x f(t)\,\mathrm{d}t$ 就是 $f(x)$ 在 $[a,b]$ 上的一个原函数.

推论 2　设 $f(x)$ 是 $[a,b]$ 上的连续函数，$u=\varphi(x)$ 在 $[a,b]$ 上可导，且 $u\in[a,b]$，

则

$$\frac{\mathrm{d}}{\mathrm{d}x}\int_a^{\varphi(x)}f(t)\,\mathrm{d}t=f(\varphi(x))\varphi'(x)\quad(a\leqslant x\leqslant b).$$

事实上，利用复合函数的求导法则和定理 5.7，有

$$\begin{aligned}\frac{\mathrm{d}}{\mathrm{d}x}\int_a^{\varphi(x)}f(t)\,\mathrm{d}t&=\frac{\mathrm{d}}{\mathrm{d}u}\int_a^u f(t)\,\mathrm{d}t\cdot\frac{\mathrm{d}u}{\mathrm{d}x}\\&=f(u)\cdot\varphi'(x)=f(\varphi(x))\varphi'(x).\end{aligned}$$

例 1　求下列函数的导数：

(1) 设 $\Phi(x)=\int_2^x\frac{\sin t}{t}\mathrm{d}t$，求 $\Phi'\left(\frac{\pi}{2}\right)$；

(2) 设 $F(x)=\int_1^{\sqrt{x}}\mathrm{e}^{t^2}\mathrm{d}t$，求 $F'(x)$；

(3) 设 $G(x)=\int_x^{x^2}\frac{1}{\sqrt{1+t^4}}\mathrm{d}t$，求 $G'(x)$；

(4) 设 $H(x)=\int_0^x(x-t)\sin t^2\,\mathrm{d}t$，求 $H''(x)$.

解　(1) 由于 $\Phi'(x)=\frac{\mathrm{d}}{\mathrm{d}x}\int_2^x\frac{\sin t}{t}\mathrm{d}t=\frac{\sin x}{x}$，所以

$$\Phi'\left(\frac{\pi}{2}\right)=\Phi'(x)\Big|_{x=\frac{\pi}{2}}=\frac{\sin x}{x}\Big|_{x=\frac{\pi}{2}}=\frac{2}{\pi}.$$

(2) $F'(x)=\dfrac{\mathrm{d}}{\mathrm{d}x}\int_1^{\sqrt{x}}\mathrm{e}^{t^2}\mathrm{d}t=\mathrm{e}^{(\sqrt{x})^2}\cdot(\sqrt{x})'=\mathrm{e}^x\cdot\dfrac{1}{2\sqrt{x}}.$

(3) 利用积分区间可加性,得

$$\begin{aligned}G(x)&=\int_x^a\frac{1}{\sqrt{1+t^4}}\mathrm{d}t+\int_a^{x^2}\frac{1}{\sqrt{1+t^4}}\mathrm{d}t\\&=-\int_a^x\frac{1}{\sqrt{1+t^4}}\mathrm{d}t+\int_a^{x^2}\frac{1}{\sqrt{1+t^4}}\mathrm{d}t,\end{aligned}$$

所以

$$\begin{aligned}G'(x)&=-\left(\int_a^x\frac{1}{\sqrt{1+t^4}}\mathrm{d}t\right)'+\left(\int_a^{x^2}\frac{1}{\sqrt{1+t^4}}\mathrm{d}t\right)'\\&=-\frac{1}{\sqrt{1+x^4}}+\frac{1}{\sqrt{1+(x^2)^4}}\cdot(x^2)'\\&=-\frac{1}{\sqrt{1+x^4}}+\frac{2x}{\sqrt{1+x^8}}.\end{aligned}$$

(4) 由于 $H(x)=x\int_0^x\sin t^2\mathrm{d}t-\int_0^x t\sin t^2\mathrm{d}t$,所以

$$\begin{aligned}H'(x)&=\left(x\int_0^x\sin t^2\mathrm{d}t\right)'-\left(\int_0^x t\sin t^2\mathrm{d}t\right)'\\&=(x)'\int_0^x\sin t^2\mathrm{d}t+x\left(\int_0^x\sin t^2\mathrm{d}t\right)'-\left(\int_0^x t\sin t^2\mathrm{d}t\right)'\\&=\int_0^x\sin t^2\mathrm{d}t+x\sin x^2-x\sin x^2\\&=\int_0^x\sin t^2\mathrm{d}t,\end{aligned}$$

故

$$H''(x)=\left(\int_0^x\sin t^2\mathrm{d}t\right)'=\sin x^2.$$

例 2 求极限 $\lim\limits_{x\to0}\dfrac{\int_0^x\sin t^2\mathrm{d}t}{x^2\sin x}$.

解 由于当 $x\to0$ 时,$\sin x\sim x$,则 $x^2\sin x\sim x^3$,从而

$$\begin{aligned}\text{原极限}&=\lim_{x\to0}\frac{\int_0^x\sin t^2\mathrm{d}t}{x^3}=\lim_{x\to0}\frac{\left(\int_0^x\sin t^2\mathrm{d}t\right)'}{(x^3)'}\\&=\lim_{x\to0}\frac{\sin x^2}{3x^2}=\frac{1}{3}.\end{aligned}$$

例 3 设连续函数 $f(x)$ 在 $[a,b]$ 上单调增加,证明:函数 $F(x)=\dfrac{\int_a^x f(t)\mathrm{d}t}{x-a}$ 在 $(a,b]$ 上也单调增加.

证 由于 $f(x)$ 在 $[a,b]$ 上连续,因此 $F(x)$ 在 $(a,b]$ 上可导,且

$$F'(x)=\frac{f(x)(x-a)-\int_a^x f(t)\mathrm{d}t}{(x-a)^2}.$$

由积分中值定理，至少存在一点 $\xi \in [a,x]$，使得

$$\int_a^x f(t)\,\mathrm{d}t = f(\xi)(x-a),$$

因此

$$F'(x)=\frac{f(x)-f(\xi)}{x-a}.$$

因为函数 $f(x)$ 在 $[a,b]$ 上单调增加，故 $f(x) \geqslant f(\xi)$，从而 $F'(x) \geqslant 0$，故函数 $F(x)=\dfrac{\int_a^x f(t)\,\mathrm{d}t}{x-a}$ 在 $(a,b]$ 上单调增加.

5.7.2 微积分基本公式（牛顿-莱布尼茨公式）

定理 5.8 设函数 $f(x)$ 在 $[a,b]$ 上连续，$F(x)$ 是 $f(x)$ 在 $[a,b]$ 上的一个原函数，则

$$\int_a^b f(x)\,\mathrm{d}x = F(b) - F(a).$$

此公式称为**牛顿-莱布尼茨公式**.为了计算时书写方便，记

$$F(a)-F(b)=F(x)\Big|_a^b.$$

证 因为 $F(x)$ 与 $\int_a^x f(t)\,\mathrm{d}t$ 都是 $f(x)$ 在 $[a,b]$ 上的原函数，所以它们只相差一个常数 C，即

$$\int_a^x f(t)\,\mathrm{d}t = F(x) + C.$$

令 $x=a$，得 $C=-F(a)$，故

$$\int_a^x f(t)\,\mathrm{d}t = F(x) - F(a),\ x \in [a,b].$$

将 $x=b$ 代入，即得

$$\int_a^b f(x)\,\mathrm{d}x = F(b) - F(a).$$

牛顿-莱布尼茨公式给出了连续函数的定积分与其原函数之间的关系，是计算简单函数定积分的基本方法.

例 4 计算 $\int_0^2 x^3\,\mathrm{d}x$.

解 由于被积函数 $f(x)=x^3$ 在 $[0,2]$ 上连续，且 $\dfrac{x^4}{4}$ 是 x^3 的一个原函数，由牛顿-莱布尼茨公式，得

$$\int_0^2 x^3\,\mathrm{d}x = \frac{1}{4}x^4\Big|_0^2 = \frac{1}{4}(2^4-0)=4.$$

在以后定积分的计算中，如果被积函数 $f(x)$ 在积分区间 $[a,b]$ 上显然满足定理 5.8 中被积函数 $f(x)$ 连续的条件，可省略文字说明，直接套用牛顿-莱布尼茨公式计算.

例 5 计算 $\int_0^{\frac{\pi}{2}}(1-3\sin x)\,\mathrm{d}x$.

解　$\int_0^{\frac{\pi}{2}}(1-3\sin x)\mathrm{d}x=\int_0^{\frac{\pi}{2}}1\mathrm{d}x-3\int_0^{\frac{\pi}{2}}\sin x\mathrm{d}x=x\Big|_0^{\frac{\pi}{2}}+3\cos x\Big|_0^{\frac{\pi}{2}}$

$$=\left(\frac{\pi}{2}-0\right)+3\left(\cos\frac{\pi}{2}-\cos 0\right)=\frac{\pi}{2}-3.$$

例 6　已知函数$f(x)=\begin{cases}x, & x>0,\\ 1, & x\leqslant 0,\end{cases}$计算$\int_{-1}^{2}f(x)\mathrm{d}x$.

解　因为被积函数$f(x)$在积分区间$[-1,2]$内含有分段点$x=0$,根据积分区间可加性,得

$$\begin{aligned}\int_{-1}^{2}f(x)\mathrm{d}x&=\int_{-1}^{0}f(x)\mathrm{d}x+\int_0^2 f(x)\mathrm{d}x\\&=\int_{-1}^{0}1\mathrm{d}x+\int_0^2 x\mathrm{d}x=x\Big|_{-1}^{0}+\frac{x^2}{2}\Big|_0^2\\&=[0-(-1)]+\frac{1}{2}(2^2-0^2)\\&=3.\end{aligned}$$

例 7　计算$\int_1^3|x-2|\mathrm{d}x$.

解　由于被积函数$f(x)=\begin{cases}x-2, & x\geqslant 2,\\ 2-x, & x<2\end{cases}$在积分区间$[1,3]$内含有分段点$x=2$,故由积分区间可加性,得

$$\begin{aligned}\int_1^3|x-2|\mathrm{d}x&=\int_1^2|x-2|\mathrm{d}x+\int_2^3|x-2|\mathrm{d}x\\&=\int_1^2(2-x)\mathrm{d}x+\int_2^3(x-2)\mathrm{d}x\\&=\left(2x-\frac{x^2}{2}\right)\Big|_1^2+\left(\frac{x^2}{2}-2x\right)\Big|_2^3\\&=\left[(4-2)-\left(2-\frac{1}{2}\right)\right]+\left[\left(\frac{9}{2}-6\right)-(2-4)\right]\\&=1.\end{aligned}$$

由上例可知,带有绝对值的函数可化为分段函数来处理,然后根据积分区间可加性分段计算.

例 8　设$f(x)=x^2-\int_0^1 f(x)\mathrm{d}x$,计算$\int_0^1 f(x)\mathrm{d}x$,并求$f(x)$的表达式.

解　由于定积分的值是一个常数,设$\int_0^1 f(x)\mathrm{d}x=A$,则

$$f(x)=x^2-A.$$

对上式两边从 0 到 1 求定积分,得

$$\int_0^1 f(x)\mathrm{d}x=\int_0^1 x^2\mathrm{d}x-\int_0^1 A\mathrm{d}x,$$

即
$$A=\frac{1}{3}x^3\Big|_0^1-A,\text{解得 }A=\frac{1}{6},$$

所以 $$\int_0^1 f(x)\mathrm{d}x = A = \frac{1}{6},\ f(x) = x^2 - A = x^2 - \frac{1}{6}.$$

习题 5.7

习题 5.7 答案与提示

1. 单项选择题：

(1) $\frac{\mathrm{d}}{\mathrm{d}x}\int_a^b \arctan x\mathrm{d}x = (\quad)$.

(A) $\arctan x$ (B) $\frac{1}{1+x^2}$

(C) $\arctan b-\arctan a$ (D) 0

(2) 设 $f(x)$ 是 $[a,b]$ 上的连续函数，则下列论断不正确的是( ).

(A) $\int_a^b f(x)\mathrm{d}x$ 是 $f(x)$ 的一个原函数

(B) $\int_a^x f(t)\mathrm{d}t$ 在 (a,b) 内是 $f(x)$ 的一个原函数

(C) $\int_x^b f(t)\mathrm{d}t$ 在 (a,b) 内是 $-f(x)$ 的一个原函数

(D) $f(x)$ 在 $[a,b]$ 上可积

(3) 定积分 $\int_a^b 0\mathrm{d}x$ 的值等于( ).

(A) 0 (B) $a-b$

(C) $b-a$ (D) 任意常数 C

(4) 下列积分中可以用牛顿-莱布尼茨公式计算的是( ).

(A) $\int_0^2 \frac{1}{x^2}\mathrm{d}x$ (B) $\int_{-1}^1 2^x\mathrm{d}x$

(C) $\int_0^2 \frac{1}{x-1}\mathrm{d}x$ (D) $\int_1^{\mathrm{e}} \frac{1}{x\ln x}\mathrm{d}x$

(5) 若 $\int_0^a x(2-3x)\mathrm{d}x = 2$，则 $a=(\quad)$.

(A) 2 (B) 1

(C) -1 (D) -2

2. 求下列导数值：

(1) 设 $F(x)=\int_0^x \frac{t+4}{t^2+t+1}\mathrm{d}t$，求 $F'(1)$；

(2) 设 $G(x)=\int_0^x \sin\sqrt{t}\mathrm{d}t$，求 $G'\left(\frac{\pi^2}{4}\right)$.

(3) 设 $H(x)=\int_0^{x^2} \frac{1}{1+t^3}\mathrm{d}t$，求 $H'(\sqrt{2})$.

3. 求下列函数的导数：

(1) $F(x) = \int_a^{\cos x} \frac{1}{\sqrt{1+t^2}}\mathrm{d}t$； (2) $G(x) = x\int_0^x \cos t^3\mathrm{d}t$；

(3) $H(x) = \int_{3x}^{x^2} \mathrm{e}^{-t^2}\mathrm{d}t$； (4) $\Phi(x) = \int_0^x (t^2-x^2)\cos t^3\mathrm{d}t$.

4. 求下列极限：

(1) $\lim\limits_{x\to 0}\frac{\int_0^x \sin t^2\mathrm{d}t}{x^3}$； (2) $\lim\limits_{x\to 0}\frac{\int_0^x (\sqrt{1+t^2}-\sqrt{1-t^2})\mathrm{d}t}{x^3}$；

(3) $\lim\limits_{x\to 1}\dfrac{\int_1^x \tan(t^2-1)\,dt}{(x-1)^2}$；　　(4) $\lim\limits_{x\to +\infty}\dfrac{\int_0^x (\arctan t)^2\,dt}{\sqrt{1+x^2}}$.

5. 求函数 $F(x)=\int_0^x (t-3)^2(t-1)\,dt$ 的单调区间.

6. 用牛顿-莱布尼茨公式计算下列定积分：

(1) $\int_1^2 \dfrac{1}{\sqrt{x}}dx$；　　(2) $\int_{-1}^{\sqrt{3}} \dfrac{1}{1+x^2}dx$；

(3) $\int_1^2\left(x^2+\dfrac{1}{x^2}\right)dx$；　　(4) $\int_{-1}^{0}\dfrac{3x^4+3x^2+1}{x^2+1}dx$；

(5) $\int_{\frac{\pi}{6}}^{\frac{\pi}{4}} \sec^2 x dx$；　　(6) $\int_0^{\frac{\pi}{3}} \tan^2 x dx$；

(7) $\int_0^{\pi} |\cos x|\,dx$；　　(8) $\int_0^2 |x-1|\,dx$.

7. 设函数 $f(x)=\begin{cases} x+1, & x>1, \\ e^x, & x\leqslant 1, \end{cases}$ 计算 $\int_0^2 f(x)\,dx$.

8. 求函数 $F(x)=\int_0^x te^{-t^2}dt$ 的极值.

9. 设 $f(x)$ 是闭区间 $[0,1]$ 上的连续函数，且 $f(x)=\dfrac{1}{1+x^2}+x^3\int_0^1 f(t)\,dt$，求 $\int_0^1 f(x)\,dx$.

5.8　定积分的换元积分法和分部积分法

视频：典型题目讲解(5.8)

上节由牛顿-莱布尼茨公式，可计算被积函数的原函数比较简单的定积分.本节我们介绍定积分的换元积分法和分部积分法，它们既可以计算被积函数的原函数比较复杂的定积分，也可以将不同的定积分联系在一起.

5.8.1　定积分的换元积分法

定理 5.9　设函数 $f(x)$ 在 $[a,b]$ 上连续，函数 $x=\varphi(t)$ 满足条件：

(1) $\varphi(t)$ 在区间 $[\alpha,\beta]$（或 $[\beta,\alpha]$）上单调，且具有连续导数 $\varphi'(t)$；

(2) 当 t 在 $[\alpha,\beta]$ 上变化时，$x=\varphi(t)$ 的值在 $[a,b]$ 上变化，且

$$\varphi(\alpha)=a,\ \varphi(\beta)=b,$$

则有

$$\int_a^b f(x)\,dx=\int_\alpha^\beta f(\varphi(t))\varphi'(t)\,dt.$$

上式称为定积分的**换元积分公式**.

证　因为 $f(x)$ 在 $[a,b]$ 上连续，所以 $f(x)$ 必存在原函数.设 $F(x)$ 是 $f(x)$ 的一个原函数，由牛顿-莱布尼茨公式，有

$$\int_a^b f(x)\,dx=F(b)-F(a).$$

又因为

$$\frac{dF(\varphi(t))}{dt}=F'(\varphi(t))\cdot\varphi'(t)=f(\varphi(t))\varphi'(t),$$

所以 $F(\varphi(t))$ 是 $f(\varphi(t))\varphi'(t)$ 的一个原函数，由牛顿-莱布尼茨公式，有

$$\int_\alpha^\beta f(\varphi(t))\varphi'(t)\,dt=F(\varphi(\beta))-F(\varphi(\alpha))$$

$$=F(b)-F(a),$$

所以
$$\int_a^b f(x)\,\mathrm{d}x=\int_\alpha^\beta f(\varphi(t))\varphi'(t)\,\mathrm{d}t.$$

例 1 计算下列定积分：

(1) $\int_0^1 2x\mathrm{e}^{x^2}\mathrm{d}x$； (2) $\int_0^2 \frac{x^3}{1+x^4}\mathrm{d}x$；

(3) $\int_1^{\mathrm{e}} \frac{\ln x}{x}\mathrm{d}x$； (4) $\int_0^\pi \frac{\sin x}{1+\cos^2 x}\mathrm{d}x$.

解 (1) $\int_0^1 2x\mathrm{e}^{x^2}\mathrm{d}x=\int_0^1 \mathrm{e}^{x^2}\mathrm{d}(x^2)=\mathrm{e}^{x^2}\Big|_0^1$

$$=\mathrm{e}^1-\mathrm{e}^0=\mathrm{e}-1.$$

(2)
$$\int_0^2 \frac{x^3}{1+x^4}\mathrm{d}x=\frac{1}{4}\int_0^2\frac{1}{1+x^4}\mathrm{d}(x^4)$$
$$=\frac{1}{4}\int_0^2\frac{1}{1+x^4}\mathrm{d}(1+x^4)$$
$$=\frac{1}{4}\ln(1+x^4)\Big|_0^2$$
$$=\frac{1}{4}(\ln 17-\ln 1)=\frac{1}{4}\ln 17.$$

(3)
$$\int_1^{\mathrm{e}}\frac{\ln x}{x}\mathrm{d}x=\int_1^{\mathrm{e}}\ln x\,\mathrm{d}(\ln x)=\frac{1}{2}(\ln x)^2\Big|_1^{\mathrm{e}}$$
$$=\frac{1}{2}[(\ln \mathrm{e})^2-(\ln 1)^2]=\frac{1}{2}.$$

(4)
$$\int_0^\pi\frac{\sin x}{1+\cos^2 x}\mathrm{d}x=-\int_0^\pi\frac{1}{1+\cos^2 x}\mathrm{d}(\cos x)=-\arctan(\cos x)\Big|_0^\pi$$
$$=-[\arctan(\cos\pi)-\arctan(\cos 0)]$$
$$=-[\arctan(-1)-\arctan 1]$$
$$=-\left[\left(-\frac{\pi}{4}\right)-\frac{\pi}{4}\right]=\frac{\pi}{2}.$$

由此例可以看出，在应用第一换元积分法（凑微分法）计算定积分时，可以不必设中间变量.因为在积分过程中没有进行变量代换，因此积分上、下限不用改变.

例 2 计算下列定积分：

(1) $\int_0^8\frac{1}{1+\sqrt[3]{x}}\mathrm{d}x$； (2) $\int_1^{10}\frac{1}{1+\sqrt{x-1}}\mathrm{d}x$； (3) $\int_0^{\ln 2}\sqrt{\mathrm{e}^{2x}-1}\,\mathrm{d}x$.

解 (1) 设 $\sqrt[3]{x}=t$，则 $x=t^3$，$\mathrm{d}x=3t^2\mathrm{d}t$.

当 $x=0$ 时，$t=0$；当 $x=8$ 时，$t=2$，且 $x=t^3$ 在 $[0,2]$ 上单调，所以

$$\int_0^8\frac{1}{1+\sqrt[3]{x}}\mathrm{d}x=\int_0^2\frac{3t^2}{1+t}\mathrm{d}t=3\int_0^2\left(t-1+\frac{1}{1+t}\right)\mathrm{d}t$$
$$=3\left[\frac{1}{2}t^2-t+\ln(1+t)\right]\Big|_0^2$$

$$=3\ln 3.$$

(2) 设$\sqrt{x-1}=t$,则 $x=t^2+1$, $dx=2tdt$.

当 $x=1$ 时, $t=0$;当 $x=10$ 时, $t=3$,且 $x=t^2+1$ 在$[0,3]$上单调,所以

$$\int_1^{10}\frac{1}{1+\sqrt{x-1}}dx=\int_0^3\frac{2t}{1+t}dt=2\int_0^3\left(1-\frac{1}{1+t}\right)dt$$

$$=2(t-\ln|1+t|)\Big|_0^3$$

$$=2(3-\ln 4)=6-4\ln 2.$$

(3) 设$\sqrt{e^{2x}-1}=t$,则 $x=\frac{1}{2}\ln(1+t^2)$, $dx=\frac{t}{1+t^2}dt$.

当 $x=0$ 时, $t=0$;当 $x=\ln 2$ 时, $t=\sqrt{3}$,且 $x=\frac{1}{2}\ln(1+t^2)$ 在$[0,\sqrt{3}]$上单调,所以

$$\int_0^{\ln 2}\sqrt{e^{2x}-1}\,dx=\int_0^{\sqrt{3}}t\frac{t}{1+t^2}dt=\int_0^{\sqrt{3}}\left(1-\frac{1}{1+t^2}\right)dt$$

$$=(t-\arctan t)\Big|_0^{\sqrt{3}}$$

$$=(\sqrt{3}-\arctan\sqrt{3})-(0-\arctan 0)$$

$$=\sqrt{3}-\frac{\pi}{3}.$$

例 3 设$f(x)$是$[-a,a]$上的连续函数,证明:

(1) 若$f(x)$为奇函数,则 $\int_{-a}^{a}f(x)dx=0$;

(2) 若$f(x)$为偶函数,则 $\int_{-a}^{a}f(x)dx=2\int_0^a f(x)dx$

证 根据积分区间的可加性,有

$$\int_{-a}^{a}f(x)dx=\int_{-a}^{0}f(x)dx+\int_0^a f(x)dx.$$

对 $\int_{-a}^{0}f(x)dx$ 作变量代换,令 $x=-t$,则 $dx=-dt$,有

$$\int_{-a}^{0}f(x)dx=\int_a^0 f(-t)(-dt)=\int_0^a f(-t)dt$$

$$=\int_0^a f(-x)dx,$$

所以

$$\int_{-a}^{a}f(x)dx=\int_0^a f(-x)dx+\int_0^a f(x)dx$$

$$=\int_0^a[f(x)+f(-x)]dx.$$

(1) 若$f(x)$为奇函数,则$f(-x)=-f(x)$,故

$$\int_{-a}^{a}f(x)dx=0.$$

(2) 若$f(x)$为偶函数,则$f(-x)=f(x)$,故

$$\int_{-a}^{a} f(x)\,dx = 2\int_{0}^{a} f(x)\,dx.$$

凡是遇到关于原点对称的区间$[-a,a]$上的积分时，要注意被积函数的奇偶性，以简化定积分的运算.

例 4 计算定积分$\int_{-2}^{2}\frac{x\cos x}{1+x^4}dx$.

解 因为积分区间$[-2,2]$关于坐标原点对称，且被积函数$\frac{x\cos x}{1+x^4}$是连续的奇函数，所以

$$\int_{-2}^{2}\frac{x\cos x}{1+x^4}dx = 0.$$

例 5 计算定积分$\int_{-1}^{1}\frac{1}{1+x^2}dx$.

解 因为积分区间$[-1,1]$关于坐标原点对称，且被积函数$\frac{1}{1+x^2}$是连续的偶函数，所以

$$\int_{-1}^{1}\frac{1}{1+x^2}dx = 2\int_{0}^{1}\frac{1}{1+x^2}dx = 2\arctan x\Big|_{0}^{1}$$

$$=2\left(\frac{\pi}{4}-0\right)=\frac{\pi}{2}.$$

例 6 设$f(x)$是$(-\infty,+\infty)$内的连续函数，且满足

$$\int_{0}^{x} tf(x-t)\,dt = e^{2x}-2x-1,$$

求$f(x)$的表达式.

解 由于$\int_{0}^{x} tf(x-t)\,dt$是积分上限函数，所以应该先求导，但因为被积函数$tf(x-t)$中含有求导数的变量x，故应该先通过变量代换处理.

令$x-t=u$，则$t=x-u$，$dt=-du$. 当$t=0$时，$u=x$；当$t=x$时，$u=0$，故

$$\begin{aligned}\int_{0}^{x} tf(x-t)\,dt &= \int_{x}^{0}(x-u)f(u)(-du)\\ &= \int_{0}^{x}(x-u)f(u)\,du\\ &= x\int_{0}^{x}f(u)\,du-\int_{0}^{x}uf(u)\,du.\end{aligned}$$

依题意，得

$$x\int_{0}^{x}f(u)\,du-\int_{0}^{x}uf(u)\,du = e^{2x}-2x-1,$$

上式两边对x求导得

$$(x)'\int_{0}^{x}f(u)\,du + x\left[\int_{0}^{x}f(u)\,du\right]' - \left[\int_{0}^{x}uf(u)\,du\right]' = (e^{2x}-2x-1)',$$

即
$$\int_{0}^{x}f(u)\,du + xf(x) - xf(x) = 2e^{2x}-2,$$

也即
$$\int_0^x f(u)\mathrm{d}u = 2\mathrm{e}^{2x} - 2,$$
两边再对 x 求导,得 $f(x)=2(\mathrm{e}^{2x})'=4\mathrm{e}^{2x}$.

5.8.2 定积分的分部积分法

定理 5.10 设函数 $u=u(x)$ 与 $v=v(x)$ 在 $[a,b]$ 上有连续的导函数,则
$$\int_a^b u(x)v'(x)\mathrm{d}x = u(x)v(x)\Big|_a^b - \int_a^b v(x)u'(x)\mathrm{d}x.$$
上式称为定积分的**分部积分公式**.

例 7 计算下列定积分:

(1) $\int_0^1 x\mathrm{e}^x\mathrm{d}x$; (2) $\int_0^\pi x\sin x\mathrm{d}x$.

解 (1)
$$\int_0^1 x\mathrm{e}^x\mathrm{d}x = \int_0^1 x\mathrm{d}(\mathrm{e}^x) = x\mathrm{e}^x\Big|_0^1 - \int_0^1 \mathrm{e}^x\mathrm{d}x$$
$$=\mathrm{e}-\mathrm{e}^x\Big|_0^1=1.$$

(2)
$$\int_0^\pi x\sin x\mathrm{d}x = -\int_0^\pi x\mathrm{d}(\cos x)$$
$$=-\left(x\cos x\Big|_0^\pi - \int_0^\pi \cos x\mathrm{d}x\right)$$
$$=-\left[(\pi\cos\pi-0)-\sin x\Big|_0^\pi\right]$$
$$=-\left[\pi\cdot(-1)-(\sin\pi-\sin 0)\right]$$
$$=\pi.$$

例 8 计算定积分 $\int_0^{\frac{1}{2}}\arcsin x\mathrm{d}x$.

解
$$\int_0^{\frac{1}{2}}\arcsin x\mathrm{d}x = x\arcsin x\Big|_0^{\frac{1}{2}} - \int_0^{\frac{1}{2}} x\mathrm{d}(\arcsin x)$$
$$=\left(\frac{1}{2}\arcsin\frac{1}{2}-0\right)-\int_0^{\frac{1}{2}}\frac{x}{\sqrt{1-x^2}}\mathrm{d}x$$
$$=\frac{1}{2}\cdot\frac{\pi}{6}+\frac{1}{2}\int_0^{\frac{1}{2}}(1-x^2)^{-\frac{1}{2}}\mathrm{d}(1-x^2)$$
$$=\frac{\pi}{12}+\sqrt{1-x^2}\Big|_0^{\frac{1}{2}}$$
$$=\frac{\pi}{12}+\frac{\sqrt{3}}{2}-1.$$

例 9 设 $\int_1^a \ln x\mathrm{d}x = 1$,求 a 的值.

解
$$\int_1^a \ln x\mathrm{d}x = x\ln x\Big|_1^a - \int_1^a x\mathrm{d}(\ln x)$$
$$=a\ln a-\int_1^a\mathrm{d}x$$
$$=a\ln a-a+1.$$

由题设知 $a\ln a-a+1=1$，得 $a=\mathrm{e}$.

例 10 设 $f(x)=\int_{\pi}^{x}\frac{\sin t}{t}\mathrm{d}t$，计算 $\int_{0}^{\pi}f(x)\mathrm{d}x$.

解 由积分上限函数的导数公式，得 $f'(x)=\frac{\sin x}{x}$，且 $f(\pi)=0$，所以

$$\begin{aligned}\int_{0}^{\pi}f(x)\mathrm{d}x&=xf(x)\Big|_{0}^{\pi}-\int_{0}^{\pi}x\mathrm{d}f(x)\\&=[\pi f(\pi)-0]-\int_{0}^{\pi}xf'(x)\mathrm{d}x\\&=-\int_{0}^{\pi}xf'(x)\mathrm{d}x=-\int_{0}^{\pi}\sin x\mathrm{d}x\\&=\cos x\Big|_{0}^{\pi}=\cos\pi-\cos 0=-2.\end{aligned}$$

习题 5.8

习题 5.8 答案与提示

1. 单项选择题：

(1) 设 $F(x)$ 是 $f(x)$ 的一个原函数，则 $\int_{a}^{x}f(t+a)\mathrm{d}t=(\quad)$.

(A) $F(x)-F(a)$　　(B) $F(t+a)-F(2a)$

(C) $F(x+a)-F(2a)$　　(D) $F(t)-F(a)$

(2) $\int_{a}^{x}f'(2t)\mathrm{d}t=(\quad)$.

(A) $2[f(x)-f(a)]$　　(B) $f(2x)-f(2a)$

(C) $2[f(2x)-f(2a)]$　　(D) $\frac{1}{2}[f(2x)-f(2a)]$

(3) 定积分 $\int_{0}^{19}\frac{1}{\sqrt[3]{x+8}}\mathrm{d}x$ 作适当变换后，应等于(　　).

(A) $\int_{2}^{3}3x\mathrm{d}x$　　(B) $\int_{0}^{3}3x\mathrm{d}x$

(C) $\int_{0}^{2}3x\mathrm{d}x$　　(D) $\int_{-2}^{-3}3x\mathrm{d}x$

(4) 下列定积分中，值等于零的是(　　).

(A) $\int_{-1}^{2}x\mathrm{d}x$　　(B) $\int_{-1}^{1}x\sin x\mathrm{d}x$

(C) $\int_{-1}^{1}x\sin^{2}x\mathrm{d}x$　　(D) $\int_{-1}^{1}x^{2}\sin^{2}x\mathrm{d}x$

2. 计算下列定积分：

(1) $\int_{0}^{2}\frac{1}{(1+3x)^{2}}\mathrm{d}x$；　　(2) $\int_{0}^{1}\frac{x}{1+x^{4}}\mathrm{d}x$；

(3) $\int_{1}^{2}\frac{1}{x(x+2)}\mathrm{d}x$；　　(4) $\int_{0}^{1}\frac{1}{\mathrm{e}^{-x}+\mathrm{e}^{x}}\mathrm{d}x$；

(5) $\int_{\mathrm{e}}^{\mathrm{e}^{2}}\frac{1}{x\ln x}\mathrm{d}x$；　　(6) $\int_{1}^{\mathrm{e}}\frac{\ln^{2}x}{x}\mathrm{d}x$；

(7) $\int_{0}^{\frac{\pi}{2}}\sin x\cos^{3}x\mathrm{d}x$；　　(8) $\int_{0}^{\frac{\pi}{2}}\frac{\cos x}{1+\sin^{2}x}\mathrm{d}x$.

3. 计算下列定积分：

(1) $\int_0^4 \frac{1}{1+\sqrt{x}}dx$;

(2) $\int_0^3 \frac{x}{1+\sqrt{1+x}}dx$;

(3) $\int_{\frac{3}{4}}^1 \frac{1}{\sqrt{1-x}-1}dx$;

(4) $\int_{-5}^1 \frac{x+1}{\sqrt{5-4x}}dx$;

(5) $\int_1^4 \frac{\sqrt{x-1}}{x}dx$.

4. 设 $\int_0^x f(t)\,dt=\frac{x^4}{2}$,计算 $\int_0^4 \frac{1}{\sqrt{x}}f(\sqrt{x})\,dx$.

5. 设 $f(2x+1)=xe^x$,计算 $\int_3^5 f(x)\,dx$.

6. 设 $\int_a^{2\ln 2}\frac{dx}{\sqrt{e^x-1}}=\frac{\pi}{6}$,求常数 a 的值.

7. 设 $f(x)$ 为连续函数,证明 $\int_1^2 f(3-x)\,dx=\int_1^2 f(x)\,dx$.

8. 用分部积分法计算下列定积分:

(1) $\int_0^1 x\cos \pi x dx$;

(2) $\int_0^{\frac{\pi}{2}} x\cos 3x dx$;

(3) $\int_0^1 xe^{-x}dx$;

(4) $\int_0^{e-1} x\ln(x+1)\,dx$;

(5) $\int_{\frac{1}{e}}^{e} |\ln x|\,dx$;

(6) $\int_1^4 \frac{\ln x}{\sqrt{x}}dx$;

(7) $\int_e^{e^2} x\ln x dx$;

(8) $\int_0^1 e^{\sqrt{x}}dx$.

9. 已知 $f(0)=1,f(2)=4,f'(2)=2$,计算 $\int_0^1 xf''(2x)\,dx$.

5.9 反常积分

在前面的介绍中,我们知道定积分 $\int_a^b f(x)\,dx$ 的积分区间$[a,b]$是有限区间.但在实际问题中,经常会遇到无穷区间上的问题,下面我们介绍利用函数极限将积分概念推广到无穷区间的方法,这就是反常积分.

定义 5.14 设 $f(x)$ 是无穷区间$[a,+\infty)$上的连续函数,记号

$$\int_a^{+\infty} f(x)\,dx$$

称为函数 $f(x)$ 在无穷区间$[a,+\infty)$上的**反常积分**(简称**无穷积分**).

若对任意的 $b>a$,极限 $\lim\limits_{b\to+\infty}\int_a^b f(x)\,dx$ 存在,则称反常积分 $\int_a^{+\infty} f(x)\,dx$ **收敛**,极限值定义为该反常积分的值,即

$$\int_a^{+\infty} f(x)\,dx=\lim_{b\to+\infty}\int_a^b f(x)\,dx.$$

若极限 $\lim\limits_{b\to+\infty}\int_a^b f(x)\,dx$ 不存在,则称反常积分 $\int_a^{+\infty} f(x)\,dx$ **发散**,此时 $\int_a^{+\infty} f(x)\,dx$ 只是一个符号,无数值意义.

类似地,我们可以定义 $f(x)$ 在$(-\infty,b]$,$(-\infty,+\infty)$上的反常积分.

定义 5.15 设$f(x)$是无穷区间$(-\infty,b]$上的连续函数,记号

$$\int_{-\infty}^{b} f(x)\mathrm{d}x$$

称为函数$f(x)$在无穷区间$(-\infty,b]$上的**反常积分**(简称**无穷积分**).

若对任意的$a<b$,极限$\lim\limits_{a\to-\infty}\int_a^b f(x)\mathrm{d}x$存在,则称反常积分$\int_{-\infty}^{b} f(x)\mathrm{d}x$**收敛**,且

$$\int_{-\infty}^{b} f(x)\mathrm{d}x=\lim_{a\to-\infty}\int_a^b f(x)\mathrm{d}x.$$

若极限$\lim\limits_{a\to-\infty}\int_a^b f(x)\mathrm{d}x$不存在,则称反常积分$\int_{-\infty}^{b} f(x)\mathrm{d}x$**发散**.

定义 5.16 设$f(x)$是无穷区间$(-\infty,+\infty)$内的连续函数,记号

$$\int_{-\infty}^{+\infty} f(x)\mathrm{d}x$$

称为函数$f(x)$在无穷区间$(-\infty,+\infty)$内的**反常积分**(简称**无穷积分**).

若对任意常数c,反常积分$\int_{-\infty}^{c} f(x)\mathrm{d}x$与$\int_{c}^{+\infty} f(x)\mathrm{d}x$均收敛,则称反常积分$\int_{-\infty}^{+\infty} f(x)\mathrm{d}x$**收敛**,且

$$\begin{aligned}\int_{-\infty}^{+\infty} f(x)\mathrm{d}x&=\int_{-\infty}^{c} f(x)\mathrm{d}x+\int_{c}^{+\infty} f(x)\mathrm{d}x\\&=\lim_{a\to-\infty}\int_a^c f(x)\mathrm{d}x+\lim_{b\to+\infty}\int_c^b f(x)\mathrm{d}x.\end{aligned}$$

否则,称反常积分$\int_{-\infty}^{+\infty} f(x)\mathrm{d}x$**发散**.

为了书写方便,记

$$F(+\infty)=\lim_{x\to+\infty}F(x),F(-\infty)=\lim_{x\to-\infty}F(x).$$

若$F(x)$是$f(x)$的一个原函数,则

$$\begin{aligned}\int_a^{+\infty} f(x)\mathrm{d}x&=\lim_{b\to+\infty}\int_a^b f(x)\mathrm{d}x=\lim_{b\to+\infty}[F(b)-F(a)]\\&=F(+\infty)-F(a)=F(x)\Big|_a^{+\infty}.\end{aligned}$$

类似地,有

$$\int_{-\infty}^{b} f(x)\mathrm{d}x=F(x)\Big|_{-\infty}^{b},$$

$$\int_{-\infty}^{+\infty} f(x)\mathrm{d}x=F(x)\Big|_{-\infty}^{+\infty}=F(+\infty)-F(-\infty).$$

例 1 设p为常数,讨论反常积分$\int_a^{+\infty}\frac{1}{x^p}\mathrm{d}x\ (a>0)$的敛散性.

解 当$p=1$时,

$$\int_a^{+\infty}\frac{1}{x}\mathrm{d}x=\ln x\Big|_a^{+\infty}=+\infty,$$

所以$\int_a^{+\infty}\frac{1}{x^p}\mathrm{d}x$发散.

当 $p\neq 1$ 时，

$$\int_a^{+\infty}\frac{1}{x^p}\mathrm{d}x=\frac{x^{1-p}}{1-p}\Bigg|_a^{+\infty}=\begin{cases}+\infty, & p<1,\\ \dfrac{a^{1-p}}{p-1}, & p>1,\end{cases}$$

所以当 $p\leqslant 1$ 时，$\int_a^{+\infty}\frac{1}{x^p}\mathrm{d}x$ 发散；当 $p>1$ 时，$\int_a^{+\infty}\frac{1}{x^p}\mathrm{d}x$ 收敛，其值为$\frac{a^{1-p}}{p-1}$.

例 2 设 p 为常数，讨论反常积分 $\int_{\mathrm{e}}^{+\infty}\frac{1}{x\ln^p x}\mathrm{d}x$ 的敛散性.

解 当 $p=1$ 时，因为

$$\int_{\mathrm{e}}^{+\infty}\frac{1}{x\ln x}\mathrm{d}x=\int_{\mathrm{e}}^{+\infty}\frac{1}{\ln x}\mathrm{d}(\ln x)=\ln(\ln x)\Big|_{\mathrm{e}}^{+\infty}=+\infty,$$

所以 $\int_{\mathrm{e}}^{+\infty}\frac{1}{x\ln^p x}\mathrm{d}x$ 发散.

当 $p\neq 1$ 时，

$$\int_{\mathrm{e}}^{+\infty}\frac{1}{x\ln^p x}\mathrm{d}x=\int_{\mathrm{e}}^{+\infty}\frac{1}{\ln^p x}\mathrm{d}(\ln x)=\frac{1}{1-p}\ln^{1-p}x\Bigg|_{\mathrm{e}}^{+\infty}=\begin{cases}+\infty, & p<1,\\ \dfrac{1}{p-1}, & p>1,\end{cases}$$

所以当 $p\leqslant 1$ 时，$\int_{\mathrm{e}}^{+\infty}\frac{1}{x\ln^p x}\mathrm{d}x$ 发散；当 $p>1$ 时，$\int_{\mathrm{e}}^{+\infty}\frac{1}{x\ln^p x}\mathrm{d}x$ 收敛，其值为$\frac{1}{p-1}$.

例 3 讨论下列反常积分的敛散性：

(1) $\int_{-\infty}^{0}\cos x\mathrm{d}x$； (2) $\int_0^{+\infty}\frac{1}{1+x^2}\mathrm{d}x$；

(3) $\int_0^{+\infty}x\mathrm{e}^{-x}\mathrm{d}x$； (4) $\int_{-\infty}^{+\infty}\frac{\arctan^2 x}{1+x^2}\mathrm{d}x$.

解 (1) 因为

$$\int_{-\infty}^{0}\cos x\mathrm{d}x=\sin x\Big|_{-\infty}^{0}=-\lim_{x\to-\infty}\sin x$$

不存在，所以 $\int_{-\infty}^{0}\cos x\mathrm{d}x$ 发散.

(2) 因为

$$\int_0^{+\infty}\frac{1}{1+x^2}\mathrm{d}x=\arctan x\Big|_0^{+\infty}=\frac{\pi}{2},$$

所以 $\int_0^{+\infty}\frac{1}{1+x^2}\mathrm{d}x$ 收敛，其值为$\frac{\pi}{2}$.

(3) 因为

$$\int_0^{+\infty}x\mathrm{e}^{-x}\mathrm{d}x=-\int_0^{+\infty}x\mathrm{d}(\mathrm{e}^{-x})=-\left(x\mathrm{e}^{-x}\Big|_0^{+\infty}-\int_0^{+\infty}\mathrm{e}^{-x}\mathrm{d}x\right)=1,$$

所以 $\int_0^{+\infty}x\mathrm{e}^{-x}\mathrm{d}x$ 收敛，其值为 1.

(4) 因为

$$\int_{-\infty}^{+\infty}\frac{\arctan^2 x}{1+x^2}\mathrm{d}x=\int_{-\infty}^{+\infty}\arctan^2 x\mathrm{d}(\arctan x)$$

$$=\frac{1}{3}\arctan^3 x\Big|_{-\infty}^{+\infty}=\frac{1}{3}\left[\left(\frac{\pi}{2}\right)^3-\left(-\frac{\pi}{2}\right)^3\right]$$

$$=\frac{\pi^3}{12},$$

所以$\int_{-\infty}^{+\infty}\frac{\arctan^2 x}{1+x^2}\mathrm{d}x$收敛，其值为$\frac{\pi^3}{12}$.

习题 5.9

习题 5.9 答案与提示

1. 单项选择题：

(1) 若反常积分$\int_1^{+\infty}\frac{1}{x^p}\mathrm{d}x$收敛，则（　　）.

(A) $p>1$　　(B) $p\geqslant 1$

(C) $p<1$　　(D) $p\leqslant 1$

(2) 若反常积分$\int_1^{+\infty}x^{k-1}\mathrm{d}x$发散，则（　　）.

(A) $k>0$　　(B) $k\geqslant 0$

(C) $k>1$　　(D) $k\geqslant 1$

(3) 下列反常积分中，收敛的是（　　）.

(A) $\int_{-\infty}^{0}\cos x\mathrm{d}x$　　(B) $\int_0^{+\infty}\mathrm{e}^x\mathrm{d}x$

(C) $\int_1^{+\infty}\ln x\mathrm{d}x$　　(D) $\int_1^{+\infty}\frac{1}{x^2}\mathrm{d}x$

(4) 下列反常积分中，收敛的是（　　）.

(A) $\int_{\mathrm{e}}^{+\infty}\frac{\ln x}{x}\mathrm{d}x$　　(B) $\int_{\mathrm{e}}^{+\infty}\frac{1}{x\ln x}\mathrm{d}x$

(C) $\int_{\mathrm{e}}^{+\infty}\frac{(\ln x)^2}{x}\mathrm{d}x$　　(D) $\int_{\mathrm{e}}^{+\infty}\frac{1}{x(\ln x)^2}\mathrm{d}x$

2. 计算下列反常积分：

(1) $\int_1^{+\infty}x\mathrm{e}^{-x^2}\mathrm{d}x$；　　(2) $\int_0^{+\infty}\mathrm{e}^{-2x}\mathrm{d}x$；

(3) $\int_1^{+\infty}\frac{1}{x^2}\mathrm{d}x$；　　(4) $\int_{-\infty}^{0}\frac{\mathrm{e}^x}{1+\mathrm{e}^x}\mathrm{d}x$；

(5) $\int_0^{+\infty}\frac{\arctan x}{1+x^2}\mathrm{d}x$；　　(6) $\int_0^{+\infty}\frac{x}{(1+x^2)^2}\mathrm{d}x$；

(7) $\int_{\mathrm{e}}^{+\infty}\frac{1}{x\ln^2 x}\mathrm{d}x$；　　(8) $\int_{-\infty}^{+\infty}\frac{x^2}{1+x^6}\mathrm{d}x$；

(9) $\int_0^{+\infty}\frac{1}{x^2+2x+2}\mathrm{d}x$；　　(10) $\int_2^{+\infty}\frac{1}{x^2+x-2}\mathrm{d}x$；

(11) $\int_0^{+\infty}x\mathrm{e}^{-2x}\mathrm{d}x$；　　(12) $\int_1^{+\infty}\frac{\arctan x}{x^2}\mathrm{d}x$.

视频：典型题目讲解(5.10)

5.10　定积分的应用

定积分的思想与方法有着十分广泛的应用，本节只介绍定积分的简单几何应用及定积分在经济分析中的简单应用.

5.10.1 平面图形的面积

利用定积分求平面图形的面积主要分为以下几种情形：

(1) 由连续曲线 $y=f(x)$ $(f(x)\geqslant 0)$ 以及直线 $x=a,x=b$ 和 x 轴所围成的平面图形(如图 5-6)的面积为

$$A=\int_a^b f(x)\,\mathrm{d}x.$$

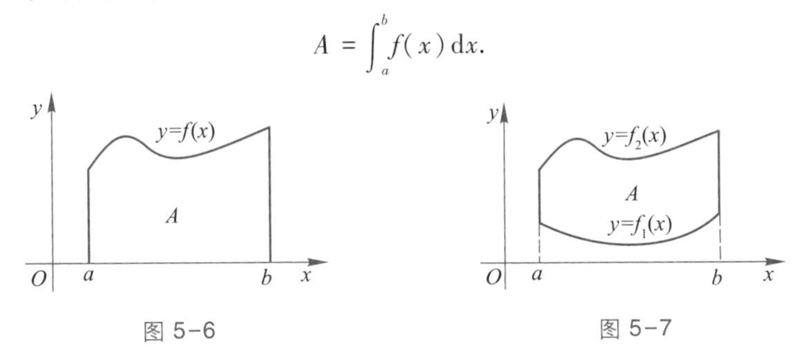

图 5-6　　图 5-7

(2) 由连续曲线 $y=f_1(x)$ 和 $y=f_2(x)$ $(f_2(x)\geqslant f_1(x))$ 以及直线 $x=a$ 和 $x=b$ 所围成的图形(如图 5-7)的面积为

$$A=\int_a^b [f_2(x)-f_1(x)]\,\mathrm{d}x.$$

(3) 由连续曲线 $x=g(y)$ $(g(y)\geqslant 0)$ 和直线 $y=a,y=b$ 及 y 轴所围成的平面图形(如图 5-8)的面积为

$$A=\int_a^b g(y)\,\mathrm{d}y.$$

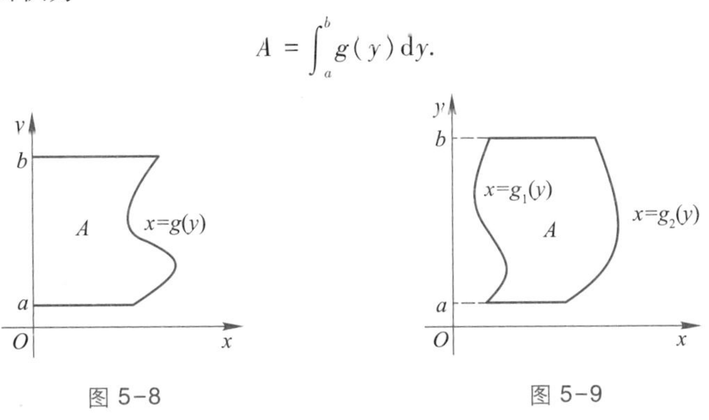

图 5-8　　图 5-9

(4) 由连续曲线 $x=g_1(y)$ 和 $x=g_2(y)$ $(g_2(y)\geqslant g_1(y))$ 以及直线 $y=a$ 和 $y=b$ 所围成的平面图形(如图 5-9)的面积为

$$A=\int_a^b [g_2(y)-g_1(y)]\,\mathrm{d}y.$$

利用定积分求平面图形面积时，应先画出平面图形的草图，根据图形的特点选择以 x 为积分变量或者以 y 为积分变量，进而写出被积函数，并确定积分的上限与下限.

例 1　求曲线 $y=x^2$ 及直线 $y=x$ 所围成的平面图形的面积.

解　作草图(如图 5-10)，解方程组 $\begin{cases} y=x^2, \\ y=x, \end{cases}$ 得曲线 $y=x^2$ 与直线 $y=x$ 的交点是 $(0,0)$ 和 $(1,1)$.

解法 1　如图 5-10，选择 x 为积分变量，则所求平面图形的面积为

$$A=\int_0^1 (x-x^2)\,\mathrm{d}x=\left(\frac{1}{2}x^2-\frac{1}{3}x^3\right)\Big|_0^1=\frac{1}{6}.$$

解法 2　如图 5-10，选择 y 为积分变量，则所求平面图形的面积为

$$A=\int_0^1 (\sqrt{y}-y)\,\mathrm{d}y=\left(\frac{2}{3}y^{\frac{3}{2}}-\frac{1}{2}y^2\right)\Big|_0^1=\frac{1}{6}.$$

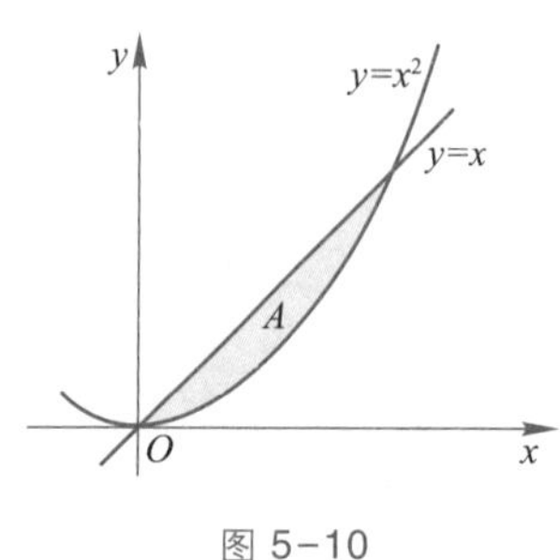

图 5-10

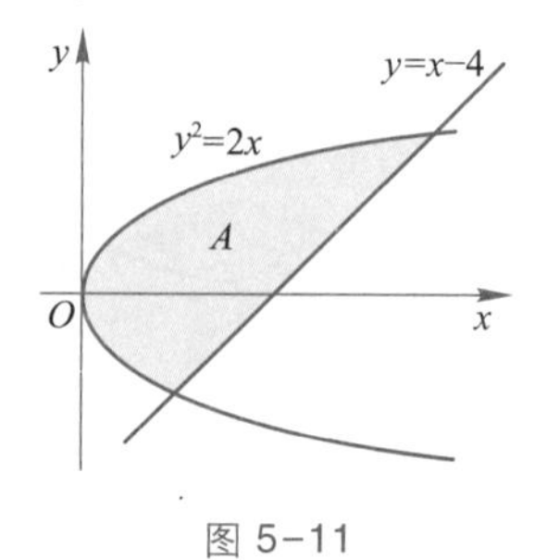

图 5-11

例 2　求由曲线 $y^2=2x$ 与直线 $y=x-4$ 所围成的平面图形的面积.

解　作草图（如图 5-11），解方程组 $\begin{cases} y^2=2x, \\ y=x-4, \end{cases}$ 得曲线 $y^2=2x$ 与直线 $y=x-4$ 的交点是 $(2,-2)$ 和 $(8,4)$.

选择 y 为积分变量，则所求平面图形的面积为

$$A=\int_{-2}^4 \left[(y+4)-\frac{y^2}{2}\right]\mathrm{d}y=\left(\frac{1}{2}y^2+4y-\frac{1}{6}y^3\right)\Big|_{-2}^4$$
$$=18.$$

例 3　求由抛物线 $y=1-x^2$ 及其在点 $(1,0)$ 处的切线和 y 轴所围成的平面图形的面积.

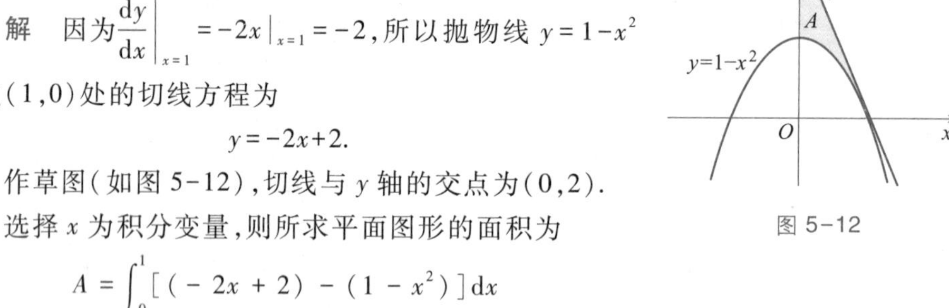

图 5-12

解　因为 $\left.\dfrac{\mathrm{d}y}{\mathrm{d}x}\right|_{x=1}=-2x\big|_{x=1}=-2$，所以抛物线 $y=1-x^2$ 在点 $(1,0)$ 处的切线方程为

$$y=-2x+2.$$

作草图（如图 5-12），切线与 y 轴的交点为 $(0,2)$.

选择 x 为积分变量，则所求平面图形的面积为

$$A=\int_0^1 [(-2x+2)-(1-x^2)]\,\mathrm{d}x$$
$$=\int_0^1 (-2x+1+x^2)\,\mathrm{d}x$$
$$=\left(-x^2+x+\frac{1}{3}x^3\right)\Big|_0^1$$
$$=\frac{1}{3}.$$

注意　在例 2 中，若选择 x 为积分变量，则所求平面图形的面积可表示为两个定积分之和：

$$A = \int_0^2 [\sqrt{2x} - (-\sqrt{2x})]\,dx + \int_2^8 [\sqrt{2x} - (x - 4)]\,dx.$$

在例 3 中,若选择 y 为积分变量,则所求平面图形的面积可表示为两个定积分之和:

$$A = \int_0^1 \left[\frac{1}{2}(2 - y) - \sqrt{1 - y}\right] dy + \int_1^2 \frac{1}{2}(2 - y)\,dy.$$

上述两个定积分的计算都比较复杂,所以在解题时,要恰当地选择积分变量.一般选择的积分变量要尽量使图形不分块,且被积函数较容易求出原函数.

5.10.2 旋转体的体积

利用定积分求旋转体的体积主要分为以下几种情形:

(1) 由连续曲线 $y=f(x)$ 以及直线 $x=a$, $x=b$ 和 x 轴所围成的平面图形绕 x 轴旋转所得旋转体的体积(如图 5-13(a)(b))为

$$V_x = \pi \int_a^b f^2(x)\,dx.$$

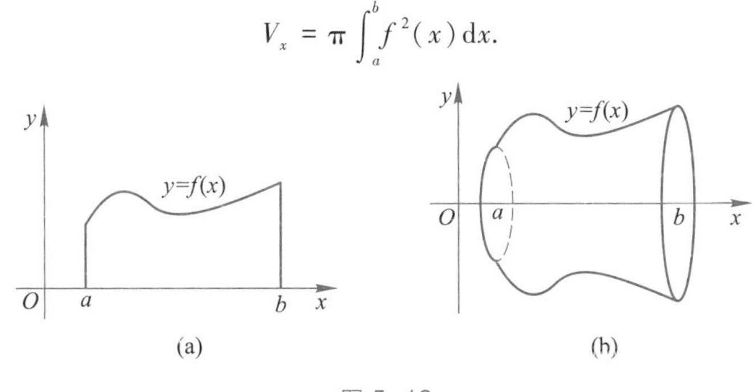

图 5-13

(2) 由连续曲线 $y=f_1(x)$ 和 $y=f_2(x)$ $(f_2(x) \geqslant f_1(x) \geqslant 0)$ 以及直线 $x=a$, $x=b$ 所围成的平面图形绕 x 轴旋转所得的旋转体的体积为

$$V_x = \pi \int_a^b [f_2^2(x) - f_1^2(x)]\,dx.$$

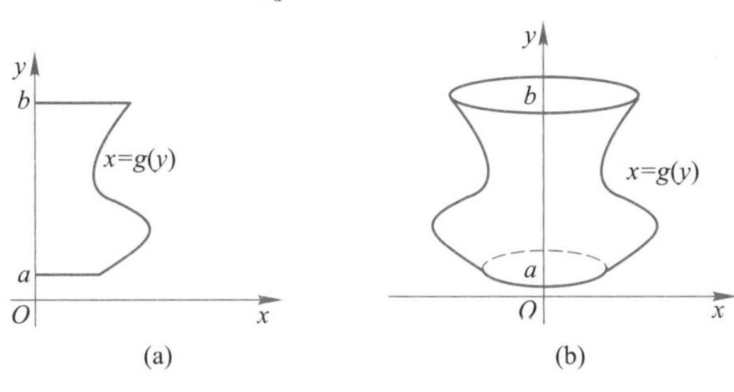

图 5-14

(3) 由连续曲线 $x=g(y)$ 以及直线 $y=a$, $y=b$ 和 y 轴所围成的平面图形绕 y 轴旋转所得的旋转体的体积(如图 5-14(a)(b))为

$$V_y = \pi \int_a^b g^2(y)\,dy.$$

(4) 由连续曲线 $x=g_1(y)$ 和 $x=g_2(y)$ ($g_2(y)\geqslant g_1(y)\geqslant 0$) 以及直线 $y=a$ 和 $y=b$ 所围成的平面图形绕 y 轴旋转所得的旋转体体积为

$$V_y=\pi\int_a^b[g_2^2(y)-g_1^2(y)]\mathrm{d}y.$$

例 4 设平面图形由曲线 $y=x^2$ 与直线 $x=1$ 及 x 轴所围成,求:

(1) 此平面图形的面积;

(2) 此平面图形绕 x 轴旋转所得旋转体的体积.

解 作草图,如图 5-15(a)(b)所示.

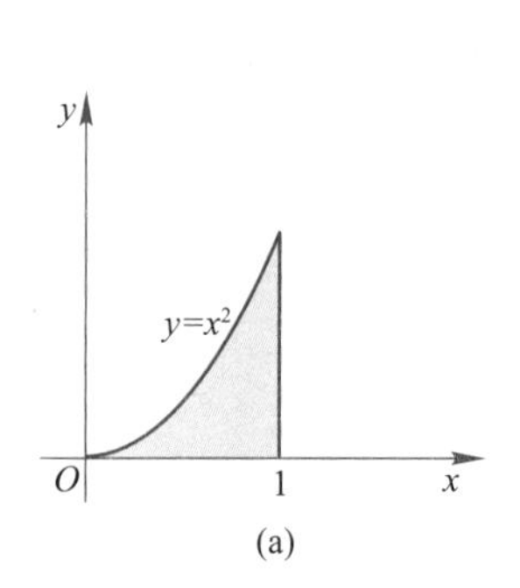

(a)

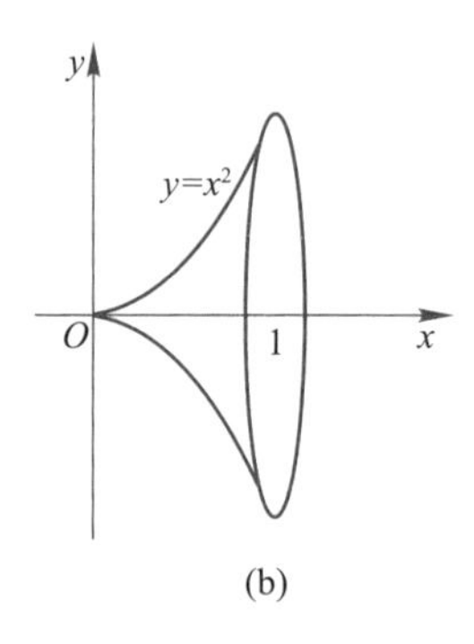

(b)

图 5-15

(1) 根据定积分的几何意义,所求平面图形的面积为

$$A=\int_0^1 x^2\mathrm{d}x=\frac{1}{3}x^3\bigg|_0^1=\frac{1}{3}.$$

(2) 如图 5-15(b)所示,曲线 $y=x^2$ 与直线 $x=1$ 及 x 轴所围成的平面图形绕 x 轴旋转所得旋转体的体积为

$$\begin{aligned}V_x&=\pi\int_0^1(x^2)^2\mathrm{d}x=\pi\int_0^1 x^4\mathrm{d}x\\&=\pi\left(\frac{1}{5}x^5\right)\bigg|_0^1=\frac{1}{5}\pi.\end{aligned}$$

例 5 已知 D 是由曲线 $y=x^2$ 与直线 $y=x$ 所围成的平面图形,求 D 分别绕 x 轴和 y 轴旋转所得旋转体的体积.

解 作草图,如图 5-16 所示.

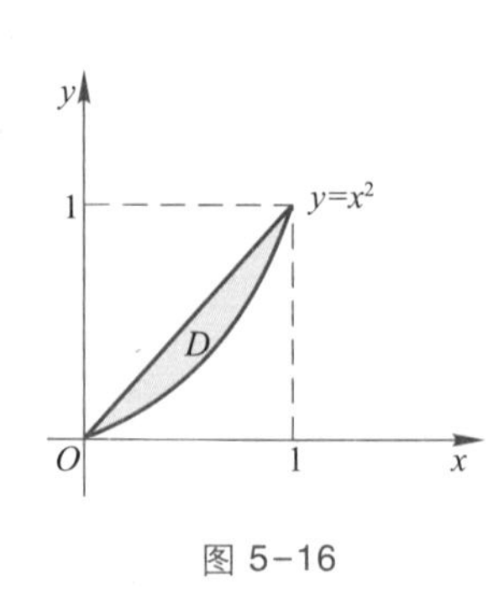

图 5-16

平面图形 D 绕 x 轴旋转所得旋转体的体积为

$$\begin{aligned}V_x&=\pi\int_0^1[x^2-(x^2)^2]\mathrm{d}x=\pi\int_0^1(x^2-x^4)\mathrm{d}x\\&=\pi\left(\frac{1}{3}x^3-\frac{1}{5}x^5\right)\bigg|_0^1=\frac{2}{15}\pi.\end{aligned}$$

平面图形 D 绕 y 轴旋转所得旋转体的体积为

$$\begin{aligned}V_y&=\pi\int_0^1[(\sqrt{y})^2-y^2]\mathrm{d}y=\pi\int_0^1(y-y^2)\mathrm{d}y\\&=\pi\left(\frac{1}{2}y^2-\frac{1}{3}y^3\right)\bigg|_0^1=\frac{1}{6}\pi.\end{aligned}$$

5.10.3 由边际函数求总函数

已知一个总函数(如总成本函数、总收益函数等),利用微分或求导运算就可以求出其边际函数(边际成本、边际收益等).反过来,如果已知边际函数,要确定其总函数就要利用积分运算.

当固定成本为 C_0,边际成本为 $C'(Q)$,边际收益为 $R'(Q)$,且产销平衡,即产量、需求量与销量均为 Q 时:

总成本函数为

$$C(Q)=\int_0^Q C'(t)\,\mathrm{d}t+C_0;$$

总收益函数为

$$R(Q)=\int_0^Q R'(t)\,\mathrm{d}t;$$

总利润函数为

$$L(Q)=R(Q)-C(Q)=\int_0^Q [R'(t)-C'(t)]\,\mathrm{d}t-C_0.$$

例 6 某厂生产的产品的边际成本为产量 x 的函数,边际成本为 $C'(x)=x^2-4x+6$,固定成本为 $C_0=200$(千元),且每单位产品的售价为 $p=146$(千元),并假定生产出的产品能全部售出.求:

(1) 总成本函数 $C(x)$;

(2) 产量从 2 个单位增加到 4 个单位时的成本变化量;

(3) 产量为多大时,总利润最大? 并求最大利润.

解 (1) 总成本函数

$$C(x)=\int_0^x C'(t)\,\mathrm{d}t+C_0=\int_0^x (t^2-4t+6)\,\mathrm{d}t+200$$

$$=\frac{x^3}{3}-2x^2+6x+200.$$

(2) 设产量由 2 个单位增加到 4 个单位时的成本变化量为 ΔC,则

$$\Delta C=\int_2^4 C'(x)\,\mathrm{d}x=\int_2^4 (x^2-4x+6)\,\mathrm{d}x$$

$$=\left(\frac{x^3}{3}-2x^2+6x\right)\Big|_2^4$$

$$=\frac{20}{3}\approx 6.67(\text{千元}),$$

或

$$\Delta C=C(4)-C(2)=\frac{20}{3}\approx 6.67(\text{千元}).$$

(3) 总收益函数为

$$R(x)=p\cdot x=146x,$$

总利润函数为

$$L(x)=R(x)-C(x)$$

$$=146x-\left(\frac{x^3}{3}-2x^2+6x+200\right)$$

$$=-\frac{x^3}{3}+2x^2+140x-200,$$

故
$$L'(x)=-x^2+4x+140.$$

令 $L'(x)=0$,得 $x_1=14, x_2=-10$(舍去).

由于 $L''(x)=-2x+4$,所以 $L''(14)=-24<0$,因此,当 $x=14$ 时,总利润最大,最大利润为

$$L_{\max}=L(14)=\frac{3\ 712}{3}(千元),$$

即当产量为 14 个单位时,利润达到最大,最大利润是$\frac{3\ 712}{3}$千元.

例 7　若某厂产品的边际收益为 $R'(x)=20-2x$,求:

(1) 总收益函数 $R(x)$;

(2) 当该厂产品的销售量由 10 个单位减少到 5 个单位时,收益的变化量.

解　(1) 总收益函数为

$$R(x)=\int_0^x R'(t)\,\mathrm{d}t=\int_0^x (20-2t)\,\mathrm{d}t$$

$$=(20t-t^2)\Big|_0^x=20x-x^2.$$

(2) 设产品的销售量由 10 个单位减少到 5 个单位时,收益的变化量为 ΔR,则

$$\Delta R=\int_{10}^5 R'(x)\,\mathrm{d}x=\int_{10}^5 (20-2x)\,\mathrm{d}x$$

$$=(20x-x^2)\Big|_{10}^5=-25,$$

或
$$\Delta R=R(5)-R(10)=-25,$$

所以,当产品的销售量由 10 个单位减少到 5 个单位时,该厂的总收益减少 25 个单位.

习题 5.10

习题 5.10 答案与提示

1. 求由下列给定曲线所围成的平面图形的面积:

(1) $y=\frac{1}{x}, y=x$ 与 $x=2$;

(2) $y=x^3$ 与 $y=\sqrt{x}$;

(3) $y=\mathrm{e}^x, y=\mathrm{e}^{-x}$ 与 $x=1$;

(4) $y=x^2, y=4x$ 与 $x=1$ $(0<x<1)$;

(5) $y=x^3$ 与 $y=2x$;

(6) $y=x^2$ 与 $x+y=2$;

(7) $y=x^2$ 与 $y=2-x^2$;

(8) $y=x^2, y=x$ 与 $y=2x$.

2. 求由曲线 $y=\ln x$ 及其在点$(\mathrm{e},1)$处的切线和 x 轴所围成的平面图形的面积.

3. 求由下列平面图形分别绕 x 轴和 y 轴旋转所得旋转体的体积 V_x 和 V_y:

(1) $y=x^3$ 与 $y=\sqrt{x}$;

(2) $y=x^3, y=0$ 与 $x=2$;

（3）$y=\sqrt{x}$，$x=1$，$x=4$ 与 $y=0$；

（4）$xy=1$，$x=2$ 与 $y=3$.

4. 设平面图形由曲线 $y=e^x$ 及直线 $y=e$，$x=0$ 所围成，求：

（1）该平面图形的面积 A；

（2）该平面图形绕 x 轴旋转所得旋转体的体积 V_x.

5. 设平面图形由曲线 $y=e^x$ 及直线 $x=1$，$x=0$，$y=0$ 所围成，求：

（1）该平面图形的面积 A；

（2）该平面图形绕 x 轴旋转所得旋转体的体积 V_x.

6. 设平面图形由 $x=0$，$x=2$，$y=0$ 及 $y=-x^2+1$ 所围成，求：

（1）该平面图形的面积 A；

（2）该平面图形绕 x 轴旋转所得旋转体的体积 V_x.

7. 设平面图形由 $y=x^2(x\geqslant 0)$，$y=1$ 与 $x=0$ 所围成，求：

（1）该平面图形的面积 A；

（2）该平面图形绕 y 轴旋转所得旋转体的体积 V_y.

8. 设某企业生产某商品 x 个单位的边际收益为 $R_m(x)=\dfrac{ab}{(x+b)^2}+c$，求总收益函数.

9. 某产品的边际成本为 $C_m(x)=2-x$（万元/百台），固定成本为 $C_0=22$ 万元，边际收益为 $R_m(x)=20-4x$（万元/百台），求：

（1）总成本函数和总收益函数；

（2）获得最大利润时的产量；

（3）从最大利润时的生产量又生产了 4 百台，总利润的变化.

10. 一个食品公司正在增设网点.若经营费用增加率为 $C_m(x)=1+\dfrac{x}{2}$（百万元/年），而收入的增加率为 $R_m(x)=10+\dfrac{x}{4}$（百万元/年），其中 x 表示增设的网点数，试问，欲使增设网点后利润最大，应增设多少家店？

本章小结

视频：第五章内容综述

1. 基本概念及性质

（1）原函数、不定积分的概念，不定积分的性质.

（2）微分方程及其阶、解、通解、初始条件、特解.

（3）定积分的概念与几何意义.

（4）定积分的性质.

（5）变上限积分函数的概念与性质.

（6）奇函数、偶函数在对称区间上的积分性质.

（7）无穷限反常积分的概念.

2. 重要的法则、定理和公式

（1）基本积分公式.

（2）不定积分的换元积分法（特别是凑微分法）.

（3）不定积分的分部积分法.

（4）可分离变量的微分方程和一阶线性微分方程的解法.

（5）一阶非齐次线性微分方程的通解公式.

(6) 积分中值定理.
(7) 变上限积分函数的求导法(导数公式).
(8) 牛顿-莱布尼茨公式.
(9) 定积分的换元积分法与分部积分法.
(10) 无穷限反常积分的计算与判敛方法.
(11) 平面图形的面积计算公式及旋转体的体积计算公式.

3. 考核要求

(1) 原函数与不定积分的概念,不定积分的基本性质,要求达到"领会"层次.
① 了解原函数和不定积分的定义.
② 理解微分运算和不定积分运算互为逆运算.
③ 知道不定积分的基本性质.
(2) 基本积分公式,要求达到"简单应用"层次.
熟记基本积分公式,并能熟练运用.
(3) 不定积分的换元积分法,要求达到"简单应用"层次.
① 能熟练地运用第一类换元积分法(即凑微分法)求不定积分.
② 掌握几种常见的第二类换元类型.
(4) 不定积分的分部积分法,要求达到"简单应用"层次.
掌握分部积分法,会求常见类型的不定积分.
(5) 微分方程初步,要求达到"简单应用"层次.
① 知道微分方程的阶、解、初始条件、特解的含义.
② 能识别可分离变量的微分方程和一阶线性微分方程,并会求这两类微分方程的解.
(6) 定积分的概念及其基本性质,要求达到"领会"层次.
① 理解定积分的概念,并了解其几何意义.
② 清楚定积分与不定积分的区别,知道定积分的值仅依赖于被积函数和积分区间,与积分变量的记号无关.
③ 知道定积分的基本性质.
④ 能正确叙述定积分的中值定理,了解其几何意义.
(7) 变上限积分和牛顿-莱布尼茨公式,要求达到"综合应用"层次.
① 理解变上限积分是积分上限的函数,并会求其导数.
② 掌握牛顿-莱布尼茨公式.
(8) 定积分的换元积分法和分部积分法,要求达到"简单应用"层次.
① 掌握定积分的第一类换元积分法和第二类换元积分法.
② 清楚对称区间上奇函数或偶函数的定积分的有关结果.
③ 掌握定积分的分部积分法.
(9) 无穷限反常积分,要求达到"领会"层次.
① 清楚无穷限反常积分的定义及其敛散性概念.
② 会依据定义判断简单无穷限反常积分的敛散性,并在收敛时求出其值.
(10) 定积分的几何应用,要求达到"简单应用"层次.
① 会在直角坐标系中利用定积分计算平面图形的面积.
② 会利用定积分计算简单平面图形绕坐标轴旋转所得旋转体的体积.

第六章　多元函数微积分

多元函数微积分学是一元函数微积分学的自然发展,它的许多重要概念和处理问题的思想、方法与一元函数微积分学的情形既有相似之处,更有本质的区别.此外,随着变量的增多,多元函数微积分学的内容也更加丰富,应用范围也更加广泛.本章以二元函数微积分学为主.

本章总的要求是:理解多元函数的概念和二元函数的几何意义;清楚偏导数和全微分的定义;了解高阶偏导数的定义;了解混合偏导数在一定条件下与对应变量的次序无关;掌握复合函数的概念,掌握复合函数和隐函数的求导法则;理解二元函数的极值概念,并掌握其求法;理解二重积分的定义及其几何意义;掌握二重积分的计算方法.

6.1　多元函数的基本概念

视频:典型题目讲解(6.1)

6.1.1　预备知识

在第一章的一元函数部分,我们曾经讨论过一元函数的定义域,它们通常由数轴上的区间构成,区间分为开区间、闭区间和半开半闭区间.但是,对于我们将要讨论的二元函数,由于自变量有两个,函数的定义域自然要在平面上进行讨论.因此,首先要介绍平面区域和平面上点的邻域等概念.

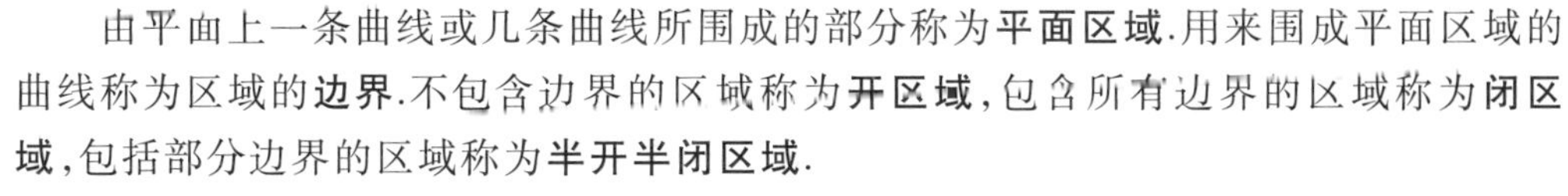

由平面上一条曲线或几条曲线所围成的部分称为**平面区域**.用来围成平面区域的曲线称为区域的**边界**.不包含边界的区域称为**开区域**,包含所有边界的区域称为**闭区域**,包括部分边界的区域称为**半开半闭区域**.

如果一个区域可以被包含在以原点为圆心的某个圆内,则称这个区域为**有界区域**,否则称其为**无界区域**.

例如,xOy 平面上以原点为中心,以 a 为半径的圆的圆周及内部区域是一个有界闭区域(见图 6-1),而 xOy 平面上满足 $y<2x+1$ 的点 (x,y) 所构成的区域(见图 6-2)是一个无界开区域.

在图 6-2 中,虚线表示该区域不包含边界.

设 $P_0(x_0,y_0)$ 为 xOy 平面上一个定点,δ 为一个正数,则以 P_0 为圆心,δ 为半径的圆形开区域称为点 P_0 的 **δ 邻域**,记为 $U(P_0,\delta)$,即

$$U(P_0,\delta)=\{(x,y)\mid (x-x_0)^2+(y-y_0)^2<\delta^2\}.$$

而 $U(P_0,\delta)$ 去掉点 P_0 后称为点 P_0 的**去心 δ 邻域**,记为 $N(P_0,\delta)$,即

$$N(P_0,\delta)=\{(x,y)\mid 0<(x-x_0)^2+(y-y_0)^2<\delta^2\}.$$

6.1.2　多元函数的概念

与一元函数的概念类似,我们给出二元函数的概念.

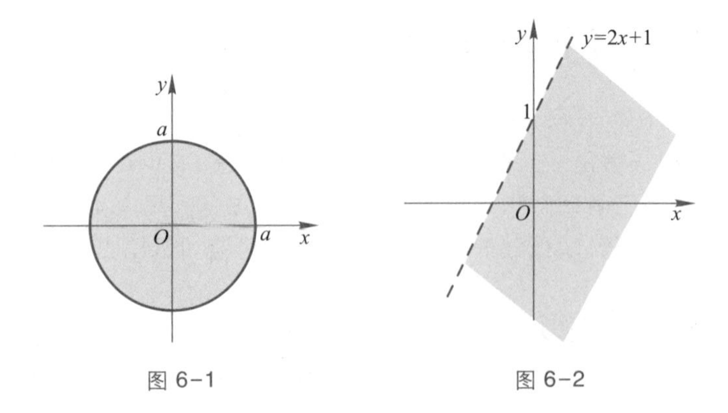

图 6-1　　图 6-2

定义 6.1　设有三个变量 x,y 和 z，如果当变量 x,y 在某一区域 D 内任取一组值时，变量 z 按照一定的法则 f 都有唯一确定的值与之对应，则称 f 是 D 上的**二元函数**，记为

$$z=f(x,y),(x,y)\in D.$$

其中变量 x,y 称为**自变量**，变量 z 称为**因变量**，x,y 的取值区域 D 称为二元函数 f 的**定义域**.

对于 D 上任意一点 (x_0,y_0)，对应的因变量 z 的取值 $z_0=f(x_0,y_0)$ 称为函数 f 在点 (x_0,y_0) 处的**函数值**，函数值的全体称为该二元函数的**值域**.

类似地，可以定义有三个自变量 x,y,z 和因变量 u 的三元函数 $u=f(x,y,z)$ 以及三元以上的函数.

一般地，我们将二元及二元以上的函数统称为**多元函数**.

如同一元函数一样，二元函数的定义域是指使函数关系式有意义的所有点组成的一个平面区域.

例 1　圆柱体的体积 V 与底面半径 r 和高 h 的关系是

$$V=\pi r^2h.$$

当变量 r,h 在正实数范围内任取一组数值时，根据上述对应关系，V 的值也就唯一确定了，这就是一个定义在区域 $\{(r,h)|r>0,h>0\}$ 上的二元函数.

例 2　在生产中，产量 Q 与投入的劳动力 L 和资金 K 之间有关系式

$$Q=AL^{\alpha}K^{\beta},$$

其中 A,α,β 为常数，这个关系式称为柯布-道格拉斯生产函数. 当劳动力 L 和资金 K 确定时，产量 Q 的值也由上述对应关系唯一确定.

例 3　求下列函数的定义域：

(1) $z=\sqrt{a^2-x^2-y^2}\ (a>0)$；　　(2) $z=\ln(1+2x-y)$.

解　(1) 因为 $a^2-x^2-y^2\geqslant 0$，即 $x^2+y^2\leqslant a^2$，所以 $z=\sqrt{a^2-x^2-y^2}$ 的定义域为

$$D=\{(x,y)\mid x^2+y^2\leqslant a^2\},$$

它是 xOy 平面上以坐标原点为圆心，半径为 a 的圆周和圆内部区域.

(2) 因为 $1+2x-y>0$，即 $y<1+2x$，所以函数 $z=\ln(1+2x-y)$ 的定义域为

$$D=\{(x,y)\mid y<1+2x\},$$

它是 xOy 平面上在直线 $y=1+2x$ 下方，但不含此直线的半平面区域.

例 4 求函数 $z=f(x,y)=\dfrac{1}{\sqrt{4-x^2-y^2}}+\ln(x^2+y^2-1)$ 的定义域,并计算 $f(1,-1)$.

解 因为 $4-x^2-y^2>0$,且 $x^2+y^2-1>0$,即

$$x^2+y^2<4,\text{且 } x^2+y^2>1,$$

所以函数 $f(x,y)$ 的定义域为

$$D=\{(x,y)\mid 1<x^2+y^2<4\},$$

它是 xOy 平面上以坐标原点为中心,内圆半径为 1,外圆半径为 2 的圆环开区域,如图 6-3 所示.

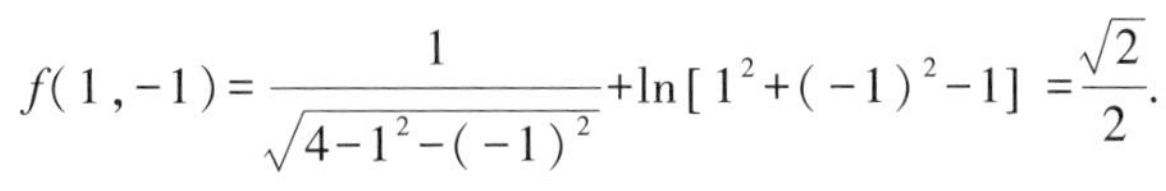

$$f(1,-1)=\frac{1}{\sqrt{4-1^2-(-1)^2}}+\ln[1^2+(-1)^2-1]=\frac{\sqrt{2}}{2}.$$

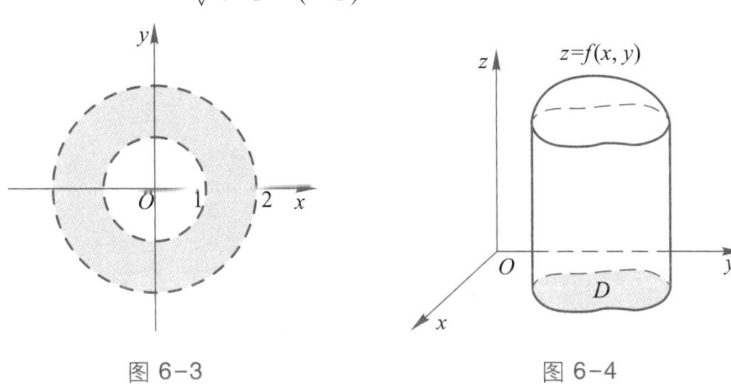

图 6-3　　图 6-4

一元函数 $y=f(x)$ 通常表示 xOy 平面上的一条曲线. 二元函数 $z=f(x,y)$ 在几何上一般表示空间直角坐标系中的一个曲面,这个曲面称为二元函数 $z=f(x,y)$ 的图形,而函数 $z=f(x,y)$ 的定义域 D 恰好就是这个曲面在 xOy 平面上的投影,如图 6-4 所示.

例如,函数 $z=\sqrt{a^2-x^2-y^2}$ $(a>0)$ 的图形就是空间直角坐标系中的一个曲面,它是球心在坐标原点,半径为 a 的上半个球面,而定义域 $D=\{(x,y)\mid x^2+y^2\leqslant a^2\}$ 就是这半个球面在 xOy 平面上的投影,如图 6-5 所示.

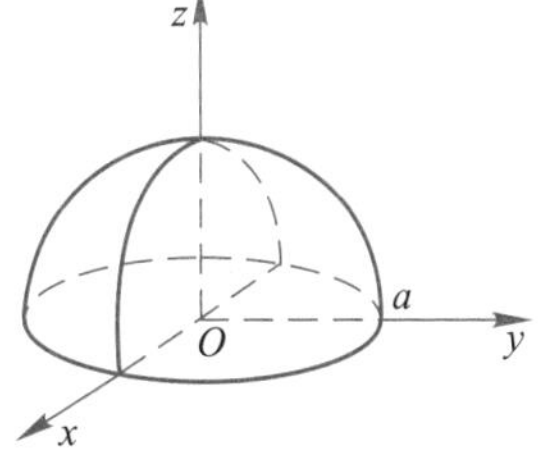

图 6-5

6.1.3 二元函数的极限

下面讨论当动点 $P(x,y)$ 趋向于点 $P_0(x_0,y_0)$ 时,函数 $z=f(x,y)$ 的变化趋势.

定义 6.2 设二元函数 $f(x,y)$ 在点 $P_0(x_0,y_0)$ 的某一去心邻域内有定义,如果当该去心邻域中任意一点 $P(x,y)$ 以任何方式趋于点 $P_0(x_0,y_0)$ 时,对应的函数值 $f(x,y)$ 趋于一个确定的常数 A,则称 A 是函数 $f(x,y)$ 在 $P(x,y)\to P_0(x_0,y_0)$ 时的**极限**,记作

$$\lim_{\substack{x\to x_0\\ y\to y_0}} f(x,y)=A,$$

或

$$\lim_{(x,y)\to(x_0,y_0)} f(x,y)=A.$$

二元函数的极限又称为**二重极限**.

在这里,所谓的 $P(x,y)\to P_0(x_0,y_0)$,指的是点 $P(x,y)$ 到点 $P_0(x_0,y_0)$ 的距离趋

于 0,即$\sqrt{(x-x_0)^2+(y-y_0)^2}\to 0$.定义 6.2 中点 $P(x,y)$ 趋于点 $P_0(x_0,y_0)$ 的方式是任意的,当点 $P(x,y)$ 仅仅按某些特殊方式趋于点 $P_0(x_0,y_0)$ 时,函数值 $f(x,y)$ 趋于某个确定值,并不能说明函数 $f(x,y)$ 在点 $P_0(x_0,y_0)$ 处的极限存在.

例 5 证明函数 $z=\dfrac{xy}{x^2+y^2}$ 在点(0,0)处的极限不存在.

证 因为点(x,y)趋于点(0,0)时,可以有无数个不同的方向,当点(x,y)沿直线 $y=kx$ 趋于点(0,0)时,有

$$\lim_{\substack{y=kx\\x\to 0}}\frac{xy}{x^2+y^2}=\lim_{x\to 0}\frac{kx^2}{x^2+k^2x^2}=\frac{k}{1+k^2},$$

极限值随着 k 的不同而改变,所以极限 $\lim\limits_{\substack{x\to 0\\y\to 0}}\dfrac{xy}{x^2+y^2}$ 不存在.

多元函数的极限运算法则与一元函数极限的运算法则类似,有时可以用变量代换的方法将多元函数的极限运算转化为一元函数的极限运算问题.

例 6 求 $\lim\limits_{\substack{x\to 0\\y\to 0}}\dfrac{x^2y^2}{x^2+y^2}$.

解 因为
$$0\leqslant\frac{x^2y^2}{x^2+y^2}\leqslant\frac{x^2y^2+x^4}{x^2+y^2}=x^2,$$
且 $\lim\limits_{\substack{x\to 0\\y\to 0}}x^2=0$,所以

$$\lim_{\substack{x\to 0\\y\to 0}}\frac{x^2y^2}{x^2+y^2}=0.$$

例 7 求 $\lim\limits_{\substack{x\to 0\\y\to 0}}\dfrac{\sqrt{xy+1}-1}{xy}$.

解 $\lim\limits_{\substack{x\to 0\\y\to 0}}\dfrac{\sqrt{xy+1}-1}{xy}=\lim\limits_{\substack{x\to 0\\y\to 0}}\dfrac{1}{\sqrt{xy+1}+1}=\dfrac{1}{2}.$

例 8 求 $\lim\limits_{\substack{x\to 0\\y\to 0}}\dfrac{x+y}{\sin(4x+4y)}$.

解 $\lim\limits_{\substack{x\to 0\\y\to 0}}\dfrac{x+y}{\sin(4x+4y)}\xlongequal{x+y=t}\lim\limits_{t\to 0}\dfrac{t}{\sin 4t}=\dfrac{1}{4}\lim\limits_{t\to 0}\dfrac{4t}{\sin 4t}=\dfrac{1}{4}.$

6.1.4 二元函数的连续

与一元函数在一点处连续的定义类似,二元函数在一点处连续的定义如下:

定义 6.3 设二元函数 $z=f(x,y)$ 在点 $P_0(x_0,y_0)$ 的某个邻域内有定义,若
$$\lim_{\substack{x\to x_0\\y\to y_0}}f(x,y)=f(x_0,y_0),$$
则称函数 $f(x,y)$ 在点 $P_0(x_0,y_0)$ 处**连续**,点 $P_0(x_0,y_0)$ 称为函数 $f(x,y)$ 的**连续点**.

如果函数 $f(x,y)$ 在点 $P_0(x_0,y_0)$ 处不连续,则称点 $P_0(x_0,y_0)$ 为函数 $f(x,y)$ 的**间断点**.

例 9 设 $f(x,y)=\begin{cases}\dfrac{xy}{x^2+y^2}, & x^2+y^2\neq 0,\\ 0, & x^2+y^2=0,\end{cases}$ 试判断函数 $f(x,y)$ 在点 $(0,0)$ 处是否连续.

解 由例 5 知极限 $\lim\limits_{\substack{x\to 0\\ y\to 0}}f(x,y)=\lim\limits_{\substack{x\to 0\\ y\to 0}}\dfrac{xy}{x^2+y^2}$ 不存在，所以函数 $f(x,y)$ 在点 $(0,0)$ 处不连续.

例 10 设 $f(x,y)=\begin{cases}\dfrac{x^2y^2}{x^2+y^2}, & x^2+y^2\neq 0,\\ 0, & x^2+y^2=0,\end{cases}$ 试判断函数 $f(x,y)$ 在点 $(0,0)$ 处是否连续.

解 由例 6 知极限 $\lim\limits_{\substack{x\to 0\\ y\to 0}}f(x,y)=\lim\limits_{\substack{x\to 0\\ y\to 0}}\dfrac{x^2y^2}{x^2+y^2}=0$，所以 $\lim\limits_{\substack{x\to 0\\ y\to 0}}f(x,y)=f(0,0)$，故函数 $f(x,y)$ 在点 $(0,0)$ 处连续.

例 11 求函数 $f(x,y)=\dfrac{2}{x-y}$ 的间断点.

解 当 $x-y=0$ 时，函数 $f(x,y)=\dfrac{2}{x-y}$ 没有定义，所以直线 $y=x$ 上的点都是函数 $f(x,y)$ 的间断点.

如果函数 $f(x,y)$ 在平面区域 D 内每一点处都连续，则称 **$f(x,y)$ 在 D 内连续**，也称函数 $f(x,y)$ 是 D 内的连续函数.

与一元函数相似，二元连续函数的和、差、积、商（分母不为零）仍为连续函数，二元连续函数的复合函数也是连续函数. 因此二元初等函数在其定义区域内总是连续的. 计算二元初等函数在其定义区域内某一点 $P_0(x_0,y_0)$ 处的极限值，只需求它在该点处的函数值即可.

例 12 求 $\lim\limits_{\substack{x\to 0\\ y\to 1}}\dfrac{\sin x+\ln(x+y)+2y}{2x+xy-y^2}$.

解 由于函数 $f(x,y)=\dfrac{\sin x+\ln(x+y)+2y}{2x+xy-y^2}$ 在点 $(0,1)$ 处连续，所以

$$\lim_{\substack{x\to 0\\ y\to 1}}\frac{\sin x+\ln(x+y)+2y}{2x+xy-y^2}=\frac{\sin 0+\ln(0+1)+2\times 1}{2\times 0+0\times 1-1^2}=-2.$$

习题 6.1

1. 单项选择题：

(1) 二元函数 $z=\sqrt{4-x^2-y^2}+\dfrac{1}{\sqrt{x^2+y^2-1}}$ 的定义域为（　　）.

(A) $1<x^2+y^2\leqslant 4$　　(B) $1\leqslant x^2+y^2<4$

(C) $1\leqslant x^2+y^2\leqslant 4$　　(D) $1<x^2+y^2<4$

(2) 设 $f(x+y,x-y)=x^2-y^2$，则 $f(x,y)=$（　　）.

(A) x^2-y^2　　(B) x^2+y^2　　(C) $(x-y)^2$　　(D) xy

(3) 设 $f(x,y)=\dfrac{xy}{x^2+y^2}$，则 $f\left(\dfrac{y}{x},1\right)=$（　　）.

习题 6.1 答案与提示

(A) $\dfrac{xy}{x^2+y^2}$　　(B) $\dfrac{x^2+y^2}{xy}$　　(C) $\dfrac{x}{x^2+1}$　　(D) $\dfrac{x}{1+x^4}$

2. 求下列二元函数的定义域：

(1) $z=\sqrt{x}+y$；　　(2) $z=\sqrt{1-x^2}+\sqrt{y^2-1}$；

(3) $z=\ln(x+y+3)$；　　(4) $z=\dfrac{1}{1-x^2-y^2}$；

(5) $z=1+\sqrt{x-y}$；　　(6) $z=\sqrt{9-x^2-y^2}+\ln(x^2-y)$.

3. 已知函数 $f(x,y)=e^x(x^2+y^2+2y+2)$，求 $f(-1,0)$，$f(0,-1)$.

4. 已知函数 $f(x,y)=x^2+y^2-xy\tan\dfrac{x}{y}$，求 $f(tx,ty)$.

5. 求下列二重极限：

(1) $\lim\limits_{\substack{x\to0\\y\to0}}\dfrac{\sqrt{4+xy}-2}{xy}$；　　(2) $\lim\limits_{\substack{x\to0\\y\to1}}\left[\dfrac{\sin(xy)}{x}+(x+y)^2\right]$.

6. 设 $f(x,y)=\begin{cases}xy\sin\dfrac{1}{x^2+y^2}, & x^2+y^2\neq0,\\ 0, & x^2+y^2=0,\end{cases}$ 试判断函数 $f(x,y)$ 在点 $(0,0)$ 处是否连续.

6.2　偏导数

视频：典型题目讲解（6.2）

在一元函数微分学中，函数 $y=f(x)$ 的导数研究的是因变量的增量 Δy 与自变量的增量 Δx 之比的极限 $\lim\limits_{\Delta x\to0}\dfrac{\Delta y}{\Delta x}$，反映的是因变量对自变量的变化率问题.对于多元函数来说，因变量与自变量的关系比一元函数要复杂得多.为了反映因变量依赖于某个自变量的变化情况，往往将其他自变量看作是常量，这样就得到了偏导数的概念.

6.2.1　偏导数的概念

定义 6.4　设函数 $z=f(x,y)$ 在点 $P_0(x_0,y_0)$ 的某一邻域内有定义，当 y 固定为 y_0，而 x 从 x_0 改变到 $x_0+\Delta x(\Delta x\neq0)$ 时，相应的函数值 $z=f(x,y)$ 的改变量 $\Delta_x z$ 为

$$\Delta_x z=f(x_0+\Delta x,y_0)-f(x_0,y_0).$$

如果极限

$$\lim_{\Delta x\to0}\frac{f(x_0+\Delta x,y_0)-f(x_0,y_0)}{\Delta x}$$

存在，则称此极限值为**函数 $z=f(x,y)$ 在点 (x_0,y_0) 处对 x 的偏导数**，记为

$$\left.\frac{\partial f}{\partial x}\right|_{\substack{x=x_0\\y=y_0}}，或\left.\frac{\partial f}{\partial x}\right|_{(x_0,y_0)}，\left.\frac{\partial z}{\partial x}\right|_{\substack{x=x_0\\y=y_0}}，\left.\frac{\partial z}{\partial x}\right|_{(x_0,y_0)}.$$

类似地，当 x 固定为 x_0，而 y 从 y_0 改变到 $y_0+\Delta y$ $(\Delta y\neq0)$ 时，相应的函数 $z=f(x,y)$ 的改变量 $\Delta_y z$

$$\Delta_y z=f(x_0,y_0+\Delta y)-f(x_0,y_0).$$

如果极限

$$\lim_{\Delta y\to0}\frac{f(x_0,y_0+\Delta y)-f(x_0,y_0)}{\Delta y}$$

存在，则称此极限值为**函数 $z=f(x,y)$ 在点 (x_0,y_0) 处对 y 的偏导数**，记为

$$\left.\frac{\partial f}{\partial y}\right|_{\substack{x=x_0\\y=y_0}},\text{或}\left.\frac{\partial f}{\partial y}\right|_{(x_0,y_0)},\left.\frac{\partial z}{\partial y}\right|_{\substack{x=x_0\\y=y_0}},\left.\frac{\partial z}{\partial y}\right|_{(x_0,y_0)}.$$

由上述定义可以看到，$\left.\frac{\partial f}{\partial x}\right|_{\substack{x=x_0\\y=y_0}}$ 实际上就是关于 x 的一元函数 $f(x,y_0)$ 在 x_0 点的导数，$\left.\frac{\partial f}{\partial y}\right|_{\substack{x=x_0\\y=y_0}}$ 就是关于 y 的一元函数 $f(x_0,y)$ 在 y_0 点的导数.

如果函数 $z=f(x,y)$ 在区域 D 上每一点 (x,y) 处关于 x 的偏导数都存在，这个偏导数也是区域 D 上的二元函数，称它为**函数 $z=f(x,y)$ 关于 x 的偏导函数**，记作

$$\frac{\partial z}{\partial x},\quad \text{或}\frac{\partial f}{\partial x}.$$

类似地，可以定义**函数 $z=f(x,y)$ 关于 y 的偏导函数**，记作

$$\frac{\partial z}{\partial y},\quad \text{或}\frac{\partial f}{\partial y}.$$

一般地，偏导函数简称为**偏导数**.

类似地，可以定义三元函数及其他多元函数的偏导数.

6.2.2 偏导数的计算

由定义 6.4 可知，在求函数 $z=f(x,y)$ 对某个自变量的偏导数时，只要把另外的自变量看成常数，用一元函数求导法则即可求得.

例 1 设 $z=3x^2+5xy^2+3y^4$，求 $\frac{\partial z}{\partial x},\frac{\partial z}{\partial y}$.

解 把 y 看成常数，对 x 求导，得

$$\frac{\partial z}{\partial x}=6x+5y^2.$$

把 x 看成常数，对 y 求导，得

$$\frac{\partial z}{\partial y}=10xy+12y^3.$$

例 2 设 $z=x^y$（$x>0,x\neq1,y$ 为任意实数），求 $\frac{\partial z}{\partial x},\frac{\partial z}{\partial y}$.

解 把 y 看成常数，此时 $z=x^y$ 是 x 的幂函数，所以

$$\frac{\partial z}{\partial x}=yx^{y-1}.$$

把 x 看成常数，此时 $z=x^y$ 是 y 的指数函数，所以

$$\frac{\partial z}{\partial y}=x^y\ln x.$$

例 3 设 $z=x-2y+\ln\sqrt{x^2+y^2}+3e^{xy}$，求 $\frac{\partial z}{\partial x},\frac{\partial z}{\partial y}$.

解 由于

$$z=x-2y+\ln\sqrt{x^2+y^2}+3e^{xy},$$

把 y 看成常数，利用复合函数的求导法则，对 x 求导，得

$$\frac{\partial z}{\partial x}=1+\frac{x}{x^2+y^2}+3ye^{xy}.$$

把 x 看成常数，对 y 求导，得

$$\frac{\partial z}{\partial y}=-2+\frac{y}{x^2+y^2}+3xe^{xy}.$$

例 4 设 $f(x,y)=x\ln(x+\ln y)$，求 $\left.\frac{\partial f}{\partial x}\right|_{(1,e)}$，$\left.\frac{\partial f}{\partial y}\right|_{(1,e)}$.

解 把 y 看成常数，利用乘积的求导法则，对 x 求导，得

$$\frac{\partial f}{\partial x}=\ln(x+\ln y)+\frac{x}{x+\ln y},$$

将(1,e)代入，得

$$\left.\frac{\partial f}{\partial x}\right|_{(1,e)}=\ln(1+\ln e)+\frac{1}{1+\ln e}=\ln 2+\frac{1}{2}.$$

把 x 看成常数，对 y 求导，得

$$\frac{\partial f}{\partial y}=x\cdot\frac{1}{x+\ln y}\cdot\frac{1}{y}=\frac{x}{xy+y\ln y},$$

将(1,e)代入，得

$$\left.\frac{\partial f}{\partial y}\right|_{(1,e)}=\frac{1}{1\cdot e+e\ln e}=\frac{1}{2e}.$$

例 5 设 $u=\sqrt{x^2+y^2+z^2}$，求证：$\left(\frac{\partial u}{\partial x}\right)^2+\left(\frac{\partial u}{\partial y}\right)^2+\left(\frac{\partial u}{\partial z}\right)^2=1.$

证 $u=\sqrt{x^2+y^2+z^2}$ 是关于 x,y,z 的三元函数，把 y 和 z 看成常数，对 x 求导，得

$$\frac{\partial u}{\partial x}=\frac{x}{\sqrt{x^2+y^2+z^2}}=\frac{x}{u}.$$

同理可得

$$\frac{\partial u}{\partial y}=\frac{y}{\sqrt{x^2+y^2+z^2}}=\frac{y}{u},$$

$$\frac{\partial u}{\partial z}=\frac{z}{\sqrt{x^2+y^2+z^2}}=\frac{z}{u},$$

所以
$$\left(\frac{\partial u}{\partial x}\right)^2+\left(\frac{\partial u}{\partial y}\right)^2+\left(\frac{\partial u}{\partial z}\right)^2=\left(\frac{x}{u}\right)^2+\left(\frac{y}{u}\right)^2+\left(\frac{z}{u}\right)^2=\frac{x^2+y^2+z^2}{u^2}=1.$$

例 6 设 $f(x,y)=\begin{cases}\dfrac{xy}{x^2+y^2}, & x^2+y^2\neq 0,\\ 0, & x^2+y^2=0,\end{cases}$ 求函数 $f(x,y)$ 在点 $(0,0)$ 处的偏导数 $\left.\frac{\partial f}{\partial x}\right|_{(0,0)}$，$\left.\frac{\partial f}{\partial y}\right|_{(0,0)}$.

解 由偏导数的定义，得

$$\left.\frac{\partial f}{\partial x}\right|_{(0,0)}=\lim_{\Delta x\to 0}\frac{f(0+\Delta x,0)-f(0,0)}{\Delta x}$$

$$=\lim_{\Delta x\to 0}\frac{\dfrac{(0+\Delta x)\cdot 0}{(0+\Delta x)^2+0^2}-0}{\Delta x}=0,$$

$$\left.\frac{\partial f}{\partial y}\right|_{(0,0)}=\lim_{\Delta y\to 0}\frac{f(0,0+\Delta y)-f(0,0)}{\Delta y}$$

$$=\lim_{\Delta y\to 0}\frac{\dfrac{0\cdot(0+\Delta x)}{0^2+(0+\Delta x)^2}-0}{\Delta y}=0.$$

我们知道，对一元函数而言，可导必连续，即如果一元函数在某一点处的导数存在，则函数在该点处一定连续. 但由例 6 与 6.1 例 5 知道：二元函数 $f(x,y)=\begin{cases}\dfrac{xy}{x^2+y^2}, & x^2+y^2\neq 0,\\ 0, & x^2+y^2=0\end{cases}$ 在点$(0,0)$处的偏导数$\left.\dfrac{\partial f}{\partial x}\right|_{(0,0)}$，$\left.\dfrac{\partial f}{\partial y}\right|_{(0,0)}$都存在，但此二元函数在点$(0,0)$处不连续. 这说明对多元函数而言，偏导数存在并不能保证函数连续.

6.2.3 二阶偏导数

设函数 $z=f(x,y)$ 在区域 D 内具有偏导数

$$\frac{\partial z}{\partial x}=\frac{\partial f}{\partial x},\quad \frac{\partial z}{\partial y}=\frac{\partial f}{\partial y},$$

通常它们在区域 D 内都是 x,y 的函数.

如果这两个函数的偏导数也存在，则称它们是函数 $z=f(x,y)$ 的**二阶偏导数**，其中 $\dfrac{\partial z}{\partial x}=\dfrac{\partial f}{\partial x}$ 关于 x 的偏导数称为**函数 $z=f(x,y)$ 关于 x 的二阶偏导数**，记作$\dfrac{\partial^2 z}{\partial x^2}$或$\dfrac{\partial^2 f}{\partial x^2}$，即$\dfrac{\partial^2 z}{\partial x^2}=\dfrac{\partial}{\partial x}\left(\dfrac{\partial z}{\partial x}\right)$；$\dfrac{\partial z}{\partial y}=\dfrac{\partial f}{\partial y}$关于 y 的偏导数称为**函数 $z=f(x,y)$ 关于 y 的二阶偏导数**，记作$\dfrac{\partial^2 z}{\partial y^2}$或$\dfrac{\partial^2 f}{\partial y^2}$，即$\dfrac{\partial^2 z}{\partial y^2}=\dfrac{\partial}{\partial y}\left(\dfrac{\partial z}{\partial y}\right)$；$\dfrac{\partial z}{\partial x}=\dfrac{\partial f}{\partial x}$关于 y 的偏导数称为**函数 $z=f(x,y)$ 先对 x 后对 y 的二阶混合偏导数**，记作$\dfrac{\partial^2 z}{\partial x\partial y}$或$\dfrac{\partial^2 f}{\partial x\partial y}$，即$\dfrac{\partial^2 z}{\partial x\partial y}=\dfrac{\partial}{\partial y}\left(\dfrac{\partial z}{\partial x}\right)$；$\dfrac{\partial z}{\partial y}=\dfrac{\partial f}{\partial y}$关于 x 的偏导数称为**函数 $z=f(x,y)$ 先对 y 后对 x 的二阶混合偏导数**，记作$\dfrac{\partial^2 z}{\partial y\partial x}$或$\dfrac{\partial^2 f}{\partial y\partial x}$，即$\dfrac{\partial^2 z}{\partial y\partial x}=\dfrac{\partial}{\partial x}\left(\dfrac{\partial z}{\partial y}\right)$.

类似地，可定义三阶和更高阶的偏导数.

例 7 设 $z=x^2y^3+x^3y^2+\mathrm{e}^{xy}$，求二阶偏导数$\dfrac{\partial^2 z}{\partial x^2}$，$\dfrac{\partial^2 z}{\partial x\partial y}$，$\dfrac{\partial^2 z}{\partial y\partial x}$，$\dfrac{\partial^2 z}{\partial y^2}$.

解 一阶偏导数为

$$\frac{\partial z}{\partial x}=2xy^3+3x^2y^2+y\mathrm{e}^{xy},$$

$$\frac{\partial z}{\partial y}=3x^2y^2+2x^3y+xe^{xy}.$$

二阶偏导数为

$$\frac{\partial^2 z}{\partial x^2}=2y^3+6xy^2+y^2e^{xy},$$

$$\frac{\partial^2 z}{\partial x\partial y}=6xy^2+6x^2y+e^{xy}+xye^{xy},$$

$$\frac{\partial^2 z}{\partial y\partial x}=6xy^2+6x^2y+e^{xy}+xye^{xy},$$

$$\frac{\partial^2 z}{\partial y^2}=6x^2y+2x^3+x^2e^{xy}.$$

在例 7 中,两个二阶混合偏导数是相等的,即二阶混合偏导数的值与求导顺序无关.对一般的函数而言,在一点的两个二阶混合偏导数是否相等呢?我们有如下定理.

定理 6.1 若函数 $z=f(x,y)$ 的两个二阶混合偏导数在点 (x,y) 处连续,则在该点有

$$\frac{\partial^2 z}{\partial x\partial y}=\frac{\partial^2 z}{\partial y\partial x}.$$

本章所讨论的二元函数一般都满足定理 6.1 的条件.

例 8 设 $z=x^2ye^y$,求 $\left.\frac{\partial^2 z}{\partial x^2}\right|_{(1,0)}$, $\left.\frac{\partial^2 z}{\partial x\partial y}\right|_{(1,0)}$ 和 $\left.\frac{\partial^2 z}{\partial y^2}\right|_{(1,0)}$.

解 一阶偏导数为

$$\frac{\partial z}{\partial x}=2xye^y,\quad \frac{\partial z}{\partial y}=x^2(1+y)e^y.$$

二阶偏导数为

$$\frac{\partial^2 z}{\partial x^2}=2ye^y,\quad \frac{\partial^2 z}{\partial x\partial y}=2x(1+y)e^y,\quad \frac{\partial^2 z}{\partial y^2}=x^2(2+y)e^y,$$

所以

$$\left.\frac{\partial^2 z}{\partial x^2}\right|_{(1,0)}=2ye^y\big|_{(1,0)}=0,$$

$$\left.\frac{\partial^2 z}{\partial x\partial y}\right|_{(1,0)}=2x(1+y)e^y\big|_{(1,0)}=2,$$

$$\left.\frac{\partial^2 z}{\partial y^2}\right|_{(1,0)}=x^2(2+y)e^y\big|_{(1,0)}=2.$$

例 9 证明:函数 $z=\ln\sqrt{x^2+y^2}$ 满足方程 $\frac{\partial^2 z}{\partial x^2}+\frac{\partial^2 z}{\partial y^2}=0$.

证 由于 $z=\ln\sqrt{x^2+y^2}=\frac{1}{2}\ln(x^2+y^2)$,所以

$$\frac{\partial z}{\partial x}=\frac{1}{2}\cdot\frac{1}{x^2+y^2}\cdot 2x=\frac{x}{x^2+y^2},$$

$$\frac{\partial^2 z}{\partial x^2}=\frac{x^2+y^2-x\cdot 2x}{(x^2+y^2)^2}=\frac{y^2-x^2}{(x^2+y^2)^2}.$$

利用函数关于 x,y 的对称性，得

$$\frac{\partial^2 z}{\partial y^2}=\frac{x^2-y^2}{(x^2+y^2)^2},$$

从而

$$\frac{\partial^2 z}{\partial x^2}+\frac{\partial^2 z}{\partial y^2}=\frac{y^2-x^2}{(x^2+y^2)^2}+\frac{x^2-y^2}{(x^2+y^2)^2}=0.$$

6.2.4 偏导数在经济分析中的应用

1. 联合成本函数的分析

设某单位生产甲、乙两种产品，产量分别为 x,y 时的成本函数为 $C=C(x,y)$，称为**联合成本函数**.

当乙种产品的产量保持不变，甲种产品的产量 x 取得增量 Δx 时，成本函数 $C(x,y)$ 对于甲种产品产量 x 的增量为 $C(x+\Delta x,y)-C(x,y)$，于是得成本 $C(x,y)$ 对 x 的变化率为

$$\frac{\partial C}{\partial x}=\lim_{\Delta x\to 0}\frac{C(x+\Delta x,y)-C(x,y)}{\Delta x}.$$

类似地，当甲种产品的产量保持不变，成本函数 $C(x,y)$ 对乙种产品的产量 y 的变化率为

$$\frac{\partial C}{\partial y}=\lim_{\Delta y\to 0}\frac{C(x,y+\Delta y)-C(x,y)}{\Delta y}.$$

$\frac{\partial C}{\partial x}$称为**关于甲种产品的边际成本**，它的经济意义是：当乙种产品的产量在 y 处固定不变、甲种产品的产量在 x 的基础上再生产一个单位产品时成本所增加数额的近似值，即

$$\frac{\partial C}{\partial x}=\lim_{\Delta x\to 0}\frac{C(x+\Delta x,y)-C(x,y)}{\Delta x}\approx C(x+1,y)-C(x,y).$$

同样地，$\frac{\partial C}{\partial y}$称为**关于乙种产品的边际成本**，它的经济意义是：当甲种产品的产量在 x 处固定不变、乙种产品的产量在 y 的基础上，再生产一个单位产品时成本所增加数额的近似值，即

$$\frac{\partial C}{\partial y}=\lim_{\Delta y\to 0}\frac{C(x,y+\Delta y)-C(x,y)}{\Delta y}\approx C(x,y+1)-C(x,y).$$

例 10 设生产甲、乙两种产品的产量分别为 x 和 y 时的成本为

$$C(x,y)=2x^3+xy+\frac{1}{3}y^2+600,$$

求：(1) $C(x,y)$ 对产量 x 和 y 的边际成本；

(2) 当 $x=10,y=10$ 时的边际成本，并说明它们的经济意义.

解 (1) 成本 $C(x,y)$ 对甲、乙两种产品的边际成本分别为

$$\frac{\partial C}{\partial x}=6x^2+y,$$

$$\frac{\partial C}{\partial y}=x+\frac{2}{3}y.$$

（2）当 $x=10,y=10$ 时，$C(x,y)$ 对甲、乙两种产品的边际成本分别为

$$\left.\frac{\partial C}{\partial x}\right|_{(10,10)}=6\times10^2+10=610,$$

$$\left.\frac{\partial C}{\partial y}\right|_{(10,10)}=10+\frac{2}{3}\times10=\frac{50}{3}.$$

这说明，当乙种产品的产量保持在 10 个单位水平时，甲产品产量从 10 个单位增加到 11 个单位时总成本增加约 610 个单位；而当甲种产品的产量保持在 10 个单位水平时，乙产品产量从 10 个单位增加到 11 个单位时总成本增加约 $\frac{50}{3}$ 个单位.

2. 需求函数的边际分析

设 Q_1 和 Q_2 分别为两种相关商品甲、乙的需求量，p_1 和 p_2 分别为商品甲和乙的价格，y 为消费者的收入.需求函数可表示为

$$Q_1=Q_1(p_1,p_2,y),\quad Q_2=Q_2(p_2,p_1,y),$$

则需求量 Q_1 和 Q_2 关于价格 p_1 和 p_2 及消费者收入 y 的偏导数分别为

$$\frac{\partial Q_1}{\partial p_1},\quad \frac{\partial Q_1}{\partial p_2},\quad \frac{\partial Q_1}{\partial y},$$

$$\frac{\partial Q_2}{\partial p_1},\quad \frac{\partial Q_2}{\partial p_2},\quad \frac{\partial Q_2}{\partial y}.$$

其中，$\frac{\partial Q_1}{\partial p_1}$称为**商品甲的需求函数关于 p_1 的边际需求**，它表示当商品乙的价格 p_2 及消费者的收入 y 固定时，商品甲的价格变化一个单位时商品甲的需求量的近似改变量.

$\frac{\partial Q_1}{\partial p_2}$称为**商品甲的需求函数关于 p_2 的边际需求**，它表示当商品甲的价格 p_1 及消费者的收入 y 固定时，商品乙的价格变化一个单位时商品甲的需求量的近似改变量.

$\frac{\partial Q_1}{\partial y}$称为**商品甲的需求函数关于消费者收入 y 的边际需求**，它表示当商品甲的价格 p_1，商品乙的价格 p_2 固定时，消费者的收入 y 变化一个单位时商品甲的需求量的近似改变量.

对其余的偏导数可做类似的解释.

在一般情况下，如果 p_2,y 固定而 p_1 上升时，商品甲的需求量 Q_1 将减少，于是有 $\frac{\partial Q_1}{\partial p_1}<0$.类似地，有$\frac{\partial Q_2}{\partial p_2}<0$.当 p_1,p_2 固定而消费者的收入 y 增加时，一般 Q_1 将增大，于是有$\frac{\partial Q_1}{\partial y}>0$.同样地，有$\frac{\partial Q_2}{\partial y}>0$.但是$\frac{\partial Q_1}{\partial p_2}$和$\frac{\partial Q_2}{\partial p_1}$可以是正的，也可以是负的.如果

$$\frac{\partial Q_1}{\partial p_2}>0,\quad \frac{\partial Q_2}{\partial p_1}>0,$$

则称甲和乙为**互相竞争的商品**(或**互相替代的商品**).

例如,夏天的西瓜(商品甲)和冷饮(商品乙)就是互相竞争的两种商品.当西瓜价格 p_1 和消费者收入 y 固定不变时,冷饮价格 p_2 的上涨将引起西瓜需求量 Q_1 增加,所以$\frac{\partial Q_1}{\partial p_2}>0$.

同理,固定冷饮价格 p_2 及消费者收入 y,当西瓜价格 p_1 上涨时,也将使冷饮需求量 Q_2 增加,所以$\frac{\partial Q_2}{\partial p_1}>0$.

如果$\frac{\partial Q_1}{\partial p_2}<0$ 和$\frac{\partial Q_2}{\partial p_1}<0$,则称商品甲和乙是**互相补充的商品**.

例如,汽车(商品甲)和汽油(商品乙)就是互相补充的两种商品.当汽车价格 p_1 及消费者收入 y 固定时,汽油价格 p_2 的上涨,使开车的费用随之增加,因而汽车的需求量 Q_1 将会减少,所以$\frac{\partial Q_1}{\partial p_2}<0$.同理,$\frac{\partial Q_2}{\partial p_1}<0$.

例 11 设某两种商品的价格分别为 p_1 和 p_2,这两种相关商品的需求函数分别为

$$Q_1=\mathrm{e}^{p_2-2p_1},\quad Q_2=\mathrm{e}^{p_1-2p_2},$$

求边际需求函数.

解 边际需求函数为

$$\frac{\partial Q_1}{\partial p_1}=-2\mathrm{e}^{p_2-2p_1},\quad \frac{\partial Q_1}{\partial p_2}=\mathrm{e}^{p_2-2p_1},$$

$$\frac{\partial Q_2}{\partial p_2}=-2\mathrm{e}^{p_1-2p_2},\quad \frac{\partial Q_2}{\partial p_1}=\mathrm{e}^{p_1-2p_2}.$$

因为$\frac{\partial Q_1}{\partial p_2}>0$,$\frac{\partial Q_2}{\partial p_1}>0$,所以这两种商品为互相替代的商品.

习题 6.2

习题 6.2 答案与提示

1. 单项选择题:

(1) 设 $z=f(x,y)$,则$\left.\frac{\partial z}{\partial x}\right|_{(x_0,y_0)}=(\quad)$.

(A) $\lim\limits_{\Delta x\to 0}\frac{f(x_0+\Delta x,y_0+\Delta y)-f(x_0,y_0)}{\Delta x}$　(B) $\lim\limits_{\Delta x\to 0}\frac{f(x_0+\Delta x,y)-f(x_0,y_0)}{\Delta x}$

(C) $\lim\limits_{\Delta x\to 0}\frac{f(x_0+\Delta x,y_0)-f(x_0,y_0)}{\Delta x}$　(D) $\lim\limits_{\Delta x\to 0}\frac{f(x_0+\Delta x,y_0)}{\Delta x}$

(2) 若 $f(x+y,x-y)=x^2-y^2$,则$\frac{\partial f(x,y)}{\partial x}+\frac{\partial f(x,y)}{\partial y}=(\quad)$.

(A) $x-y$　(B) $x+y$　(C) $2x+2y$　(D) $2x-2y$

2. 求下列函数的一阶偏导数:

(1) $z=x^2y-xy^3$;　(2) $z=\frac{x^3}{y}$;

(3) $z=x^y+y^x$; (4) $z=(x-2y)^2$;

(5) $z=\sqrt{x}\sin\dfrac{y}{x}$; (6) $z=\sqrt{x^2+y^2}$;

(7) $z=\mathrm{e}^{3x+2y}\cdot\sin(x-y)$; (8) $z=(1+xy)^y$.

3. 求下列函数的一阶偏导数：

(1) $z=\arctan\dfrac{y}{x}$，在点$(1,-1)$； (2) $z=\ln\left(x+\dfrac{y}{2x}\right)$，在点$(1,0)$.

4. 求下列函数的二阶偏导数：

(1) $z=x^4+y^4-4x^2y^2$; (2) $z=\ln(x+3y)$;

(3) $z=\sin(3x-2y)$; (4) $z=\arctan\dfrac{y}{x}$.

5. 求下列成本函数 $C(x,y)$ 对产量 x 和 y 的边际成本：

(1) $C(x,y)=x^3\ln(y+10)$; (2) $C(x,y)=x^5+5y^2-2xy+35$.

6. 设两种相关商品的需求函数分别为

$$Q_1=20-2p_1-p_2,\quad Q_2=9-p_1-2p_2,$$

求边际需求函数，并说明这两种商品是互相补充的商品还是互相替代的商品.

6.3 全微分

视频：典型题目讲解（6.3）

我们知道，对一元函数 $y=f(x)$ 来说，微分 $\mathrm{d}y$ 是当自变量有增量 Δx 时因变量改变量 Δy 的一个近似值，它是函数增量的线性主要部分.对于二元函数 $z=f(x,y)$，因变量的增量 Δz 是否与两个自变量的增量 $\Delta x,\Delta y$ 也存在类似的关系呢？

6.3.1 全微分的定义

类似于一元函数的微分概念，我们引入二元函数的全微分概念.下面先看一个具体实例.

例 1 如图 6-6 所示，设矩形的长和宽分别为 x 和 y，则此矩形的面积 $S=xy$.

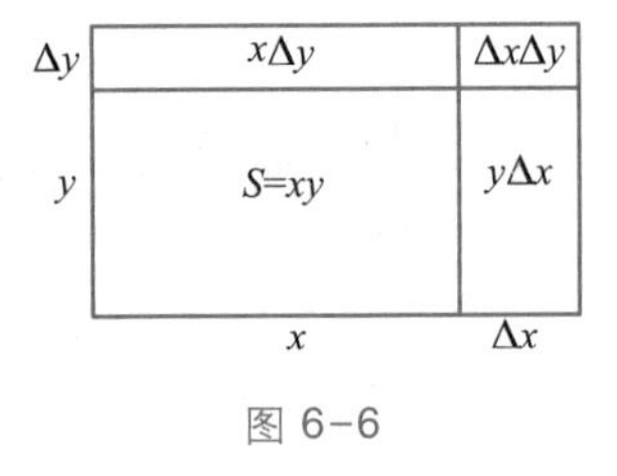

图 6-6

如果测量 x,y 时分别产生误差 $\Delta x,\Delta y$，则该矩形面积产生的误差为

$$\Delta S=(x+\Delta x)(y+\Delta y)-xy=y\Delta x+x\Delta y+\Delta x\Delta y.$$

上式右端包含两个部分：一部分是 $y\Delta x+x\Delta y$，它是关于 $\Delta x,\Delta y$ 的线性函数；另一部分是 $\Delta x\Delta y$，当 $\Delta x\to 0,\Delta y\to 0$ 时，即当 $\rho=\sqrt{\Delta x^2+\Delta y^2}\to 0$ 时，$\Delta x\Delta y$ 是比 ρ 高阶的无穷小量.如果略去 $\Delta x\Delta y$，可用 $y\Delta x+x\Delta y$ 近似表示 ΔS，即

$$\Delta S\approx y\Delta x+x\Delta y.$$

我们称 $y\Delta x+x\Delta y$ 为函数 $S=xy$ 在点 (x,y) 处的全微分.

定义 6.5 设二元函数 $z=f(x,y)$ 在点 $M_0(x_0,y_0)$ 的某邻域内有定义，自变量 x,y 在点 $M_0(x_0,y_0)$ 处取得改变量 $\Delta x,\Delta y$，如果函数 $z=f(x,y)$ 在点 $M_0(x_0,y_0)$ 处的改变量

$$\Delta z=f(x_0+\Delta x,y_0+\Delta y)-f(x_0,y_0)$$

可表示为

$$\Delta z=A\Delta x+B\Delta y+o(\rho),$$

其中 A,B 仅与 x_0,y_0 有关,而与 $\Delta x,\Delta y$ 无关;$\rho=\sqrt{\Delta x^2+\Delta y^2}$,$o(\rho)$ 是当 $\rho\to 0$ 时比 ρ 高阶的无穷小量,则称函数 $z=f(x,y)$ 在点 $M_0(x_0,y_0)$ 处**可微**,并称 $A\Delta x+B\Delta y$ 为函数 $z=f(x,y)$ 在点 (x_0,y_0) 处的**全微分**,记作 $\mathrm{d}z\Big|_{\substack{x=x_0\\y=y_0}}$,即 $\mathrm{d}z\Big|_{\substack{x=x_0\\y=y_0}}=A\Delta x+B\Delta y$.

由 $\Delta z=A\Delta x+B\Delta y+o(\rho)$ 可知,当 $\Delta x\to 0,\Delta y\to 0$ 时,必有 $\Delta z\to 0$.所以,如果二元函数 $f(x,y)$ 在点 (x_0,y_0) 处可微,则必在该点连续,即二元函数连续是可微的必要条件.

6.3.2 全微分与偏导数的关系

在一元函数中,可导的充分必要条件是可微,那么,对二元函数,可微与偏导数存在之间有什么关系呢?

定理 6.2 若二元函数 $z=f(x,y)$ 在点 (x_0,y_0) 处可微,则在该点处偏导数 $\dfrac{\partial f}{\partial x}\Big|_{(x_0,y_0)}$,$\dfrac{\partial f}{\partial y}\Big|_{(x_0,y_0)}$ 都存在,且

$$A=\frac{\partial f}{\partial x}\Big|_{(x_0,y_0)},\quad B=\frac{\partial f}{\partial y}\Big|_{(x_0,y_0)},$$

即

$$\mathrm{d}z\Big|_{x_0,y_0}=\frac{\partial f}{\partial x}\Big|_{(x_0,y_0)}\Delta x+\frac{\partial f}{\partial y}\Big|_{(x_0,y_0)}\Delta y.$$

证 由于 $z=f(x,y)$ 在点 (x_0,y_0) 处可微,所以

$$\Delta z=A\Delta x+B\Delta y+o(\rho).$$

令 $\Delta y=0$,此时,$\rho=|\Delta x|$,$\Delta z=f(x_0+\Delta x,y_0)-f(x_0,y_0)$,且 $\Delta z=A\Delta x+o(|\Delta x|)$,所以

$$\lim_{\Delta x\to 0}\frac{\Delta z}{\Delta x}=\lim_{\Delta x\to 0}\frac{f(x_0+\Delta x,y_0)-f(x_0,y_0)}{\Delta x}$$

$$=\lim_{\Delta x\to 0}\frac{A\Delta x+o(|\Delta x|)}{\Delta x}=A,$$

即

$$A=\frac{\partial f}{\partial x}\Big|_{(x_0,y_0)}.$$

同理可证 $B=\dfrac{\partial f}{\partial y}\Big|_{(x_0,y_0)}$.

由于 $\mathrm{d}x=\Delta x,\mathrm{d}y=\Delta y$,所以函数 $f(x,y)$ 在点 (x_0,y_0) 处的全微分可写成

$$\mathrm{d}z\,|_{(x_0,y_0)}=\frac{\partial f}{\partial x}\Big|_{(x_0,y_0)}\mathrm{d}x+\frac{\partial f}{\partial y}\Big|_{(x_0,y_0)}\mathrm{d}y.$$

例 1 中面积 S 在点 (x,y) 处的全微分为

$$\mathrm{d}S=y\mathrm{d}x+x\mathrm{d}y.$$

定理 6.2 说明了二元函数 $z=f(x,y)$ 可微是偏导数存在的充分条件.

由本章 6.2 例 6 及 6.1 例 9,可知函数

$$f(x,y)=\begin{cases}\dfrac{xy}{x^2+y^2}, & x^2+y^2\neq 0,\\ 0, & x^2+y^2=0\end{cases}$$

在点 $(0,0)$ 处的偏导数 $\dfrac{\partial f}{\partial x}\Big|_{(0,0)}=0$,$\dfrac{\partial f}{\partial y}\Big|_{(0,0)}=0$ 都存在,但在点 $(0,0)$ 处不连续,从而

$f(x,y)$在点$(0,0)$处不可微.

所以,二元函数偏导数存在是可微的必要条件,但不是充分条件.

定理 6.3 如果函数 $z=f(x,y)$ 的偏导数$\frac{\partial f}{\partial x},\frac{\partial f}{\partial y}$在点$(x_0,y_0)$处连续,则函数 $z=f(x,y)$在该点可微,且

$$\mathrm{d}z\Big|_{(x_0,y_0)}=\frac{\partial f}{\partial x}\Big|_{(x_0,y_0)}\mathrm{d}x+\frac{\partial f}{\partial y}\Big|_{(x_0,y_0)}\mathrm{d}y.$$

定理 6.3 给出了二元函数可微的充分条件.

如果函数 $z=f(x,y)$ 在区域 D 内每一点处都可微,则称 $z=f(x,y)$ **在区域 D 内可微**.

综上所述,可以得到二元函数的可微性、偏导数存在和连续之间的关系如下:

$\frac{\partial f}{\partial x}$与$\frac{\partial f}{\partial y}$存在且连续 $\Longrightarrow$ $f(x,y)$可微 $\Longrightarrow$ $f(x,y)$连续;$f(x,y)$可微 $\Longrightarrow$ $\frac{\partial f}{\partial x}$与$\frac{\partial f}{\partial y}$存在

例 2 求函数 $z=x^2+2x^3y^2+3y^3$ 在点$(1,-1)$处的全微分.

解 因为
$$\frac{\partial z}{\partial x}=2x+6x^2y^2,\quad \frac{\partial z}{\partial y}=4x^3y+9y^2,$$

所以 $$\frac{\partial z}{\partial x}\Big|_{(1,-1)}=2\times1+6\times1^2\times(-1)^2=8,\quad \frac{\partial z}{\partial y}\Big|_{(1,-1)}=4\times1^3\times(-1)+9\times(-1)^2=5,$$

故 $$\mathrm{d}z\Big|_{(1,-1)}=\frac{\partial z}{\partial x}\Big|_{(1,-1)}\mathrm{d}x+\frac{\partial z}{\partial y}\Big|_{(1,-1)}\mathrm{d}y=8\mathrm{d}x+5\mathrm{d}y.$$

例 3 求下列函数的全微分:

(1) $z=\arctan\frac{x}{y}$; (2) $z=\mathrm{e}^{xy}\sin 2x$.

解 (1) 因为

$$\frac{\partial z}{\partial x}=\frac{1}{1+\left(\frac{x}{y}\right)^2}\cdot\frac{\partial}{\partial x}\left(\frac{x}{y}\right)=\frac{1}{1+\left(\frac{x}{y}\right)^2}\cdot\frac{1}{y}=\frac{y}{x^2+y^2},$$

$$\frac{\partial z}{\partial y}=\frac{1}{1+\left(\frac{x}{y}\right)^2}\cdot\frac{\partial}{\partial y}\left(\frac{x}{y}\right)=\frac{1}{1+\left(\frac{x}{y}\right)^2}\cdot\left(-\frac{x}{y^2}\right)=-\frac{x}{x^2+y^2},$$

所以 $$\mathrm{d}z=\frac{y}{x^2+y^2}\mathrm{d}x-\frac{x}{x^2+y^2}\mathrm{d}y.$$

(2) 因为

$$\frac{\partial z}{\partial x}=2\cos 2x\cdot\mathrm{e}^{xy}+y\cdot\sin 2x\cdot\mathrm{e}^{xy}=(2\cos 2x+y\sin 2x)\mathrm{e}^{xy},$$

$$\frac{\partial z}{\partial y}=x\mathrm{e}^{xy}\sin 2x,$$

所以 $$\mathrm{d}z=(2\cos 2x+y\sin 2x)\mathrm{e}^{xy}\mathrm{d}x+x\mathrm{e}^{xy}\sin 2x\mathrm{d}y.$$

习题 6.3 答案与提示

1. 单项选择题:

(1) 若$\left.\dfrac{\partial f}{\partial x}\right|_{(x_0,y_0)}$,$\left.\dfrac{\partial f}{\partial y}\right|_{(x_0,y_0)}$存在,则$f(x,y)$在点$(x_0,y_0)$处(　　).

(A) 可微　　(B) 连续

(C) 有定义　　(D) 无定义

(2) 二元函数$z=f(x,y)$在点(x_0,y_0)处偏导数存在与可微的关系是(　　).

(A) 偏导数存在必可微　　(B) 偏导数存在一定不可微

(C) 可微必存在偏导数　　(D) 可微不一定存在偏导数

(3) 二元函数$z=f(x,y)$在点(x_0,y_0)处具有两个偏导数$\left.\dfrac{\partial f}{\partial x}\right|_{(x_0,y_0)}$,$\left.\dfrac{\partial f}{\partial y}\right|_{(x_0,y_0)}$是函数在该点存在全微分的(　　).

(A) 充分条件　　(B) 必要条件

(C) 充要条件　　(D) 无关条件

2. 求函数$z=x^2y$当$x=2,y=1,\Delta x=0.1,\Delta y=-0.2$时的增量和全微分.

3. 求下列函数的全微分:

(1) $z=x^2-2y$;　　(2) $z=xy+\dfrac{x^2}{y}$;

(3) $z=\ln(3x^2-2y)$;　　(4) $z=\mathrm{e}^{x^2+y^2}$;

(5) $z=\arctan(xy)$;　　(6) $z=x^y$;

(7) $z=x\sin(x-2y)$;　　(8) $z=\dfrac{x}{\sqrt{x^2+y^2}}$.

4. 设函数$z=\ln(1+x^2+y^2)$,求$\mathrm{d}z\big|_{(1,2)}$.

5. 已知一个长为 6 m,宽为 8 m 的矩形,当长增加 2 cm,宽减少 10 cm 时,求矩形面积变化的近似值.

6.4　多元复合函数的求导法则

视频:典型题目讲解(6.4)

在一元函数微分学中,复合函数求导法则对导数计算非常重要,多元函数也是如此.下面的定理给出了二元复合函数的求导法则.

定理 6.4　设函数$z=f(u,v)$在点(u_0,v_0)处可微,函数$u=u(x,y)$,$v=v(x,y)$在点(x_0,y_0)处可微,且$u_0=u(x_0,y_0)$,$v_0=v(x_0,y_0)$,则复合函数$z=f(u(x,y),v(x,y))$在点(x_0,y_0)处可微,且

$$\mathrm{d}z\big|_{(x_0,y_0)}=\left.\frac{\partial z}{\partial x}\right|_{(x_0,y_0)}\mathrm{d}x+\left.\frac{\partial z}{\partial y}\right|_{(x_0,y_0)}\mathrm{d}y,$$

其中

$$\left.\frac{\partial z}{\partial x}\right|_{(x_0,y_0)}=\left.\frac{\partial z}{\partial u}\right|_{(u_0,v_0)}\cdot\left.\frac{\partial u}{\partial x}\right|_{(x_0,y_0)}+\left.\frac{\partial z}{\partial v}\right|_{(u_0,v_0)}\cdot\left.\frac{\partial v}{\partial x}\right|_{(x_0,y_0)},$$

$$\left.\frac{\partial z}{\partial y}\right|_{(x_0,y_0)}=\left.\frac{\partial z}{\partial u}\right|_{(u_0,v_0)}\cdot\left.\frac{\partial u}{\partial y}\right|_{(x_0,y_0)}+\left.\frac{\partial z}{\partial v}\right|_{(u_0,v_0)}\cdot\left.\frac{\partial v}{\partial y}\right|_{(x_0,y_0)}.$$

从这个定理可以得到下面两种情形的求导法则:

如果$z=f(u,v)$,而$u=u(x)$,$v=v(x)$,则$z=f(u(x),v(x))$是x的一元函数,z对x的导数称为全导数,为

$$\frac{dz}{dx}=\frac{\partial z}{\partial u}\cdot\frac{du}{dx}+\frac{\partial z}{\partial v}\cdot\frac{dv}{dx}.$$

如果 $z=f(x,y)$，而 $y=y(x)$，则函数 $z=f(x,y(x))$ 的全导数为

$$\frac{dz}{dx}=\frac{\partial z}{\partial x}+\frac{\partial z}{\partial y}\cdot\frac{dy}{dx}.$$

例 1 设 $z=\frac{u}{v}$，$u=x\cos y$，$v=y\cos x$，求 $\frac{\partial z}{\partial x}$，$\frac{\partial z}{\partial y}$.

解

$$\begin{aligned}\frac{\partial z}{\partial x}&=\frac{\partial z}{\partial u}\cdot\frac{\partial u}{\partial x}+\frac{\partial z}{\partial v}\cdot\frac{\partial v}{\partial x}\\&=\frac{1}{v}\cdot\cos y+\left(-\frac{u}{v^2}\right)\cdot y(-\sin x)\\&=\frac{\cos y(\cos x+x\sin x)}{y\cos^2 x},\end{aligned}$$

$$\begin{aligned}\frac{\partial z}{\partial y}&=\frac{\partial z}{\partial u}\cdot\frac{\partial u}{\partial y}+\frac{\partial z}{\partial v}\cdot\frac{\partial v}{\partial y}\\&=\frac{1}{v}\cdot x(-\sin y)+\left(-\frac{u}{v^2}\right)\cdot\cos x\\&=\frac{-x(y\sin y+\cos y)}{y^2\cos x}.\end{aligned}$$

例 2 设 $z=e^u\sin v$，$u=x-y$，$v=x+y$，求 dz.

解 因为

$$\begin{aligned}\frac{\partial z}{\partial x}&=\frac{\partial z}{\partial u}\cdot\frac{\partial u}{\partial x}+\frac{\partial z}{\partial v}\cdot\frac{\partial v}{\partial x}\\&=e^u\sin v\cdot 1+e^u\cos v\cdot 1\\&=e^{x-y}[\sin(x+y)+\cos(x+y)],\end{aligned}$$

$$\begin{aligned}\frac{\partial z}{\partial y}&=\frac{\partial z}{\partial u}\cdot\frac{\partial u}{\partial y}+\frac{\partial z}{\partial v}\cdot\frac{\partial v}{\partial y}\\&=e^u\sin v\cdot(-1)+e^u\cos v\cdot 1\\&=e^{x-y}[-\sin(x+y)+\cos(x+y)],\end{aligned}$$

所以
$$\begin{aligned}dz&=\frac{\partial z}{\partial x}dx+\frac{\partial z}{\partial y}dy\\&=e^{x-y}[\sin(x+y)+\cos(x+y)]dx+e^{x-y}[-\sin(x+y)+\cos(x+y)]dy.\end{aligned}$$

例 3 设 $z=(x^2+y^2)e^{\sin(xy)}$，求 $\frac{\partial z}{\partial x}$，$\frac{\partial z}{\partial y}$.

解 令 $u=x^2+y^2$，$v=\sin(xy)$，$z=ue^v$，则

$$\begin{aligned}\frac{\partial z}{\partial x}&=\frac{\partial z}{\partial u}\cdot\frac{\partial u}{\partial x}+\frac{\partial z}{\partial v}\cdot\frac{\partial v}{\partial x}\\&=e^v\cdot 2x+ue^v\cdot y\cos(xy)\\&=e^{\sin(xy)}[2x+y(x^2+y^2)\cos(xy)],\end{aligned}$$

$$\begin{aligned}\frac{\partial z}{\partial y}&=\frac{\partial z}{\partial u}\cdot\frac{\partial u}{\partial y}+\frac{\partial z}{\partial v}\cdot\frac{\partial v}{\partial y}\\&=\mathrm{e}^{v}\cdot 2y+u\mathrm{e}^{v}\cdot x\cos(xy)\\&=\mathrm{e}^{\sin(xy)}[2y+x(x^2+y^2)\cos(xy)].\end{aligned}$$

例 4 设 $z=u^2v,u=\mathrm{e}^x,v=\cos x$，求全导数$\frac{\mathrm{d}z}{\mathrm{d}x}$.

解
$$\begin{aligned}\frac{\mathrm{d}z}{\mathrm{d}x}&=\frac{\partial z}{\partial u}\cdot\frac{\mathrm{d}u}{\mathrm{d}x}+\frac{\partial z}{\partial v}\cdot\frac{\mathrm{d}v}{\mathrm{d}x}=2uv\mathrm{e}^x+u^2(-\sin x)\\&=\mathrm{e}^{2x}(2\cos x-\sin x).\end{aligned}$$

例 5 设 $z=\arctan(xy),y=\mathrm{e}^x$,求全导数$\frac{\mathrm{d}z}{\mathrm{d}x}$.

解
$$\begin{aligned}\frac{\mathrm{d}z}{\mathrm{d}x}&=\frac{\partial z}{\partial x}+\frac{\partial z}{\partial y}\cdot\frac{\mathrm{d}y}{\mathrm{d}x}=\frac{y}{1+(xy)^2}+\frac{x}{1+(xy)^2}\cdot\mathrm{e}^x\\&=\frac{\mathrm{e}^x(1+x)}{1+x^2\mathrm{e}^{2x}}.\end{aligned}$$

例 6 设 $z=yf(x^2-y^2)$,且函数 f 可微,证明:$\frac{1}{x}\cdot\frac{\partial z}{\partial x}+\frac{1}{y}\cdot\frac{\partial z}{\partial y}=\frac{z}{y^2}$.

证 令 $u=x^2-y^2$,则 $z=yf(u)$.由复合函数求导法则,得

$$\frac{\partial z}{\partial x}=y\cdot f'(u)\cdot\frac{\partial u}{\partial x}=2xyf'(u),$$

$$\frac{\partial z}{\partial y}=f(u)+y\cdot f'(u)\cdot\frac{\partial u}{\partial y}=f(u)-2y^2f'(u),$$

所以

$$\begin{aligned}\frac{1}{x}\cdot\frac{\partial z}{\partial x}+\frac{1}{y}\cdot\frac{\partial z}{\partial y}&=2yf'(u)+\frac{1}{y}[f(u)-2y^2f'(u)]\\&=\frac{1}{y}f(u)=\frac{z}{y^2}.\end{aligned}$$

例 7 设 $z=f(2x-y,xy)$,且函数 f 可微,求$\frac{\partial z}{\partial x},\frac{\partial z}{\partial y}$.

解 令 $u=2x-y,v=xy$,则 $z=f(u,v)$.由复合函数求导法则,得

$$\begin{aligned}\frac{\partial z}{\partial x}&=\frac{\partial z}{\partial u}\cdot\frac{\partial u}{\partial x}+\frac{\partial z}{\partial v}\cdot\frac{\partial v}{\partial x}\\&=\frac{\partial f}{\partial u}\cdot 2+\frac{\partial f}{\partial v}\cdot y\\&=2\frac{\partial f}{\partial u}+y\frac{\partial f}{\partial v},\end{aligned}$$

$$\begin{aligned}\frac{\partial z}{\partial y}&=\frac{\partial z}{\partial u}\cdot\frac{\partial u}{\partial y}+\frac{\partial z}{\partial v}\cdot\frac{\partial v}{\partial y}\\&=\frac{\partial f}{\partial u}\cdot(-1)+\frac{\partial f}{\partial v}\cdot x\end{aligned}$$

$$=-\frac{\partial f}{\partial u}+x\frac{\partial f}{\partial v}.$$

习题 6.4

习题 6.4 答案与提示

1. 求下列复合函数的偏导数或全导数：

(1) 设 $z=u^2+v^2$, $u=x+y$, $v=x-y$，求 $\frac{\partial z}{\partial x}$, $\frac{\partial z}{\partial y}$；

(2) 设 $z=u^2\ln v$, $u=\frac{x}{y}$, $v=3x-y$，求 $\frac{\partial z}{\partial x}$, $\frac{\partial z}{\partial y}$；

(3) 设 $z=ue^v$, $u=x^2+y^2$, $v=x^3-y^4$，求 $\frac{\partial z}{\partial x}$, $\frac{\partial z}{\partial y}$；

(4) 设 $z=u^2v$, $u=y\cos x$, $v=x\cos y$，求 $\frac{\partial z}{\partial x}$, $\frac{\partial z}{\partial y}$；

(5) 设 $z=e^{u-2v}$, $u=\sin x$, $v=x^3$，求 $\frac{dz}{dx}$；

(6) 设 $z=\arcsin(x-y)$, $x=2t$, $y=t^3$，求 $\frac{dz}{dt}$；

(7) 设 $z=\frac{x^2-y}{x+y}$, $y=3x-2$，求 $\frac{dz}{dx}$；

(8) 设 $z=\tan(3t+x^2-y)$, $x=\frac{1}{t}$, $y=\sqrt{t}$，求 $\frac{dz}{dt}$.

2. 设 $z=\arctan\frac{u}{v}$, $u=x+y$, $v=x-y$，证明：$\frac{\partial z}{\partial x}+\frac{\partial z}{\partial y}=\frac{x-y}{x^2+y^2}$.

3. 设 $z=f(x^2+y^2)$，且 $f(u)$ 可微，证明：$y\frac{\partial z}{\partial x}-x\frac{\partial z}{\partial y}=0$.

4. 设 $z=f(xy,x-y)$，且 f 可微，求 $\frac{\partial z}{\partial x}$, $\frac{\partial z}{\partial y}$, dz.

6.5 隐函数的求导法则

视频：典型题目讲解（6.5）

在实际问题中，我们经常会遇到变量之间的对应关系是通过方程来确定的函数，即隐函数.在本节，我们将借助于多元复合函数的求导法则，求一元隐函数的导数和二元隐函数的偏导数及全微分.

6.5.1 一元隐函数的求导法则

设函数 $F(x,y)$ 可微，若函数 $y=y(x)$ 由方程 $F(x,y)=0$ 确定，如何求 y 对 x 的导数 $\frac{dy}{dx}$？

将 $y=y(x)$ 代入方程 $F(x,y)=0$，则

$$F(x,y(x))=0,$$

两边对 x 求导，得

$$\frac{\partial F}{\partial x}+\frac{\partial F}{\partial y}\cdot\frac{dy}{dx}=0.$$

若 $\frac{\partial F}{\partial y}\neq 0$，则得到

$$\frac{\mathrm{d}y}{\mathrm{d}x}=-\frac{\frac{\partial F}{\partial x}}{\frac{\partial F}{\partial y}}.$$

例 1　求下列方程确定的隐函数 $y=y(x)$ 的导数及微分：

(1) $x^2+y^2=1$；　　(2) $y-xe^y+x=0$.

解　(1) 设 $F(x,y)=x^2+y^2-1$，则

$$\frac{\partial F}{\partial x}=2x,\quad \frac{\partial F}{\partial y}=2y,$$

所以

$$\frac{\mathrm{d}y}{\mathrm{d}x}=-\frac{\frac{\partial F}{\partial x}}{\frac{\partial F}{\partial y}}=-\frac{x}{y},\quad \mathrm{d}y=\frac{\mathrm{d}y}{\mathrm{d}x}\mathrm{d}x=-\frac{x}{y}\mathrm{d}x.$$

(2) 设 $F(x,y)=y-xe^y+x$，则

$$\frac{\partial F}{\partial x}=-e^y+1,\quad \frac{\partial F}{\partial y}=1-xe^y,$$

所以

$$\frac{\mathrm{d}y}{\mathrm{d}x}=-\frac{\frac{\partial F}{\partial x}}{\frac{\partial F}{\partial y}}=-\frac{-e^y+1}{1-xe^y}=\frac{e^y-1}{1-xe^y},$$

$$\mathrm{d}y=\frac{\mathrm{d}y}{\mathrm{d}x}\mathrm{d}x=\frac{e^y-1}{1-xe^y}\mathrm{d}x.$$

例 2　设函数 $y=y(x)$ 由方程 $\sin(xy)-\frac{1}{y-x}=1$ 确定，求 $\left.\frac{\mathrm{d}y}{\mathrm{d}x}\right|_{x=0}$.

解　设 $F(x,y)=\sin(xy)-\frac{1}{y-x}-1$，则

$$\frac{\partial F}{\partial x}=y\cos(xy)-\frac{1}{(y-x)^2},\quad \frac{\partial F}{\partial y}=x\cos(xy)+\frac{1}{(y-x)^2}.$$

将 $x=0$ 代入方程 $\sin(xy)-\frac{1}{y-x}=1$，得 $y=-1$.

因为

$$\left.\frac{\partial F}{\partial x}\right|_{(0,-1)}=(-1)\cdot\cos 0-\frac{1}{(-1-0)^2}=-2,$$

$$\left.\frac{\partial F}{\partial y}\right|_{(0,-1)}=0\cdot\cos 0+\frac{1}{(-1-0)^2}=1,$$

所以

$$\left.\frac{\mathrm{d}y}{\mathrm{d}x}\right|_{x=0}=-\frac{\left.\frac{\partial F}{\partial x}\right|_{(0,-1)}}{\left.\frac{\partial F}{\partial y}\right|_{(0,-1)}}=2.$$

6.5.2 二元隐函数的求导法则

对于由方程 $F(x,y,z)=0$ 所确定的二元隐函数 $z=z(x,y)$，如果函数 $F(x,y,z)$ 在点(x,y,z)的某邻域内存在连续的偏导数$\frac{\partial F}{\partial x},\frac{\partial F}{\partial y},\frac{\partial F}{\partial z}$，且$\frac{\partial F}{\partial z}\neq 0$，则由

$$F(x,y,z(x,y))=0,$$

两边分别对 x,y 求偏导数，得

$$\frac{\partial F}{\partial x}+\frac{\partial F}{\partial z}\cdot\frac{\partial z}{\partial x}=0,$$

$$\frac{\partial F}{\partial y}+\frac{\partial F}{\partial z}\cdot\frac{\partial z}{\partial y}=0,$$

所以

$$\frac{\partial z}{\partial x}=-\frac{\frac{\partial F}{\partial x}}{\frac{\partial F}{\partial z}},\quad \frac{\partial z}{\partial y}=-\frac{\frac{\partial F}{\partial y}}{\frac{\partial F}{\partial z}}.$$

例 3 求下列方程确定的隐函数 $z=z(x,y)$ 的偏导数及全微分：

(1) $x^2+z^2-2ye^z=0$；　　(2) $e^{-xy}-z+e^z=0$.

解 (1) 设 $F(x,y,z)=x^2+z^2-2ye^z$，则

$$\frac{\partial F}{\partial x}=2x,\quad \frac{\partial F}{\partial y}=-2e^z,\quad \frac{\partial F}{\partial z}=2z-2ye^z,$$

所以

$$\frac{\partial z}{\partial x}=-\frac{\frac{\partial F}{\partial x}}{\frac{\partial F}{\partial z}}=-\frac{2x}{2z-2ye^z}=\frac{-x}{z-ye^z},$$

$$\frac{\partial z}{\partial y}=-\frac{\frac{\partial F}{\partial y}}{\frac{\partial F}{\partial z}}=-\frac{-2e^z}{2z-2ye^z}=\frac{e^z}{z-ye^z},$$

$$dz=\frac{\partial z}{\partial x}dx+\frac{\partial z}{\partial y}dy=\frac{-x\,dx+e^z dy}{z-ye^z}.$$

(2) 设 $F(x,y,z)=e^{-xy}-z+e^z$，则

$$\frac{\partial F}{\partial x}=-ye^{-xy},\quad \frac{\partial F}{\partial y}=-xe^{-xy},\quad \frac{\partial F}{\partial z}=-1+e^z,$$

所以

$$\frac{\partial z}{\partial x}=-\frac{\frac{\partial F}{\partial x}}{\frac{\partial F}{\partial z}}=-\frac{-ye^{-xy}}{-1+e^z}=\frac{ye^{-xy}}{e^z-1},$$

$$\frac{\partial z}{\partial y}=-\frac{\frac{\partial F}{\partial y}}{\frac{\partial F}{\partial z}}=-\frac{-x\mathrm{e}^{-xy}}{-1+\mathrm{e}^{-xy}}=\frac{x\mathrm{e}^{-xy}}{\mathrm{e}^{z}-1},$$

$$\mathrm{d}z=\frac{\partial z}{\partial x}\mathrm{d}x+\frac{\partial z}{\partial y}\mathrm{d}y=\frac{\mathrm{e}^{-xy}}{\mathrm{e}^{z}-1}(y\mathrm{d}x+x\mathrm{d}y).$$

例 4 设方程 $x-yz+\cos(xyz)=2$ 确定了二元隐函数 $z=z(x,y)$，求$\frac{\partial z}{\partial x},\frac{\partial z}{\partial y}$.

解 设 $F(x,y,z)=x-yz+\cos(xyz)-2$，则

$$\frac{\partial F}{\partial x}=1-yz\sin(xyz),$$

$$\frac{\partial F}{\partial y}=-z-xz\sin(xyz),$$

$$\frac{\partial F}{\partial z}=-y-xy\sin(xyz),$$

所以

$$\frac{\partial z}{\partial x}=-\frac{\frac{\partial F}{\partial x}}{\frac{\partial F}{\partial z}}=-\frac{1-yz\sin(xyz)}{-y-xy\sin(xyz)}=\frac{1-yz\sin(xyz)}{y+xy\sin(xyz)},$$

$$\frac{\partial z}{\partial y}=-\frac{\frac{\partial F}{\partial y}}{\frac{\partial F}{\partial z}}=-\frac{-z-xz\sin(xyz)}{-y-xy\sin(xyz)}=-\frac{z+xz\sin(xyz)}{y+xy\sin(xyz)}=-\frac{z}{y}.$$

例 5 设方程$\frac{x}{z}=\ln\frac{z}{y}$确定了二元隐函数 $z=z(x,y)$，求全微分 $\mathrm{d}z$.

解 设 $F(x,y,z)=\frac{x}{z}-\ln\frac{z}{y}=\frac{x}{z}-\ln z+\ln y$，则

$$\frac{\partial F}{\partial x}=\frac{1}{z},\quad \frac{\partial F}{\partial y}=\frac{1}{y},\quad \frac{\partial F}{\partial z}=-\frac{x}{z^2}-\frac{1}{z}=-\frac{x+z}{z^2},$$

所以

$$\frac{\partial z}{\partial x}=-\frac{\frac{\partial F}{\partial x}}{\frac{\partial F}{\partial z}}=-\frac{\frac{1}{z}}{-\frac{x+z}{z^2}}=\frac{z}{x+z},$$

$$\frac{\partial z}{\partial y}=-\frac{\frac{\partial F}{\partial y}}{\frac{\partial F}{\partial z}}=-\frac{\frac{1}{y}}{-\frac{x+z}{z^2}}=\frac{z^2}{y(x+z)},$$

故

$$\mathrm{d}z=\frac{\partial z}{\partial x}\mathrm{d}x+\frac{\partial z}{\partial y}\mathrm{d}y=\frac{z}{y(x+z)}(y\mathrm{d}x+z\mathrm{d}y).$$

习题 6.5

习题 6.5 答案与提示

1. 单项选择题：

(1) 设 $x=\ln\dfrac{z}{y}$，则 $\dfrac{\partial z}{\partial x}=$（　　）.

(A) 1　　(B) e^x　　(C) ye^x　　(D) y

(2) 设 $z=z(x,y)$ 是由方程 $e^z-xyz=0$ 确定的隐函数，则 $\dfrac{\partial z}{\partial y}=$（　　）.

(A) $\dfrac{z}{y(z-1)}$　　(B) $\dfrac{z}{x(z-1)}$　　(C) $\dfrac{y}{x(z+1)}$　　(D) $\dfrac{y}{x(1-z)}$

2. 设 $y=y(x)$ 是由下列方程确定的隐函数，求 $\dfrac{dy}{dx}$.

(1) $e^x=xy^2-\sin y$;　　(2) $xy+\ln y-\ln x=0$;

(3) $xe^y-y=1$;　　(4) $y=2x+\cos(x-y)$;

(5) $\ln\sqrt{x^2+y^2}=\arctan\dfrac{x}{y}$;　　(6) $y^x=x^y$.

3. 设函数 $y=y(x)$ 由方程 $e^x-e^y=\sin(xy)$ 确定，求 $\left.\dfrac{dy}{dx}\right|_{x=0}$.

4. 设函数 $z=z(x,y)$ 是由下列方程确定的隐函数，求 $\dfrac{\partial z}{\partial x}$，$\dfrac{\partial z}{\partial y}$.

(1) $x+y+z=e^z$;　　(2) $x^2+y^2+z^2=4z$;

(3) $yz^2-xz^3-1=0$;　　(4) $e^xz+xyz+\dfrac{1}{2}z^2=1$;

(5) $x^2+y^2+2x-2yz=e^z$;　　(6) $x+2y+z-2\sqrt{xyz}=0$.

5. 求由下列方程所确定的隐函数的微分或全微分：

(1) $e^y=xy$，求 dy;

(2) $\sin(x^2+y)=xy$，求 dy;

(3) $x^2+y^2-e^z=0$，求 dz;

(4) $x^2+y^2+z^2=xyz$，求 dz;

(5) $xz=y+e^z$，求 dz;

(6) $x+y^2+z^2=2z$，求 dz;

(7) $x^2+y^2+z^2=e^z$，求 dz;

(8) $x+y^3+z+e^{2z}=1$，求 dz.

6. 设 $f(cx-az,cy-bz)=0$，其中 f 有连续偏导数，求 $a\dfrac{\partial z}{\partial x}+b\dfrac{\partial z}{\partial y}$.

7. 设 $2\sin(x+2y-3z)=x+2y-3z$，证明：$\dfrac{\partial z}{\partial x}+\dfrac{\partial z}{\partial y}=1$.

6.6　二元函数的极值

视频：典型题目讲解（6.6）

在许多实际问题中，经常会遇到多元函数的最大值、最小值问题. 与一元函数的情形一样，多元函数的最值与极值密切相关. 下面先讨论二元函数的极值问题，然后再介绍二元函数的最值问题，最后介绍它们在一些经济问题中的应用.

6.6.1　二元函数的极值

定义 6.6　设函数 $z=f(x,y)$ 在点 (x_0,y_0) 的某个邻域内有定义，对于该邻域内异

于点(x_0,y_0)的任何点(x,y)，如果都有

$$f(x,y)<f(x_0,y_0),$$

则称$f(x_0,y_0)$为函数$f(x,y)$的**极大值**；

如果都有

$$f(x,y)>f(x_0,y_0),$$

则称$f(x_0,y_0)$为函数$f(x,y)$的**极小值**.

极大值与极小值统称为**极值**，使函数取极值的点(x_0,y_0)称为**极值点**.

与一元函数的极值相似，二元函数的极值也是函数的一种局部性质.

例 1　根据定义，说明下列函数在点(0,0)处是否取得极值.

(1) $z=x^2+y^2$；　　(2) $z=-\sqrt{x^2+y^2}$；　　(3) $z=xy$.

解　(1) 函数$z=x^2+y^2$在点(0,0)处有极小值.因为点(0,0)的邻域内任一异于(0,0)的点的函数值都为正，而在点(0,0)处的函数值为0.

(2) 函数$z=-\sqrt{x^2+y^2}$在点(0,0)处有极大值.因为点(0,0)的邻域内任一异于(0,0)的点的函数值都为负，而在点(0,0)处的函数值为0.

(3) 函数$z=xy$在点(0,0)处取不到极值.因为在点(0,0)处的函数值为0，而在点(0,0)的邻域内，总有使函数值为正的点（第一、第三象限中的点），也有使函数值为负的点（第二、第四象限中的点）.

下面利用二元函数的偏导数和二阶偏导数给出极值点的必要条件和充分条件.

定理 6.5（极值存在的必要条件）　设函数$z=f(x,y)$在点(x_0,y_0)处有极值，且函数在该点的一阶偏导数存在，则

$$\left.\frac{\partial f}{\partial x}\right|_{(x_0,y_0)}=0,\quad \left.\frac{\partial f}{\partial y}\right|_{(x_0,y_0)}=0.$$

证　由于$z=f(x,y)$在点(x_0,y_0)处有极值，所以当$y=y_0$时，一元函数$z=f(x,y_0)$在$x=x_0$处必有极值.根据一元函数极值存在的必要条件，有

$$\left.\frac{\partial z}{\partial x}\right|_{(x_0,y_0)}=\left.\frac{\partial f}{\partial x}\right|_{(x_0,y_0)}=0.$$

同理，有

$$\left.\frac{\partial z}{\partial y}\right|_{(x_0,y_0)}=\left.\frac{\partial f}{\partial y}\right|_{(x_0,y_0)}=0.$$

使偏导数$\left.\frac{\partial f}{\partial x}\right|_{(x_0,y_0)}=0,\left.\frac{\partial f}{\partial y}\right|_{(x_0,y_0)}=0$同时成立的点$(x_0,y_0)$称为函数$f(x,y)$的**驻点**.

类似于一元函数，二元函数的极值只可能在其驻点和偏导数不存在的点处取得.

定理 6.6（极值存在的充分条件）　设函数$z=f(x,y)$在点(x_0,y_0)的邻域内有连续的二阶偏导数，且点(x_0,y_0)为函数$z=f(x,y)$的驻点，记

$$A=\left.\frac{\partial^2 f}{\partial x^2}\right|_{(x_0,y_0)},\quad B=\left.\frac{\partial^2 f}{\partial x\partial y}\right|_{(x_0,y_0)},\quad C=\left.\frac{\partial^2 f}{\partial y^2}\right|_{(x_0,y_0)},$$

则：

(1) 当$B^2-AC<0$，且$A<0$时，$f(x_0,y_0)$是函数$f(x,y)$的极大值.

(2) 当$B^2-AC<0$，且$A>0$时，$f(x_0,y_0)$是函数$f(x,y)$的极小值.

(3) 当 $B^2-AC>0$ 时,$f(x_0,y_0)$ 不是函数 $f(x,y)$ 的极值.

定理 6.6 并没有给出 $B^2-AC=0$ 时的结论,这时 $f(x_0,y_0)$ 是否为函数的极值还需要进一步的讨论.

例 2 求函数 $f(x,y)=y^3-x^2+6x-12y+5$ 的极值.

解 因为
$$f(x,y)=y^3-x^2+6x-12y+5,$$
所以
$$\frac{\partial f}{\partial x}=-2x+6,\frac{\partial f}{\partial y}=3y^2-12.$$

令 $\begin{cases}\dfrac{\partial f}{\partial x}=0,\\ \dfrac{\partial f}{\partial y}=0,\end{cases}$ 解得驻点 $(3,2)$ 和 $(3,-2)$.

根据
$$\frac{\partial^2 f}{\partial x^2}=-2,\ \frac{\partial^2 f}{\partial x\partial y}=0,\ \frac{\partial^2 f}{\partial y^2}=6y,$$
列表讨论如下:

(x_0,y_0)	A	B	C	B^2-AC	判断 $f(x_0,y_0)$
$(3,2)$	-2	0	12	24	$f(3,2)$ 不是极值
$(3,-2)$	-2	0	-12	-24	$f(3,-2)=30$ 为极大值

6.6.2 二元函数的最值

定义 6.7 设函数 $z=f(x,y)$ 在某区域 D 上有定义,对于该区域 D 上的任何点 (x,y),如果都有
$$f(x,y)\leqslant f(x_0,y_0),$$
则称 $f(x_0,y_0)$ 为函数 $f(x,y)$ 在区域 D 上的**最大值**;

如果都有
$$f(x,y)\geqslant f(x_0,y_0),$$
则称 $f(x_0,y_0)$ 为函数 $f(x,y)$ 在区域 D 上的**最小值**.

最大值与最小值统称为**最值**,使函数取最值的点 (x_0,y_0) 称为**最值点**.

与一元函数类似,可以通过函数的极值来求函数的最大值和最小值.可以证明:如果函数 $f(x,y)$ 在有界闭区域 D 上连续,则 $f(x,y)$ 在 D 上必定能取得它的最大值和最小值.最大值点或最小值点既可能在 D 的内部,也可能在 D 的边界上.如果函数在 D 的内部取得最大(小)值,则这个最大(小)值也必定是函数的极大(小)值.因此,求函数 $f(x,y)$ 在 D 上的最大(小)值的一般方法是:将 $f(x,y)$ 在 D 内的所有驻点的函数值、偏导数不存在的点的函数值及函数在 D 的边界上的最大值和最小值进行比较,其中最大的就是最大值,最小的就是最小值.由于这种方法既要求出函数在 D 内的所有极值,又要求出它在 D 的边界上的最值,所以计算往往比较复杂.在处理实际问题时,根据实际问题的性质可以判定它存在最大值或最小值,这时如果函数 $f(x,y)$ 在 D 内具有唯一的驻点,那么这个唯一的驻点就是要求的最大值点或最小值点.

例 3 某工厂生产 A,B 两种产品，销售单价分别是 10 千元与 9 千元，生产 x 单位的 A 产品与生产 y 单位的 B 产品的总费用是

$$400+2x+3y+0.01(3x^2+xy+3y^2)(\text{千元}).$$

求：当 A,B 产品的产量分别为多少时，能使获得的利润最大？并求最大利润.

解 设 $L(x,y)$ 为产品 A,B 分别生产 x 单位和 y 单位时所得的利润.

因为利润 = 总收入 − 总费用，所以

$$\begin{aligned}L(x,y)&=10x+9y-[400+2x+3y+0.01(3x^2+xy+3y^2)]\\&=8x+6y-0.01(3x^2+xy+3y^2)-400.\end{aligned}$$

由
$$\begin{cases}\dfrac{\partial L}{\partial x}=8-0.06x-0.01y=0,\\ \dfrac{\partial L}{\partial y}=6-0.01x-0.06y=0,\end{cases}$$

得唯一驻点 $(120,80)$.

由于该实际问题有最大值，所以当 A 产品生产 120 个单位，B 产品生产 80 个单位时，所得利润最大，最大利润为 $L(120,80)=320$ 千元.

例 4 设 Q_1,Q_2 分别为商品 A,B 的需求量，它们的需求函数为

$$Q_1=8-P_1+2P_2,\ Q_2=10+2P_1-5P_2,$$

总成本函数为

$$C=3Q_1+2Q_2,$$

其中 P_1 和 P_2 分别为商品 A 和 B 的单价（单位：万元）. 试问单价 P_1 和 P_2 取何值时可使利润最大？并求最大利润.

解 据题意，总收益函数为

$$R=P_1Q_1+P_2Q_2,$$

总利润函数为

$$\begin{aligned}L&=R-C=P_1Q_1+P_2Q_2-(3Q_1+2Q_2)\\&=(P_1-3)Q_1+(P_2-2)Q_2\\&=(P_1-3)(8-P_1+2P_2)+(P_2-2)(10+2P_1-5P_2).\end{aligned}$$

由
$$\begin{cases}\dfrac{\partial L}{\partial P_1}=(8-P_1+2P_2)+(P_1-3)\cdot(-1)+2(P_2-2)=0,\\ \dfrac{\partial L}{\partial P_2}=2(P_1-3)+(10+2P_1-5P_2)+(P_2-2)\cdot(-5)=0,\end{cases}$$

即 $\begin{cases}-2P_1+4P_2+7=0,\\4P_1-10P_2+14=0,\end{cases}$ 解得 $P_1=\dfrac{63}{2},P_2=14$.

由于 $\left(\dfrac{63}{2},14\right)$ 是唯一的驻点，且该实际问题存在最大利润，所以当取单价 $P_1=\dfrac{63}{2}$，$P_2=14$ 时可获得最大利润 $L=164.25$ 万元.

习题 6.6

习题 6.6 答案与提示

1. 单项选择题：

(1) 设二元函数 $f(x,y)$ 在点 (x_0,y_0) 处的一阶偏导数 $\left.\frac{\partial f}{\partial x}\right|_{(x_0,y_0)}=0,\left.\frac{\partial f}{\partial y}\right|_{(x_0,y_0)}=0$，则点 (x_0,y_0) 一定是 $f(x,y)$ 的(　　).

(A) 极大值点　　(B) 极小值点

(C) 极值点　　(D) 驻点

(2) $\left.\frac{\partial f}{\partial x}\right|_{(x_0,y_0)}=0,\left.\frac{\partial f}{\partial y}\right|_{(x_0,y_0)}=0$ 为 $f(x,y)$ 在点 (x_0,y_0) 处有极值的(　　).

(A) 充要条件　　(B) 必要条件

(C) 充分条件　　(D) 既不是充分条件，也不是必要条件

(3) 设二元函数 $f(x,y)$ 在点 (x_0,y_0) 处的一阶偏导数 $\left.\frac{\partial f}{\partial x}\right|_{(x_0,y_0)}=0,\left.\frac{\partial f}{\partial y}\right|_{(x_0,y_0)}=0$，且 $A=\left.\frac{\partial^2 f}{\partial x^2}\right|_{(x_0,y_0)},B=\left.\frac{\partial^2 f}{\partial x\partial y}\right|_{(x_0,y_0)},C=\left.\frac{\partial^2 f}{\partial y^2}\right|_{(x_0,y_0)},\Delta=B^2-AC$，则 (x_0,y_0) 为极大值的充分条件是(　　).

(A) $\Delta<0,A<0$　　(B) $\Delta<0,A>0$

(C) $\Delta>0,A<0$　　(D) $\Delta>0,A>0$

(4) 设 (x_0,y_0) 是函数 $f(x,y)$ 的驻点，且有 $A=\left.\frac{\partial^2 f}{\partial x^2}\right|_{(x_0,y_0)}\neq 0,B=\left.\frac{\partial^2 f}{\partial x\partial y}\right|_{(x_0,y_0)},C=\left.\frac{\partial^2 f}{\partial y^2}\right|_{(x_0,y_0)},B^2-AC<0$，则 $f(x_0,y_0)$ 一定(　　).

(A) 不是极值　　(B) 是极值

(C) 是极大值　　(D) 是极小值

(5) 设函数 $z=xy$，原点 $(0,0)$(　　).

(A) 不是驻点　　(B) 是驻点但非极值点

(C) 是驻点且为极大值点　　(D) 是驻点且为极小值点

2. 求下列函数的极值：

(1) $f(x,y)=x^2+y^2-4$；　　(2) $f(x,y)=4(x-y)-x^2-y^2$；

(3) $f(x,y)=x^2+xy+y^2-3x-6y+1$；　　(4) $f(x,y)=\frac{1}{2}x^2-xy+y^2+3x$；

(5) $f(x,y)=x^3+y^3-3xy$；　　(6) $f(x,y)=x^3-4x^2+2xy-y^2$；

(7) $f(x,y)=x^3-3xy-y^2-y-9$；　　(8) $f(x,y)=(6x-x^2)(4y-y^2)$.

3. 设某企业生产甲、乙两种产品，销售价分别为 10 千元/件与 9 千元/件，生产 x 件甲产品、y 件乙产品的总成本为

$$C(x,y)=100+2x+3y+0.01(3x^2+xy+3y^2)\text{（千元）},$$

问：甲、乙两种产品的产量各为多少时，企业获利最大？并求最大利润.

4. 设某工厂生产 A,B 两种产品，当 A,B 产量分别为 x 和 y 时，成本函数为

$$C(x,y)=8x^2+6y^2-2xy-40x-42y+180,$$

问：A,B 两种产品的产量各为多少时，总成本最小？并求最小成本.

5. 某农场欲围一个面积为 60 m^2 的矩形场地，正面所用材料的造价为 7 元/m，其余三面的造价为 3 元/m，问场地长、宽各为多少时，所用材料费最少？

6.7 二重积分

多元函数积分学的内容非常丰富，我们只介绍二重积分的概念与计算.

6.7.1 二重积分的概念及性质

我们将把一元函数定积分的概念推广到二元函数,从而得到二重积分的概念.本节将从求曲顶柱体的体积这个具体问题出发,介绍二重积分的概念与性质,进而介绍将二重积分在直角坐标系中化为二次积分进行计算的方法.

视频:典型题目讲解(6.7)

1. 二重积分的概念

引例:计算曲顶柱体的体积.

设函数 $z=f(x,y)$ 在有界闭区域 D 上连续,且 $f(x,y)\geqslant 0$.过区域 D 的边界上每一点,作平行于 z 轴的直线,这些直线构成一个曲面,称此曲面为由边界产生的柱面.所谓**曲顶柱体**是指以曲面 $z=f(x,y)$ 为顶,以区域 D 为底,以 D 的边界产生的柱面为侧面所围成的立体(如图 6-7).

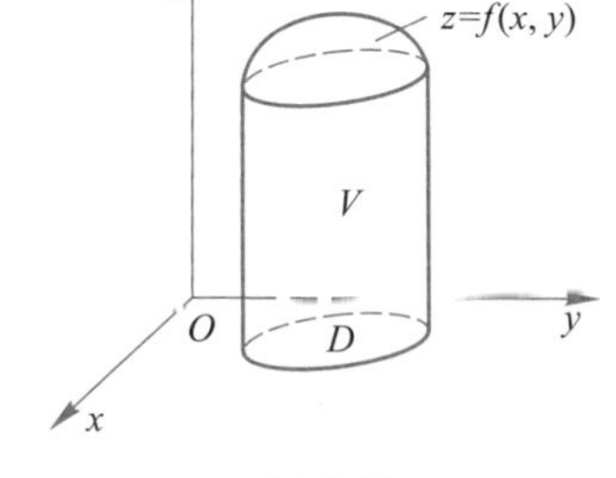

图 6-7

下面我们仿照求曲边梯形面积的方法来求曲顶柱体的体积.

(1) 分割:把区域 D 任意分割成 n 个小区域

$$\Delta\sigma_1,\Delta\sigma_2,\cdots,\Delta\sigma_n,$$

且仍以 $\Delta\sigma_i$ 表示第 i 个小区域的面积,这样就把曲顶柱体分成 n 个小曲顶柱体.以 ΔV_i 表示以 $\Delta\sigma_i$ 为底的第 i 个小曲顶柱体的体积,$i=1,2,\cdots,n$,则 $V=\sum\limits_{i=1}^{n}\Delta V_i$.

(2) 作近似:在每个小区域 $\Delta\sigma_i$ $(i=1,2,\cdots,n)$ 上任取一点 (ξ_i,η_i),并以值 $f(\xi_i,\eta_i)$ 为高,$\Delta\sigma_i$ 为底的平顶柱体的体积 $f(\xi_i,\eta_i)\Delta\sigma_i$ 作为 ΔV_i 的近似值(如图 6-8),即

$$\Delta V_i\approx f(\xi_i,\eta_i)\Delta\sigma_i.$$

(3) 求和:把这 n 个小平顶柱体的体积相加,就得到所求的曲顶柱体体积 V 的近似值,即

$$V=\sum_{i=1}^{n}\Delta V_i\approx\sum_{i=1}^{n}f(\xi_i,\eta_i)\Delta\sigma_i.$$

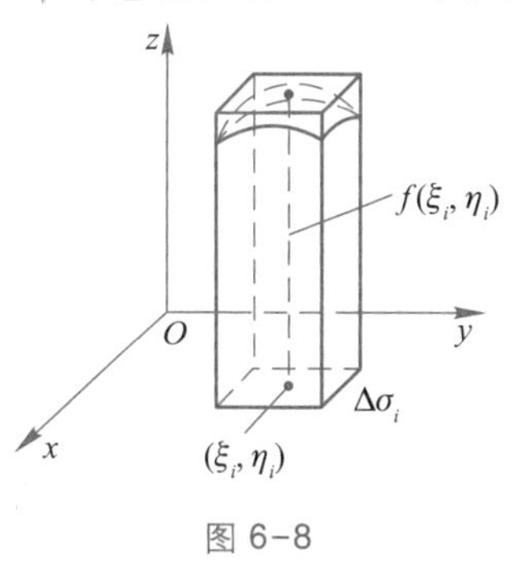

图 6-8

(4) 取极限:当区域 D 分得越细,则上式右端的和式就越接近于曲顶柱体的体积 V.用 d_i 表示小区域 $\Delta\sigma_i$ 上任意两点间的最大距离,称为该**小区域的直径**,令 $d=\max\{d_1,d_2,\cdots,d_n\}$.

当 $d\to 0$ 时,若上述和式的极限存在,则这个极限值就是所求的曲顶柱体的体积 V,即

$$V=\lim_{d\to 0}\sum_{i=1}^{n}f(\xi_i,\eta_i)\Delta\sigma_i.$$

对于定义在有界闭区域 D 上的二元函数 $f(x,y)$,重复上述四个步骤,就会得到二重积分的概念.

定义 6.8 设 $z=f(x,y)$ 是定义在有界闭区域 D 上的有界二元函数,将区域 D 任意分割成 n 个小区域 $\Delta\sigma_1,\Delta\sigma_2,\cdots,\Delta\sigma_n$,并仍以 $\Delta\sigma_i$ 表示第 i 个小区域的面积,d_i 为区

域 $\Delta\sigma_i$ 的直径，$i=1,2,\cdots,n$，$d=\max\{d_1,d_2,\cdots,d_n\}$. 在每个小区域 $\Delta\sigma_i$ 上任取一点 (ξ_i,η_i)，作乘积 $f(\xi_i,\eta_i)\Delta\sigma_i(i=1,2,\cdots,n)$，并求和

$$\sum_{i=1}^{n} f(\xi_i,\eta_i)\Delta\sigma_i,$$

当 $d\to 0$ 时，若极限 $\lim\limits_{d\to 0}\sum\limits_{i=1}^{n} f(\xi_i,\eta_i)\Delta\sigma_i$ 存在，则称函数 $z=f(x,y)$ 在区域 D 上**可积**，称此极限值为函数 $z=f(x,y)$ 在区域 D 上的**二重积分**，记作 $\iint\limits_D f(x,y)\mathrm{d}\sigma$，即

$$\iint\limits_D f(x,y)\mathrm{d}\sigma=\lim_{d\to 0}\sum_{i=1}^{n} f(\xi_i,\eta_i)\Delta\sigma_i.$$

其中，$f(x,y)$ 称为**被积函数**，"$\iint$"称为**二重积分符号**，D 称为**积分区域**，$\mathrm{d}\sigma$ 称为**面积元素**，x,y 称为**积分变量**.

定理 6.7 如果二元函数 $z=f(x,y)$ 在有界闭区域 D 上连续，则二重积分 $\iint\limits_D f(x,y)\mathrm{d}\sigma$ 存在，即 $f(x,y)$ 在区域 D 上可积.

二重积分的几何意义：如果在有界闭区域 D 上二元连续函数 $z=f(x,y)\geqslant 0$，则二重积分 $\iint\limits_D f(x,y)\mathrm{d}\sigma$ 的值等于以积分区域 D 为底，以连续曲面 $z=f(x,y)$ 为顶的曲顶柱体的体积 V，即 $\iint\limits_D f(x,y)\mathrm{d}\sigma=V$.

2. 二重积分的性质

二重积分与一元函数的定积分具有相应的性质，下面论及的函数均假定在 D 上可积.

性质 1 若在区域 D 上有 $f(x,y)\equiv 1$，S 是 D 的面积，则

$$\iint\limits_D \mathrm{d}\sigma=S.$$

性质 2 常数因子可提到积分号外面，即

$$\iint\limits_D kf(x,y)\mathrm{d}\sigma=k\iint\limits_D f(x,y)\mathrm{d}\sigma(k\text{ 为常数}).$$

性质 3 函数的代数和的积分等于各个函数积分的代数和，即

$$\iint\limits_D [f(x,y)\pm g(x,y)]\mathrm{d}\sigma=\iint\limits_D f(x,y)\mathrm{d}\sigma\pm\iint\limits_D g(x,y)\mathrm{d}\sigma.$$

性质 4(二重积分的积分区域可加性) 若区域 D 被一条连续曲线分成 D_1 和 D_2，见图 6-9，则

$$\iint\limits_D f(x,y)\mathrm{d}\sigma=\iint\limits_{D_1} f(x,y)\mathrm{d}\sigma+\iint\limits_{D_2} f(x,y)\mathrm{d}\sigma.$$

性质 5(比较定理) 若在区域 D 上有 $f(x,y)\geqslant 0$，则

$$\iint\limits_D f(x,y)\mathrm{d}\sigma\geqslant 0.$$

由此，若在区域 D 上有 $f(x,y)\leqslant g(x,y)$，则

$$\iint_D f(x,y)\,\mathrm{d}\sigma \leqslant \iint_D g(x,y)\,\mathrm{d}\sigma.$$

特别地,由于

$$-|f(x,y)| \leqslant f(x,y) \leqslant |f(x,y)|,$$

所以

$$\left|\iint_D f(x,y)\,\mathrm{d}\sigma\right| \leqslant \iint_D |f(x,y)|\,\mathrm{d}\sigma.$$

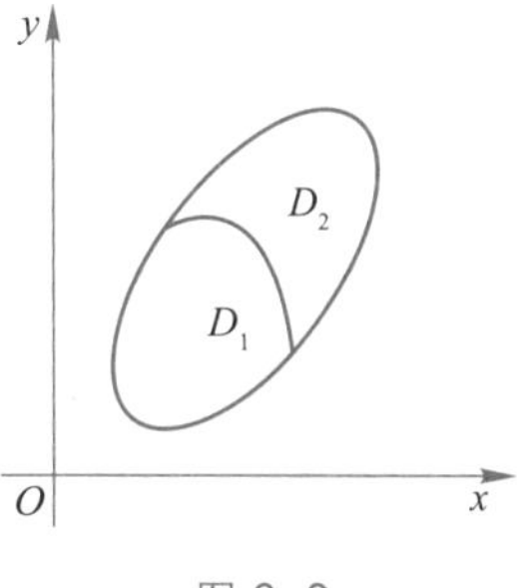

图 6-9

性质 6(估值性质) 设 M, m 分别是函数 $f(x,y)$ 在有界闭区域 D 上的最大值与最小值,S 是 D 的面积,则

$$m\cdot S \leqslant \iint_D f(x,y)\,\mathrm{d}\sigma \leqslant M\cdot S.$$

性质 7(二重积分的中值定理) 设函数 $f(x,y)$ 在有界闭区域 D 上连续,S 是区域 D 的面积,则在 D 上至少存在一点 (ξ,η),使得

$$\iint_D f(x,y)\,\mathrm{d}\sigma = f(\xi,\eta)\cdot S.$$

积分中值定理的几何意义是:在区域 D 上以曲面 $z=f(x,y)$ $(f(x,y)\geqslant 0)$ 为顶的曲顶柱体的体积,等于区域 D 上以某一点 (ξ,η) 的函数值 $f(\xi,\eta)$ 为高的平顶柱体的体积.

例 1 计算二重积分 $\iint\limits_D 2\mathrm{d}\sigma$.

(1) 设 $D=\{(x,y)\mid |x-1|\leqslant 3, |y-5|\leqslant 2\}$;

(2) 设 $D=\{(x,y)\mid x\geqslant 0, y\geqslant 0, x+y\leqslant 6\}$;

(3) 设 $D=\{(x,y)\mid 1\leqslant x^2+y^2\leqslant 4\}$.

解 (1) D 是长为 6,宽为 4 的矩形(如图 6-10),其面积

$$S=6\times 4=24,$$

故

$$\iint_D 2\mathrm{d}\sigma = 2S = 48.$$

(2) D 是第一象限中的直角三角形(如图 6-11),直线 $x+y=6$ 在 x 轴与 y 轴上的截距均为 6,所以 D 的面积 $S=\dfrac{1}{2}\times 6\times 6=18$,故

$$\iint_D 2\mathrm{d}\sigma = 2S = 36.$$

(3) D 是由半径为 2 和 1 的两个同心圆围成的圆环(如图 6-12),其面积 $S=\pi\cdot 2^2-\pi\cdot 1^2=3\pi$,故

$$\iint_D 2\mathrm{d}\sigma = 2S = 6\pi.$$

例 2 比较二重积分 $\iint\limits_D \mathrm{e}^{x+y}\mathrm{d}\sigma$ 与 $\iint\limits_D \mathrm{e}^{(x+y)^2}\mathrm{d}\sigma$ 的大小,其中 D 由直线 $x=0, y=0$ 与 $x+y=1$ 围成.

解 在积分区域 D 内,由于 $0\leqslant x+y\leqslant 1$,所以 $(x+y)^2\leqslant x+y$,从而 $\mathrm{e}^{(x+y)^2}\leqslant \mathrm{e}^{x+y}$,故

$$\iint_D e^{x+y}d\sigma \geqslant \iint_D e^{(x+y)^2}d\sigma.$$

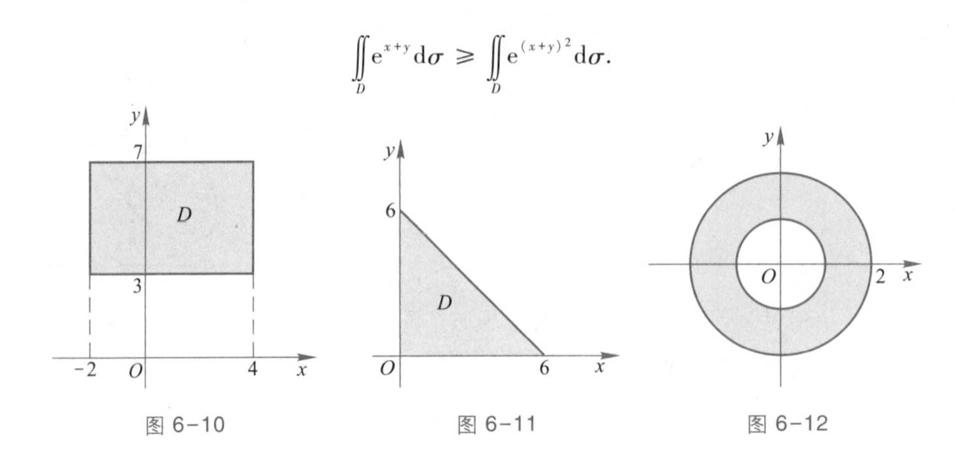

图 6-10　　图 6-11　　图 6-12

例 3　估计二重积分$\iint_D(5+x^2+y^2)d\sigma$的取值范围，其中 $D=\{(x,y)\mid x^2+y^2\leqslant 4\}$.

解　在积分区域 D 内，被积函数 $5\leqslant 5+x^2+y^2\leqslant 9$，积分区域 D 的面积为 4π，所以

$$5\times 4\pi \leqslant \iint_D(5+x^2+y^2)d\sigma \leqslant 9\times 4\pi,$$

即
$$20\pi \leqslant \iint_D(5+x^2+y^2)d\sigma \leqslant 36\pi.$$

6.7.2　二重积分的计算

对于二重积分的计算，可以归结为化二重积分为两个有序的定积分，即二次积分.

在直角坐标系中我们采用平行于 x 轴和 y 轴的直线分割 D，见图 6-13，于是小区域的面积为

$$\Delta\sigma_i=\Delta x_i\Delta y_i\quad(i=1,2,\cdots,n),$$

所以在直角坐标系中，面积元素 $d\sigma$ 可写成 $dxdy$，从而

$$\iint_D f(x,y)d\sigma=\iint_D f(x,y)dxdy.$$

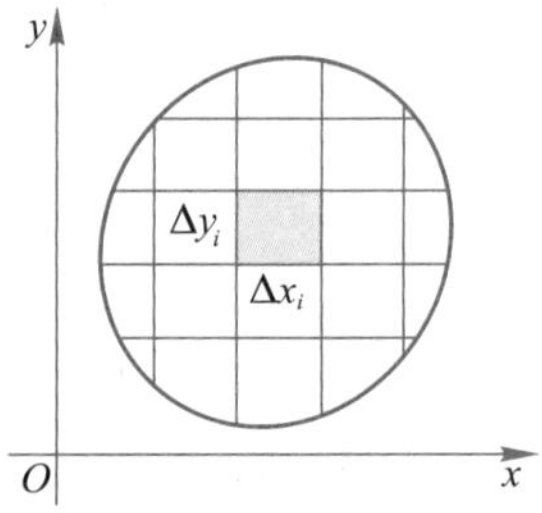

图 6-13

若积分区域 D 可以表示为

$$D:\begin{cases}a\leqslant x\leqslant b,\\ \varphi_1(x)\leqslant y\leqslant \varphi_2(x),\end{cases}$$

其中函数 $\varphi_1(x)$，$\varphi_2(x)$ 在 $[a,b]$ 上连续，并且直线 $x=x_0$ $(a<x_0<b)$ 与区域 D 的边界最多交于两点，则称 D 为 X-型区域（见图 6-14）.

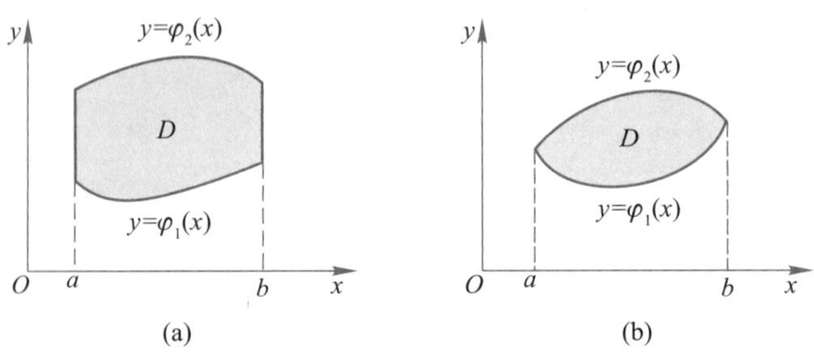

图 6-14

若积分区域 D 可以表示为

$$D:\begin{cases}c\leqslant y\leqslant d,\\ \psi_1(y)\leqslant x\leqslant \psi_2(y),\end{cases}$$

其中 $\psi_1(y),\psi_2(y)$ 在 $[c,d]$ 上连续，并且直线 $y=y_0$ $(c<y_0<d)$ 与区域 D 的边界最多交于两点，则称 D 为 Y-型区域（见图 6-15）.

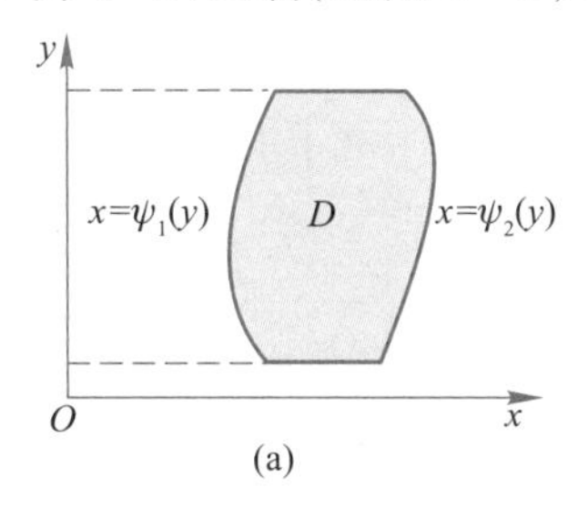

(a)

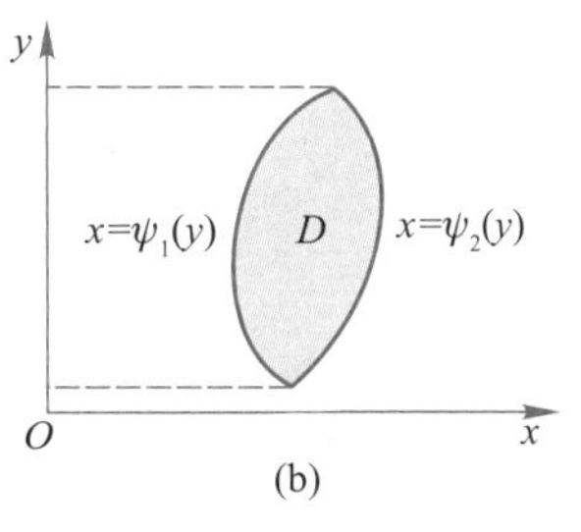

(b)

图 6-15

首先讨论积分区域为 X-型区域的二重积分 $\iint\limits_D f(x,y)\mathrm{d}x\mathrm{d}y$ 的计算.

由二重积分的几何意义，当 $z=f(x,y)\geqslant 0$ 时，二重积分 $\iint\limits_D f(x,y)\mathrm{d}x\mathrm{d}y$ 是区域 D 上的以曲面 $z=f(x,y)$ 为顶的曲顶柱体的体积 V（见图 6-16）.

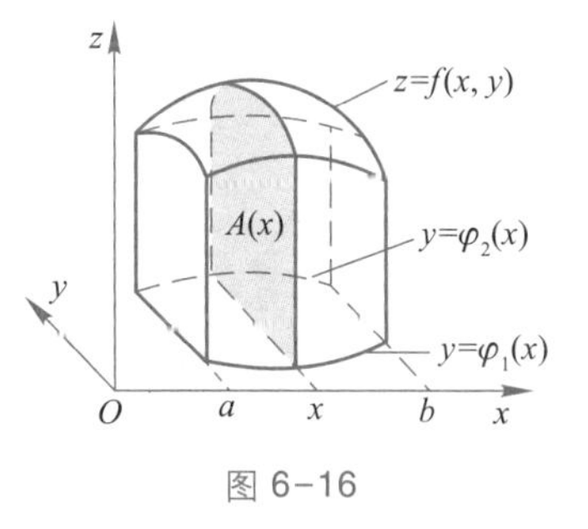

图 6-16

在区间 $[a,b]$ 上任取一点 x，过 x 作平面平行于 yOz 面，则此平面与曲顶柱体的截面是一个以区间 $[\varphi_1(x),\varphi_2(x)]$ 为底，曲线 $z=f(x,y)$（对固定的 x，z 是 y 的一元函数）为曲边的曲边梯形（见图 6-16 中的阴影部分），其面积为

$$A(x)=\int_{\varphi_1(x)}^{\varphi_2(x)}f(x,y)\mathrm{d}y.$$

根据平行截面面积为已知的立体体积公式，所求曲顶柱体的体积为

$$V=\int_a^b A(x)\mathrm{d}x=\int_a^b\left[\int_{\varphi_1(x)}^{\varphi_2(x)}f(x,y)\mathrm{d}y\right]\mathrm{d}x,$$

于是有

$$\iint\limits_D f(x,y)\mathrm{d}x\mathrm{d}y=\int_a^b\left[\int_{\varphi_1(x)}^{\varphi_2(x)}f(x,y)\mathrm{d}y\right]\mathrm{d}x,$$

或写成

$$\iint\limits_D f(x,y)\mathrm{d}\sigma=\int_a^b\mathrm{d}x\int_{\varphi_1(x)}^{\varphi_2(x)}f(x,y)\mathrm{d}y,$$

右端的积分称为二次积分.

这样，当区域 D 可以表示成 $\begin{cases}a\leqslant x\leqslant b,\\ \varphi_1(x)\leqslant y\leqslant \varphi_2(x)\end{cases}$ 时，二重积分 $\iint\limits_D f(x,y)\mathrm{d}\sigma$ 就可以通过求两次定积分进行计算.第一次计算积分 $\int_{\varphi_1(x)}^{\varphi_2(x)}f(x,y)\mathrm{d}y$，把 x 看成常数，y 是积分变

量;第二次积分时,x 是积分变量.这种计算方法称为**先对 y 后对 x 的二次积分(累次积分)**.

同理,当积分区域为 Y-型区域,即 $D:\begin{cases} c\leqslant y\leqslant d, \\ \psi_1(y)\leqslant x\leqslant \psi_2(y) \end{cases}$ 时,二重积分 $\iint\limits_D f(x,y)\,\mathrm{d}x\mathrm{d}y$ 有如下计算公式

$$\iint\limits_D f(x,y)\,\mathrm{d}x\mathrm{d}y=\int_c^d\left[\int_{\psi_1(y)}^{\psi_2(y)} f(x,y)\,\mathrm{d}x\right]\mathrm{d}y,$$

或写成

$$\iint\limits_D f(x,y)\,\mathrm{d}x\mathrm{d}y=\int_c^d\mathrm{d}y\int_{\psi_1(y)}^{\psi_2(y)} f(x,y)\,\mathrm{d}x,$$

即当积分区域为 Y-型区域时,可以将二重积分化为**先对 x 后对 y 的二次积分(累次积分)**.

特别地,当积分区域为矩形 $D:\begin{cases} a\leqslant x\leqslant b, \\ c\leqslant y\leqslant d \end{cases}$ 时,有

$$\iint\limits_D f(x,y)\,\mathrm{d}x\mathrm{d}y=\int_a^b\mathrm{d}x\int_c^d f(x,y)\,\mathrm{d}y,$$

或

$$\iint\limits_D f(x,y)\,\mathrm{d}x\mathrm{d}y=\int_c^d\mathrm{d}y\int_a^b f(x,y)\,\mathrm{d}x.$$

当积分区域为矩形 $D:\begin{cases} a\leqslant x\leqslant b, \\ c\leqslant y\leqslant d, \end{cases}$ 且被积函数 $f(x,y)=g(x)\cdot h(y)$ 时,有

$$\iint\limits_D f(x,y)\,\mathrm{d}x\mathrm{d}y=\int_a^b g(x)\,\mathrm{d}x\cdot\int_c^d h(y)\,\mathrm{d}y.$$

一般地,在计算二重积分时,应先画出积分区域 D 的草图,再根据积分区域 D 及被积函数的特点选择适当的二次积分次序,最后计算二次积分.

例 4 将二重积分 $\iint\limits_D f(x,y)\,\mathrm{d}x\mathrm{d}y$ 化为直角坐标系下的二次积分(写出两种积分次序):

(1) D 由 $x=0,y=1,y=x$ 围成;

(2) D 由 $y=x^2,y=2x,x=1$ 围成;

(3) D 由 $y=x^2,y=0,x+y=2$ 围成.

解 (1) 区域 D 如图 6-17 所示.

① 若把二重积分化为先对 x 后对 y 的二次积分,则区域 D 为

$$D:\begin{cases} 0\leqslant y\leqslant 1, \\ 0\leqslant x\leqslant y, \end{cases}$$

所以

$$\iint\limits_D f(x,y)\,\mathrm{d}x\mathrm{d}y=\int_0^1\mathrm{d}y\int_0^y f(x,y)\,\mathrm{d}x.$$

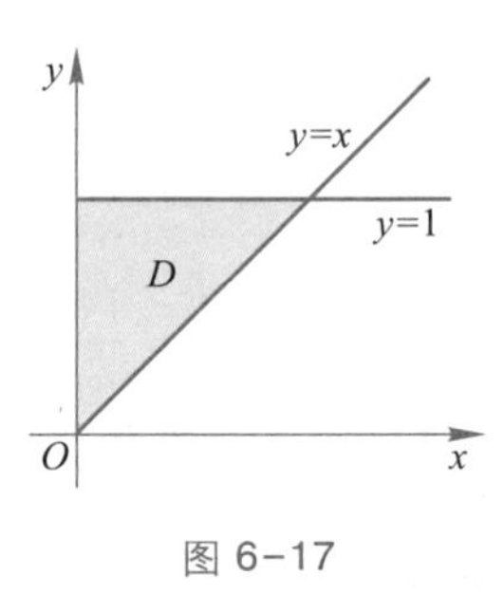

图 6-17

② 若把二重积分化为先对 y 后对 x 的二次积分,则区域

D 为

$$D:\begin{cases}0\leqslant x\leqslant 1,\\ x\leqslant y\leqslant 1,\end{cases}$$

所以

$$\iint\limits_D f(x,y)\,\mathrm{d}x\mathrm{d}y=\int_0^1\mathrm{d}x\int_x^1 f(x,y)\,\mathrm{d}y.$$

（2）区域 D 如图 6-18 所示.

① 若把二重积分化为先对 x 后对 y 的二次积分，则区域 D 为

$$D_1:\begin{cases}0\leqslant y\leqslant 1,\\ \dfrac{y}{2}\leqslant x\leqslant\sqrt{y},\end{cases}\quad D_2:\begin{cases}1\leqslant y\leqslant 2,\\ \dfrac{y}{2}\leqslant x\leqslant 1,\end{cases}$$

图 6-18

故

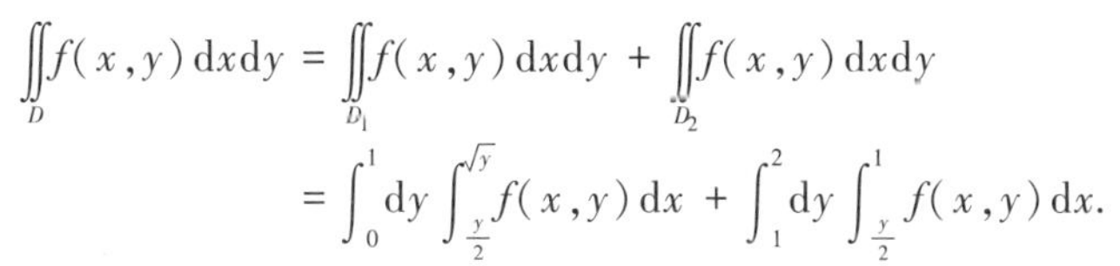

$$\iint\limits_D f(x,y)\,\mathrm{d}x\mathrm{d}y=\iint\limits_{D_1} f(x,y)\,\mathrm{d}x\mathrm{d}y+\iint\limits_{D_2} f(x,y)\,\mathrm{d}x\mathrm{d}y$$

$$=\int_0^1\mathrm{d}y\int_{\frac{y}{2}}^{\sqrt{y}} f(x,y)\,\mathrm{d}x+\int_1^2\mathrm{d}y\int_{\frac{y}{2}}^{1} f(x,y)\,\mathrm{d}x.$$

② 若把二重积分化为先对 y 后对 x 的二次积分，则区域 D 为

$$D:\begin{cases}0\leqslant x\leqslant 1,\\ x^2\leqslant y\leqslant 2x,\end{cases}$$

故
$$\iint\limits_D f(x,y)\,\mathrm{d}x\mathrm{d}y=\int_0^1\mathrm{d}x\int_{x^2}^{2x} f(x,y)\,\mathrm{d}y.$$

（3）区域 D 如图 6-19 所示.

① 若把二重积分化为先对 x 后对 y 的二次积分，则区域 D 为

$$D:\begin{cases}0\leqslant y\leqslant 1,\\ \sqrt{y}\leqslant x\leqslant 2-y,\end{cases}$$

故
$$\iint\limits_D f(x,y)\,\mathrm{d}x\mathrm{d}y=\int_0^1\mathrm{d}y\int_{\sqrt{y}}^{2-y} f(x,y)\,\mathrm{d}x.$$

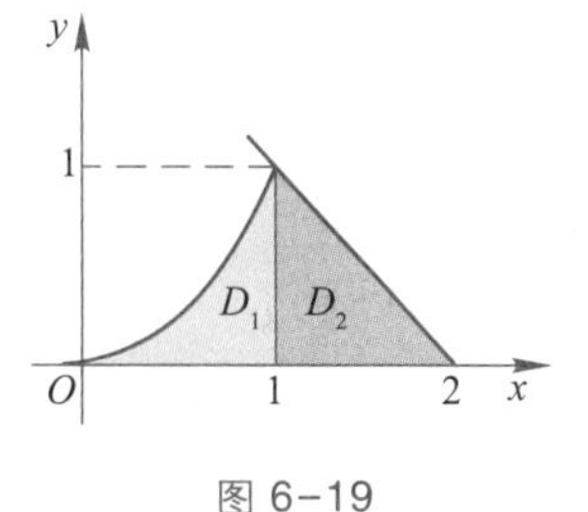

图 6-19

② 若把二重积分化为先对 y 后对 x 的二次积分，则区域 D 为

$$D_1:\begin{cases}0\leqslant x\leqslant 1,\\ 0\leqslant y\leqslant x^2,\end{cases}\quad D_2:\begin{cases}1\leqslant x\leqslant 2,\\ 0\leqslant y\leqslant 2-x,\end{cases}$$

故
$$\iint\limits_D f(x,y)\,\mathrm{d}x\mathrm{d}y=\int_0^1\mathrm{d}x\int_0^{x^2} f(x,y)\,\mathrm{d}y+\int_1^2\mathrm{d}x\int_0^{2-x} f(x,y)\,\mathrm{d}y.$$

例 5 计算二重积分 $\iint\limits_D x^3y^2\,\mathrm{d}x\mathrm{d}y$，其中积分区域 D 为矩形区域 $0\leqslant x\leqslant 1,-1\leqslant y\leqslant 1$.

解 由于积分区域是矩形区域（如图 6-20），且被积函数 $f(x,y)=x^3y^2$，所以

$$\iint_D x^3y^2\mathrm{d}x\mathrm{d}y=\int_0^1 x^3\mathrm{d}x\cdot\int_{-1}^1 y^2\mathrm{d}y$$
$$=\frac{1}{4}x^4\Big|_0^1\cdot\frac{1}{3}y^3\Big|_{-1}^1$$
$$=\frac{1}{4}\times\frac{2}{3}=\frac{1}{6}.$$

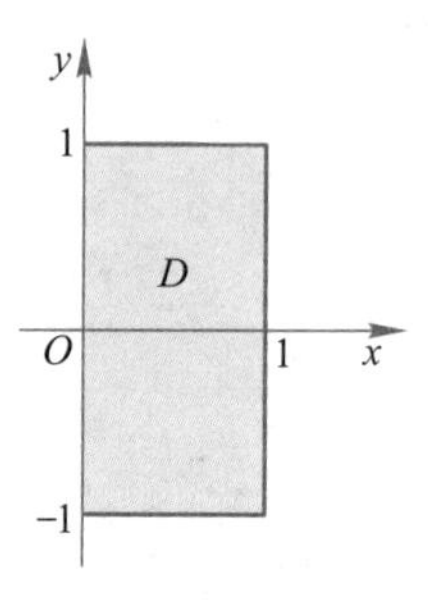

图 6-20

例 6 计算二重积分 $\iint_D(x^2-2y)\mathrm{d}x\mathrm{d}y$，其中区域 D 由直线 $y=x,y=\frac{x}{2},y=1$ 和 $y=2$ 围成.

解 画出区域 D 的草图(见图 6-21).

$$D:\begin{cases}1\leqslant y\leqslant 2,\\ y\leqslant x\leqslant 2y,\end{cases}$$

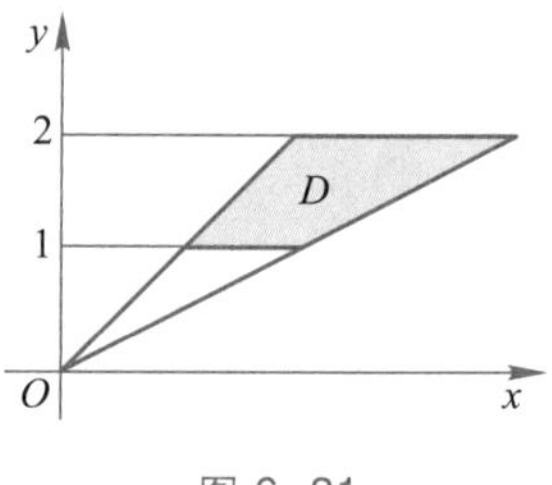

图 6-21

这是 Y-型区域，所以二重积分可化为先对 x 后对 y 的二次积分，即

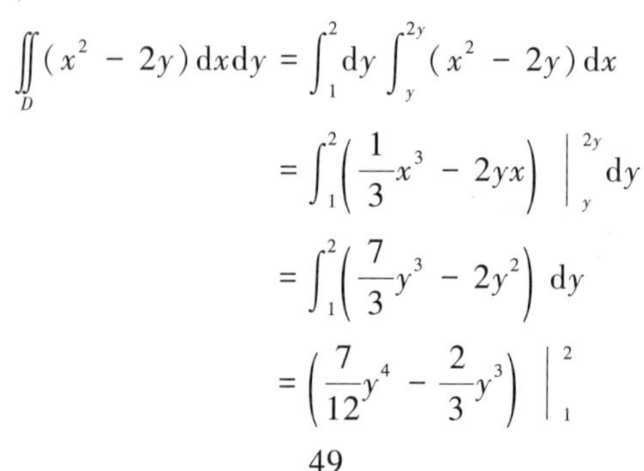

$$\iint_D(x^2-2y)\mathrm{d}x\mathrm{d}y=\int_1^2\mathrm{d}y\int_y^{2y}(x^2-2y)\mathrm{d}x$$
$$=\int_1^2\left(\frac{1}{3}x^3-2yx\right)\Big|_y^{2y}\mathrm{d}y$$
$$=\int_1^2\left(\frac{7}{3}y^3-2y^2\right)\mathrm{d}y$$
$$=\left(\frac{7}{12}y^4-\frac{2}{3}y^3\right)\Big|_1^2$$
$$=\frac{49}{12}.$$

例 7 计算二重积分 $\iint_D x^2\mathrm{e}^{-y^2}\mathrm{d}x\mathrm{d}y$，其中 D 是由直线 $x=0,y=1$ 及 $y=x$ 所围成的区域(见图 6-17).

解 如图 6-17 所示，区域 D 既是 X-型，也是 Y-型.

若把二重积分化为先对 x 后对 y 的二次积分，则区域 D 为

$$D:\begin{cases}0\leqslant y\leqslant 1,\\ 0\leqslant x\leqslant y,\end{cases}$$

从而

$$I=\iint_D x^2\mathrm{e}^{-y^2}\mathrm{d}x\mathrm{d}y=\int_0^1\mathrm{d}y\int_0^y x^2\mathrm{e}^{-y^2}\mathrm{d}x$$
$$=\int_0^1\left(\frac{1}{3}x^3\mathrm{e}^{-y^2}\right)\Big|_0^y\mathrm{d}y=\frac{1}{3}\int_0^1 y^3\mathrm{e}^{-y^2}\mathrm{d}y$$
$$=-\frac{1}{6}\left[y^2\mathrm{e}^{-y^2}\Big|_0^1-\int_0^1\mathrm{e}^{-y^2}\mathrm{d}(y^2)\right]$$
$$=\frac{1}{6}-\frac{1}{3\mathrm{e}}.$$

若把二重积分化为先对 y 后对 x 的二次积分，则区域 D 为

$$D:\begin{cases}0\leqslant x\leqslant 1,\\ x\leqslant y\leqslant 1,\end{cases}$$

从而
$$\iint\limits_D x^2\mathrm{e}^{-y^2}\mathrm{d}x\mathrm{d}y=\int_0^1\mathrm{d}x\int_x^1 x^2\mathrm{e}^{-y^2}\mathrm{d}y.$$

由于函数 e^{-y^2} 的原函数不能用初等函数表示，所以这个二次积分无法进行.

以上例子说明，二重积分的计算不但要考虑积分区域 D 的类型，而且要结合被积函数选择一种较为简便的积分顺序.

例 8 计算二重积分 $\iint\limits_D xy\mathrm{d}x\mathrm{d}y$，其中区域 D 由直线 $y=x-2$ 及抛物线 $y^2=x$ 围成.

解 画出区域 D 的草图（见图 6-22）.

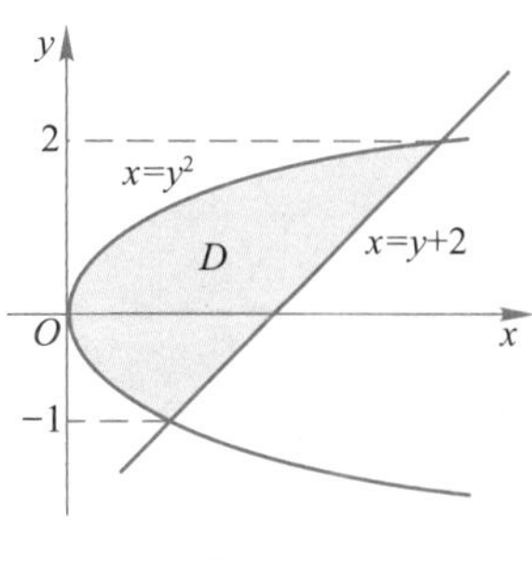

图 6-22

积分区域
$$D:\begin{cases}-1\leqslant y\leqslant 2,\\ y^2\leqslant x\leqslant y+2\end{cases}$$
是 Y-型区域，二重积分可化为先对 x 后对 y 的二次积分，即
$$\begin{aligned}\iint\limits_D xy\mathrm{d}x\mathrm{d}y&=\int_{-1}^2\mathrm{d}y\int_{y^2}^{y+2}xy\mathrm{d}x=\int_{-1}^2\left(\frac{1}{2}yx^2\right)\Bigg|_{y^2}^{y+2}\mathrm{d}y\\&=\int_{-1}^2\frac{1}{2}y[(y+2)^2-y^4]\mathrm{d}y\\&=\int_{-1}^2\frac{1}{2}(y^3+4y^2+4y-y^5)\mathrm{d}y\\&=\frac{45}{8}.\end{aligned}$$

习题 6.7

习题 6.7 答案与提示

1. 单项选择题：

（1）设 D 是由直线 $y=x,y=2x,y=1$ 围成，则 $\iint\limits_D\mathrm{d}x\mathrm{d}y=$（　　）.

（A）$\frac{1}{2}$　　（B）$\frac{1}{4}$　　（C）1　　（D）$\frac{3}{2}$

（2）设积分区域 D 是由直线 $y=x,y=0,x=1$ 围成，则有 $\iint\limits_D f(x,y)\mathrm{d}x\mathrm{d}y=$（　　）.

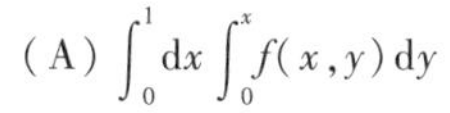

（A）$\int_0^1\mathrm{d}x\int_0^x f(x,y)\mathrm{d}y$　　（B）$\int_0^1\mathrm{d}y\int_0^y f(x,y)\mathrm{d}x$

（C）$\int_0^1\mathrm{d}x\int_x^0 f(x,y)\mathrm{d}y$　　（D）$\int_0^1\mathrm{d}y\int_x^y f(x,y)\mathrm{d}x$

（3）设积分区域 $D=\{(x,y)\mid 0\leqslant x\leqslant 1,0\leqslant y\leqslant 1\}$，则 $\iint\limits_D x\mathrm{e}^{-2y}\mathrm{d}x\mathrm{d}y=$（　　）.

（A）$1-\mathrm{e}^{-2}$　　（B）$\frac{1-\mathrm{e}^{-2}}{4}$　　（C）$\frac{\mathrm{e}^{-2}-1}{2}$　　（D）$\frac{1-\mathrm{e}^{-2}}{2}$

2. 将二重积分 $\iint\limits_D f(x,y)\mathrm{d}\sigma$ 化为直角坐标系下的二次积分（写出两种积分次序）：

（1）$D=\{(x,y)\mid a\leqslant x\leqslant b,c\leqslant y\leqslant d\}$；

（2）D 由 $y=x,y=x^2$ 围成；

(3) D 由 $y=x^2, y=0, x=2$ 围成；

(4) D 由 $y=\ln x, y=0, x=\mathrm{e}$ 围成；

(5) D 由 $y=x, y=-x, x=2$ 围成；

(6) D 由 $y=x, y=0, x+y=2$ 围成.

3. 计算下列二重积分：

(1) $\iint\limits_D x^2 y\mathrm{d}\sigma$,其中 $D=\{(x,y)\mid 0\leqslant x\leqslant 1, 1\leqslant y\leqslant 2\}$；

(2) $\iint\limits_D \mathrm{e}^{x+y}\mathrm{d}\sigma$,其中 $D=\{(x,y)\mid 0\leqslant x\leqslant 1, 0\leqslant y\leqslant 1\}$；

(3) $\iint\limits_D (x^2+y^2)\mathrm{d}\sigma$,其中 $D=\{(x,y)\mid -1\leqslant x\leqslant 1, -1\leqslant y\leqslant 1\}$；

(4) $\iint\limits_D (x^3+3x^2y+y^3)\mathrm{d}\sigma$,其中 $D=\{(x,y)\mid 0\leqslant x\leqslant 1, 0\leqslant y\leqslant 1\}$；

(5) $\iint\limits_D x\mathrm{e}^{xy}\mathrm{d}\sigma$,其中 $D=\{(x,y)\mid 0\leqslant x\leqslant 1, -1\leqslant y\leqslant 0\}$；

(6) $\iint\limits_D \sin(x+y)\mathrm{d}\sigma$,其中 $D=\left\{(x,y)\mid 0\leqslant x\leqslant \frac{\pi}{2}, 0\leqslant y\leqslant \frac{\pi}{2}\right\}$；

(7) $\iint\limits_D (3x+2y)\mathrm{d}\sigma$,其中 D 是由 $x=0, y=0$ 及 $x+y=2$ 围成的区域；

(8) $\iint\limits_D xy\mathrm{d}\sigma$,其中 D 是由 $y=\sqrt{x}$, $y=x^2$ 围成的区域；

(9) $\iint\limits_D \frac{x^2}{y^2}\mathrm{d}\sigma$,其中 D 是由 $y=x, x=2$ 和 $xy=1$ 围成的区域；

(10) $\iint\limits_D \frac{\sin x}{x}\mathrm{d}\sigma$,其中 D 是由 $y=0, y=x$ 和 $x=1$ 围成的区域.

本章小结

1. 基本概念及性质

(1) 二元函数的概念和二元函数的几何意义.

(2) 偏导数和全微分的概念.

(3) 二元函数在一点处连续、偏导数存在及可微的关系.

(4) 二阶偏导数的概念.

(5) 二元函数的极值和驻点的概念.

(6) 二重积分的概念及性质.

视频：第六章内容综述

2. 重要的法则、定理和公式

(1) 偏导数和全微分的关系定理.

(2) 多元复合函数的求导法则.

(3) 隐函数的求导法则.

(4) 判别二元函数极值的充分条件.

(5) 将二重积分化为二次积分的公式.

3. 考核要求

(1) 多元函数的概念,要求达到“领会”层次.

① 知道二元函数的概念及二元函数的几何意义.

② 会求简单二元函数的定义域.

(2) 偏导数和全微分，要求达到“简单应用”层次.

① 清楚偏导数的概念及其与一元函数导数的关系.

② 清楚全微分及多元函数可微的定义.

③ 清楚全微分与偏导数的关系及函数可微的充分条件.

(3) 复合函数的求导法则，要求达到“简单应用”层次.

掌握以下三种类型的复合函数的求导法则：

① $w=f(u,v)$；$u=u(x)$，$v=v(x)$.

② $w=f(u)$；$u=u(x,y)$.

③ $w=f(u,v)$；$u=u(x,y)$，$v=v(x,y)$.

(4) 隐函数及其求导法则，要求达到“简单应用”层次.

了解隐函数的概念，掌握一元隐函数和二元隐函数的求导法则.

(5) 二阶偏导数，要求达到“简单应用”层次.

① 知道二阶偏导数的定义，会计算初等函数的二阶偏导数.

② 知道二阶混合偏导数的值与求导次序无关的条件.

(6) 二元函数的极值及其求法，要求达到“简单应用”层次.

① 清楚二元函数极值的定义.

② 清楚极值点和驻点的关系，知道二元函数取极值的充分条件.

③ 会求函数的极值，并会解决简单的应用问题.

(7) 二重积分的概念和计算，要求达到“简单应用”层次.

① 清楚二重积分的定义及其几何意义.

② 了解二重积分的基本性质.

③ 会在直角坐标系下计算二重积分(不要求会交换二次积分的积分次序).

后记

经全国高等教育自学考试指导委员会同意，由公共课课程指导委员会负责高等教育自学考试《高等数学（经管类）》教材的审定工作。

《高等数学（经管类）》自学考试教材由清华大学数学科学系扈志明教授担任主编。

参加本教材审稿讨论会并提出修改意见的有清华大学章纪民教授、北京航空航天大学吴纪桃教授、清华大学郭玉霞教授。全书由扈志明教授修改定稿。

编审人员付出了大量努力，在此一并表示感谢！

全国高等教育自学考试指导委员会
公共课课程指导委员会
2023 年 5 月